刘薰宇　著

刘薰宇给孩子的
55堂数学课

马先生谈算学

北京联合出版公司
Beijing United Publishing Co.,Ltd.

图书在版编目（CIP）数据

马先生谈算学 / 刘薰宇著. -- 北京 : 北京联合出
版公司, 2020.8
（刘薰宇给孩子的55堂数学课）
ISBN 978-7-5596-4283-7

Ⅰ.①马… Ⅱ.①刘… Ⅲ.①数学—青少年读物
Ⅳ.①O1-49

中国版本图书馆CIP数据核字(2020)第093684号

马先生谈算学

作　　者：刘薰宇
出 品 人：赵红仕
责任编辑：高霁月
封面设计：小徐书装

北京联合出版公司出版
（北京市西城区德外大街83号楼9层　100088）
北京联合天畅文化传播公司发行
北京美图印务有限公司印刷　新华书店经销
总字数330千字　710毫米×1000毫米　1/16　34.25总印张
2020年8月第1版　2020年8月第1次印刷
ISBN 978-7-5596-4283-7
定价：98.00元（全三册）

出版说明

　　本书作者刘薰宇是现代知名数学家、教育家，其作品影响了杨振宁、谷超豪等一代代数学学人，且已去世多年，所以，虽说该作品中的语言表述、公式图表等，有较鲜明的时代特点和个人风格，并不完全符合如今的数学规范，但为了原汁原味反映作者数学思想，也出于尊重作者的目的，除个别地方外，都不做修改。请老师、学生家长和小读者知晓和给予理解。

前　言

这书居然写成、出版，我感到莫大的欣幸！

开始写它，远在一九三六年的冬季。从一九三七年一月起，陆续按月在《中学生》发表，中间只因为个人的私事，断过一二期。原来的计划，内容比较简略些，预定一九三七年，在《中学生》上登载完毕。

呵！于个人，于中国，都不能忘掉的这一九三七年！五月底六月初，妻突然患神经病，终日要人伴着。我于是充当她的看护，同时兼做三个孩子的保姆。七月初她渐渐地好起来了，肩头上的担子，也觉得轻了一些。然而，抗战的第一炮，七月七日，在卢沟桥的天空响了起来。跟着，上海的空气，一天比一天紧张。一面，我察觉到抗战快要展开了，而一经展开，期限一定较长。另一面，妻的病虽渐好，要彻底治疗，惟有回到故乡。她和我离开故乡，都有二十多年，乡思，多少也是病源之一。——在这种情况下，我决定伴着她和我们的三个孩子，离开居住了十多年的上海，回到相别二十多年的故乡，贵阳。

八月十日，在十分紧张的空气中，我们上了直奔重庆的船。后来，才知道，它是载客离上海的最后一只。从上海到重庆船要行十多天，原来还想在船上断续写这书。但一上船，就知道不行了。乘客虽不拥挤，然而要找一张台子写什么，却不可能。到汉口，八一三沪战的消息，已传到船上。——好！这是中国唯一的出路！然而战争总是战争，每天都只有注意无线电传来的消息。

到了重庆，因为交通的阻碍，一时不能去贵阳，坐在旅馆中，也曾提笔续写过。但一想到《中学生》必然停刊，出版界必然遭受沉重的打击，就把笔放下。

回到贵阳后，一直不曾想到将它完成。直到一九三八年的冬季，正是武汉陷落的时期，丏尊兄写信给我，要我将它写完，说开明可以勉力出版。这自然使我很兴奋，但这时我正准备到昆明，只好暂时放下。

到昆明住定以后，想动笔，却无从下手了。已发表过的稿子，我没有保存，它的内容已有些模糊。这一来，才写信给丏尊兄，请他设法寄一份《中学生》刊发过的稿子来。约定稿子一到就动手。稿子寄出的回信，虽不久就收到，而稿子到我的手里，却已经是一九三九年的夏季，距暑假已很近了——决定在暑假中完成它。

暑假，回到贵阳，长长的三个月的时间，竟没有写一个字。原来，妻和孩子们，在一九三八年九月二十五日敌机袭贵阳后，已移往乡下。这时，家人八口，只住两小间平房。挤，固不必说；蚊虫、跳蚤，使你不能静坐到十分钟。

秋后又到昆明。昆明，很好，天气就很好。然而天天想着动手，天天都只是想着而已。在这期间，曾听到有的《中学生》读者，到开明分店来问，《马先生谈算学》出版了没有？有一次，分店的同人，还指着我向顾客说："这就是马先生。"惹得哄堂大笑。从此，我感到已负了一笔债，非赶快偿还不可。

寒假开始，便下最大的决心，动起笔来。现在算是完成了，然而它能够这样完成，使我对于开明昆明分店的同人，非常感激！

第一，在这期间，昆明的米价、菜价，一切物价，都涨得惊人，不但涨，有时还买不到。寄食于分店的我，居然不分心在柴米上，坐食现成，于这稿子的完成关系实在不小。

其次，从去年十二月以来，昆明警报频繁，有十几次，都是写着写着，警报一响，便收在篮里，提着跑到荒野。提着，提着！不是我自己提，我自己一个笨重的身体，空着手走，已有点儿吃力了，还提什么？提，都是分店的吕元章、韦芝堃和杨炳炎三个人帮忙！虽然，事后想起来，这是徒劳，但他们的辛苦，我总觉得极可感谢！

这样小小的一点儿东西，经过三年多，而且有过不少的波折，今天居然完成了，我感到莫大的欣幸！

关于它的内容，我还想向读者很虔诚地说几句话。

它有些像什么难题详解一类，然而对于这一类的书我一向是反对的。这里面，固然收集了一百几十个题目加以解释，但我并不希望，有人单是为了找寻某一个题的算法来翻阅它。这也许会令人失望的。

我写这书的动机，是在增进学算学的人对于算学的趣味。对于学习算学的态度，思索问题的途径，以及探究题目间的关系和变化，我很用心地去选择和计划表出它们的方法。我希望，能够把这没有生命的算学问题注进一点儿活力。

用图解法直接来解决算术问题，这不但便于观察和思索，而且还可使算术更贴近实际。图解，本来已沟通了代数和几何，成为解析算学的骨干。所以若从算术起，就充分地运用它，我想，这不但对于进修算学中的其他部门有着不少的帮助，而且对于学习理工科，乃至于统计等，也是有益的。

我对于算学的态度，已散见于这书中，一面我认为人人应学，然而不是说人人都要做算学专家。一面我认为人人都能学，然而不是说人人都能成算学专家。

科学！科学！现在似乎已没一个知识分子不承认它的价值和需要了。然而对于科学，中等程度的算术、代数、几何、三角、解析几何以及初等微积分，实在是必不可少的基础。谨以此书献给真实爱好科学的青年朋友。

一九四〇年二月十九日于昆明万松草堂后院

目 录

他是这样开场的

学年成绩发表不久的一个下午，初中二年级的两个学生李大成和王有道在教员休息室的门口站着谈话。

李："真危险，这次的算学平均只有 59.5 分，要不是四舍五入，就不及格，又得补考。你的算学真好，总有九十几分、一百分。"

王："我的地理不及格，下学期一开学就得补考，这个暑假玩也玩不痛快了。"

李："地理！很容易！"

王："你自然觉得容易呀，我真不行，看起地理来，总觉得死板板的，一点儿趣味没有，无论勉强看了多少次，总是记不完全。"

李："你的悟性好，所以记忆力不行，我呆记东西倒还容易，要想解算学题，那真难极了，简直不知道从哪里想起。"

王："所以，我主张文科和理科一定要分开，喜欢哪一科就专弄那一科，既能专心，也免得白费力气去弄些毫无趣味、不相干的东西。"

李大成虽没有回答，但好像默认了这个意见。坐在教员休息室里，懒洋洋地看着报纸的算学教师马先生已听见了他们谈话的内容。他们在班上都算是用功的，马先生对他们也有相当的好感。因此，想对他们的意见加以纠正，便叫他们到休息室里，带着微笑问李大成："你对于王有道的主张有什么意见？"

由于马先生这一问，李大成直觉地感到马先生一定不赞同王有道的意见，但他并没有领会到什么理由，因而踌躇了一阵回答道："我觉得这样更便当些。"

马先生微微摇了摇头，表示不同意："便当？也许你们这时年轻，在学校里的时候觉得便当，要是照你们的意见去做，将来就会感到大大地不便当了。你们要知道，初中的课程这样规定，是经过了若干年的经验和若干专家的研究的。各科所教的都是做一个现代人不可缺少的常识，不但是人人必需，也是人人能领受的……"

虽然李大成和王有道平日对于马先生的学识和耐心教导很是敬仰，但对于这"人人必需"和"人人能领受"却很怀疑。不过两人的怀疑略有不同，王有道认为地理就不是人人必需；而李大成却认为算学不是人人能领受。当他们听了马先生的话后，各自的脸上都露出了不以为然的神气。

马先生接着对他们说："我知道你们不会相信我的话。王有道，是不是？你一定以为地理就不是必需的。"

王有道望一望马先生，不回答。

"但是你只要问李大成，他就不这么想。照你对于地理的看法，李大成就可说算学不是必需的。你试说说为什么人人必需要学算学？"

王有道不假思索地回答："一来我们日常生活离不开数量的计算；二来它可以训练我们，使我们变得更聪明。"

马先生点头微笑说："这话有一半对，也有一半不对。第一点，你说因为日常生活离不开数量的计算，所以算学是必需的。这话自然很对，但看法也有深浅不同。从深处说，恐怕不但是对于算学没有兴趣的人不肯承认，就是你在你这个程度也不能完全认识，我们姑且丢开。就浅处说，自然买油、买米都用得到它，不过中国人靠一个算盘，懂得'小九九'，就活了几千年，何必要学代数呢？平日买油、买米哪里用得到解方程式？我承认你的话是对的，不过同样的看法，地理也是人人必需的。从深处说，我们姑且也丢开，就只从浅处说。你总承认做现代的人，每天都要读新闻，倘若你没有充足的地理知识，你读了新闻，能够真懂得吗？阿比西尼亚①在什么地方？为什么意大利一定要征服它？为什么意大利起初打阿比西尼亚的时候，许多国家要对它施以经济的制裁，到它居然征服了阿比西尼亚的时候，大家又把制裁取消？再说，对于中国的处境，你们平日都很关切，但是所谓国难的构成，地理的关系也不少，所以真要深切地认识中国处境的危迫，没有地理知识是不行的。

　　"至于第二点，'算学可以训练我们，使我们变得更聪明'，这话只有前一半是对的，后一半却是一种误解。所谓训练我们，只是使我们养成一些做学问和事业的良好习惯：如注意力要集中，要始终如一，要不苟且，要有耐性，要有秩序，等等。这些习惯，本来人人都可以养成，不过需要有训练的机会，学算学就是把这种机会给了我们。但切不可误解了，以为只是学算学有这样的机会。学地理又何尝没有这样的机会呢？各种科学都是建立在科学方法上的，只有探索的对象不同。算学是科学，地理也是科学，只要把它当成一件事做，认认真真地学习，上面所说的各种习惯都可以养成。只有说到使人变得聪明，一般人确实有这样的误解，以为只有学算学能够做到。其实，学算学也不能够使人变得聪明。一个人初学算学的时候，思索一个题目的解法非常困难，学得越多，思索起来越容易，这固然是事实，一般人便以为这是更聪明了，这只是表面的

－－－－－－
① 即埃塞俄比亚。

看法，不过是逐渐熟练的结果，并不是什么聪明。学地理的人，看地图和描地图的次数多了，提起笔来画一个中国地图的轮廓，形状大致可观，这不是初学地理的人能够做到的，也不是什么变得更聪明了。

"你们总承认在初中也闹什么文理分科是不妥当的吧！"马先生用这话来作结束。

对于这些议论王有道和李大成虽然不表示反对，但只认为是马先生鼓励他们对于各科都要用功的话。因为他们觉得有些科目性质不相近，无法领受，与其白费力气，不如索性不学。尤其是李大成认为算学实在不是人人所能领受的，于是他向马先生提出这样的质问："算学，我也知道人人必需，只是性质不相近，一个题目往往一两个小时做不出来，所以觉得还是把时间留给别的书好些。"

"这自然是如此，与其费了时间，毫无所得，不如做点儿别的。王有道看地理的时候，他一定觉得毫无兴味，看一两遍，时间费去了，仍然记不住，倒不如多演算两个题目。但这都是偏见，学起来没有趣味，以及得不出什么结果，你们应当想，这不一定是科目的关系。至于性质不相近，不过是一种无可奈何的说明，人的脑细胞并没有分成学算学和学地理两种。据我看来，学起来不感兴趣，便常常不去亲近它，因此越来越觉得和它不能相近。至于学着不感兴趣，大概是不得其门而入的缘故，这是学习方法的问题。比如就地理说，现在是交通极发达、整个世界息息相通的时代，用新闻纸来作引导，我想，学起来不但津津有味，也就容易记住了。又如，中国参加世界运动会的选手的行程，不是从上海出发起，每到一处都有电报和通信来吗？若是一面读这种电报，一面用地图和地理教科书作参证，那么从中国到德国的这条路线，你就可以完全明了而且容易记牢了。用现时发生的事件来作线索去读地理，我想这正和读《西游记》一样。你读《西游记》不会觉得干燥、无趣，读了以后，就知道从中国到印度在唐朝时要经过什么地方—— 这只是举例的说法——《西游记》中有唐三藏、孙悟空、猪八戒，中国参加世运团中有院长、铁牛、美人鱼，他们的行程记不正是一部最新改良特别版的《西游记》吗？'随处留心皆学问'，这句话用到这里，再确切不过了。总之，读书不要太受教科书的束缚，那就不会干燥无味，才可以得到鲜活的知识。"

王有道听了这话，脸上露出心领神会的气色，快活地问道："那么，学校里教地理为什么要用一本死板的教科书呢？若是每次用一段新闻来讲不是更好吗？"

"这是理想的办法，但事实上有许多困难。地理也是一门科学，它有它的体系，新闻所记录的事件，并不是按照这体系发生的，所以不能用它作材料来教授。一切课程都是如此，教科书是有体系的基本知识，是经过提炼和组织的，所以是死板的，和字典、辞书一样。求活知识要以当前所遇见的事象作线索，而用教科书作参证。"

李大成原是对地理有兴趣而且成绩很好，听到马先生这番议论，不觉心花怒发，但同时却起了一个疑问。他感到困难的算学，照马先生的说法，自然是人人必需，无可否认的了，但怎样才是人人能领受的呢？怎样可以用活的事象作线索去学习呢？难道碰见一个龟鹤算的题目，硬要去捉些乌龟、白鹤摆来看吗？并且这样的呆事，他也曾经做过，但是一无所得。他计算"大小二数的和是三十，差是四，求二数"这个题目的时候，曾经用三十个铜板放在桌上来试验。先将四个铜板放在左手里，然后两手同时从桌上把剩下的铜板一个一个地拿到手里。到拿完时，左手是十七个，右手是十三个，因而他知道大数是十七，小数是十三。但他不能从这试验中写出算式 $(30-4) \div 2 = 13$ 和 $13+4=17$ 来。他不知道这位被同学们称为"马浪荡"并且颇受尊敬的马先生对于学习地理的意见是非常好的，他正教着他们代数，为什么没有同样的方法指导他们呢？

他于是向马先生提出了这个质问："地理，这样学习，自然人人可以领受了，难道算学也可以这样学吗？"

"可以，可以！"马先生毫不踌躇地回答，"不过内在相同，情形各异罢了。我最近正在思索这种方法，已经略有所得。好！就让我来把你们作为第一次试验吧！今天我们谈话的时间很久了，好在你们和我一样，暑假中都不到什么地方去，以后我们每天来谈一次。我觉得学算学需弄清楚算术，所以我现在注意的全是学习解算术问题的方法。算术的根底打得好，对于算学自然有兴趣，进一步去学代数、几何也就不难了。"

从这次谈话的第二天起，王有道和李大成还约了几个同学每天来听马先生讲课。以下便是李大成的笔记，经过他和王有道的斟酌而修正过的。

二

怎样具体地表出数量以及
两个数量间的关系

学习一种东西，首先要端正学习态度。现在一般人学习，只是用耳朵听先生讲，把讲的牢牢记住。用眼睛看先生写，用手照抄下来，也牢牢记住。这正如拿着口袋到米店去买米，付了钱，让别人将米倒在口袋里，自己背回家就完事大吉一样。把一口袋米放在家里，肚子就不会饿了吗？买米的目的，是为了把它做成饭，吃到肚里，将饭消化了，吸收生理上所需要的，将不需要的污秽排泄。所以饭得自己煮，自己吃，自己消化，养料得自己吸收，污秽得自己排。就算买的是饭，饭是别人喂到嘴里去的，但进嘴以后的一切工作只有靠自己了。学校的先生所能给予学生的只是生米和煮饭的方法，最多是饭，喂到嘴里的事，就要靠学生自己了。所以学习是要把先生所给的米变成饭，自己嚼，自己消化，自己吸收，自己排泄。教科书要成一本教科书，有必不可少的材料，先生给学生讲课也有少不来的话，正如米要成米有必不可少的成分一样，但对于学生不是全有用场，所以读书有些是用不到记的，正如吃饭有些要排出来一样。

上面说的是学习态度的基本—— 自己消化、吸收、排泄。怎样消化、吸收、排泄呢？学习和研究这两个词，大多数人都在乱用。读一篇小说，就是在研究文学，这是错的。不过学习和研究的态度应当一样。研究应当依照科学方法，学习也应当依照科学方法。所谓科学方法，就是从观察和实验收集材料，加以分析、综合整理。学习也应当如此。要明了"的"字的用法，必须先留心各式各样含有"的"字的句子，然后比较、分析……

算学，就初等范围内说，离不开数和量，而数和量都是抽象的，两条板凳和三支笔是具体的，"两条""三支"以及"两"和"三"全是抽象的。抽象的，按理说是无法观察和实验的。然而为了学习，我们无妨开一个方便法门，将它具体化。昨天我四岁的小女儿跑来向我要五个铜板，我忽然想到测试她认识数量的能力，先只给她三个。她说只有三个，我便问她还差几个。于是她把左手的五指伸出来，右手将左手的中指、无名指和小指捏住，看了看，说差两个。这就是数量的具体表出的方便法门。这方便法门，不仅是小孩子学习算学的基础，也是人类建立全部算学的基础，我们所用的不是十进数吗？

用指头代替铜板，当然也可以用指头代替人、马、牛，然而指头只有十个，而且分属于两只手，所以第一步就由用两只手进化到用一只手，将指头屈伸着或做种种形象以表示数。不过数大了仍旧不便。好在人是吃饭的动物，这点聪明还有，于是进化到用笔涂点子来代替手指，到这一步自然能表出的数更多了。不过点子太多也难一目了然，而且在表示数和数的关系时更不便当。因为这样，有必要将它改良。

既然可以用"点"来作具体地表出数的方便法门，当然也可以用线段来代替"点"。严格地说，画在纸上，"点"和线段其实是一样的。用线段来表示数量，第一步很容易想到这两种形式：一，二，三……和｜，‖，‖……这和"点"

一样不便当，应该再加以改良。第二步，何妨将这些线段联结成为一条长的线段，成为竖的 或横的 呢？本来用多长的线段表出 1，这是个

人的绝对自由，任何法律也无法禁止。所以只要在纸上画一条长线段，再在这线段上随便作一点算是起点零，再从这起点零起，依次取等长的线段便得 1，2，3，4……

这是数量的具体表出的方便法门。

有了这方便法门，算学上的四个基本法则，都可以用画图来计算了。

（1）加法——这用不着说明，如图 1，便是 5+3=8。

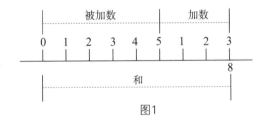

图1

（2）减法——只要把减数反向画就行了，如图 2，便是 8-3=5。

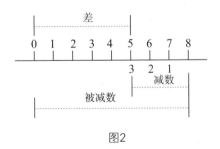

图2

（3）乘法——本来就是加法的简便方法，所以和加法的画法相似，只需所取被乘数的段数和乘数的相同。不过有小数时，需参照除法的画法才能将小数部分画出来。如图 3，便是 $5 \times 3=15$。

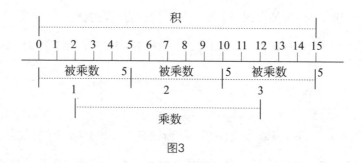

图3

（4）除法——这要用到几何画法中的等分线段的方法。如图 4，便是 15÷3=5。

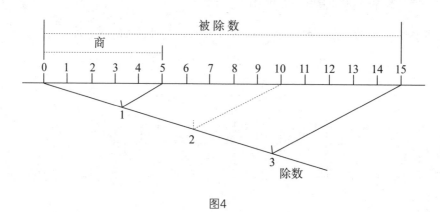

图4

图中表示除数的线是任意画的，画好以后，便从 0 起在上面取等长的任意三段 01，12，23，再将 3 和 15 连起来，过 1 画一条线和它平行，这线正好通过 5，5 就是商数。图中的虚线 2、10 是为了看起来更清爽画的，实际上却没有必要。

懂得了四则运算的基础画法了吗？现在进一步再来看两个数的几种关系的具体表出法。

两个不同的数量，当然，若是同时画在一条线段上，是要弄得眉目不清的。假如这两个数量根本没有什么瓜葛，那就自立门户，各占一条路线好了。若是它们多少有些牵连，要同居分炊，怎样呢？正如学地理的时候，我们要明确地懂得一个城市是在地球上什么地方，得知道它的经度和纬度一样。这两条线一是南北向，一是东西向，自不相同。但若将这城市所在的地方的经度画一张图，纬度又另画一张画，那还成什么体统呢？画地球是经、纬度并在一张，表示两个不同而有关联的数。现在正可借用这个办法，好在它不曾在"内政部"注册过，不许冒用。

用两条十字交叉的线，每条表示一个数量，那交点就算是共通的起点 O，这样来源相同，趋向个别的法门，倒也是一件好玩的勾当。

（1）差一定的两个数量的表出法。

例一：兄年十三岁，弟年十岁，兄比弟大几岁？

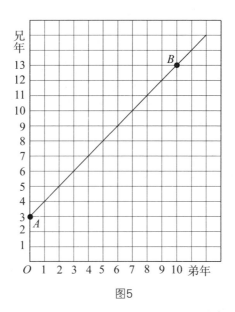

图5

用横的线段表示弟的年岁，竖的线段表示兄的年岁，他俩差三岁，就是说兄三岁的时候弟才出生，因而得 A。但兄十三岁的时候弟是十岁，所以竖的第十条线和横的第十三条是相交的，因而得 B。由这图上的各点横竖一看，便可知道：

（Ⅰ）兄年几岁（例如 5 岁）时，弟年若干岁（2 岁）。

（Ⅱ）兄、弟年纪的差总是 3 岁。

（Ⅲ）兄年 6 岁时，是弟弟的两倍。

……

（2）和一定的两数量的表出法。

例二：张老大、宋阿二分十五块钱，张老大得九块，宋阿二得几块？

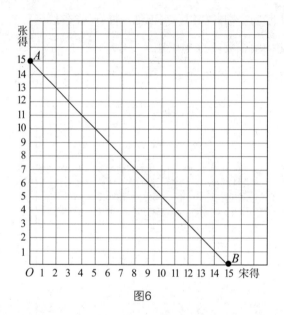

图6

用横的线段表示宋阿二得的，竖的线段表示张老大得的。张老大全部拿了去，宋阿二便两手空空，因得 *A* 点。反过来，宋阿二全部拿了去，张老大便两手空空，因得 *B* 点。由这线上的各点横竖一看，便知道：

（Ⅰ）张老大得九块的时候，宋阿二得六块。

（Ⅱ）张老大得三块的时候，宋阿二得十二块。

……

（3）一数量是另一数量的一定倍数的表出法。

例三：一个小孩子每小时走二里路①，三小时走多少里？

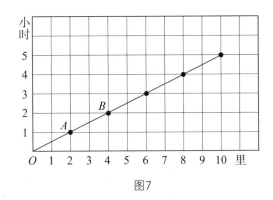

图7

用横的线段表示里数，竖的线段表示时数。第一小时走了2里，因而得 A 点。第二小时走了4里，因得 B 点。由这线上的各点横竖一看，便可知道：

（Ⅰ）3小时走了6里。

（Ⅱ）4小时走了8里。

---

① 1里=500米。——编者注

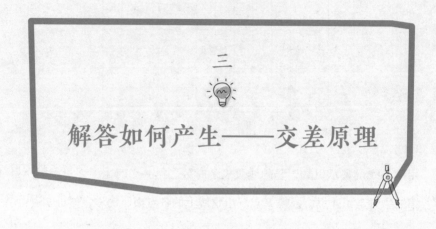

三

解答如何产生——交差原理

"昨天讲的最后三个例子，你们总没有忘掉吧！——若是这样健忘，那就连吃饭、走路都学不会了。"马先生一走进门，还没立定，笑嘻嘻地这样开场。大家自然只是报以微笑。马先生于是口若悬河地开始这一课的讲演。

昨天的最后三个例子，图上都是一条直线，各条直线都表出了两个量所保有的一定关系。从直线上的任意一点，往横看又往下看，马上就知道了，合于某种条件的甲量在不同的时间，乙量是怎样。如图7，合于每小时走二里这条件，4小时便走了8里，5小时便走了10里。

这种图，对于我们当然很有用。比如说，你有个弟弟，每小时可走六里路，他离开你出门去了。你若照样画一张图，他离开你后，你坐在屋里，只要看看表，他走了多久，再看看图，就可以知道他离你有多远了。倘若你还清楚这条路沿途的地名，你当然可以知道他已到了什么地方，还要多长时间才能到达目的地。倘若他走后，你突然想起什么事，需得关照他，正好有长途电话可用，只要沿途有地点可以和他通电话，你岂不是很容易找到打电话的时间和通话的地点吗？

这是一件很巧妙的事，已落了中国旧小说无巧不成书的老套。古往今来，有几个人碰巧会遇见这样的事？这有什么用场呢？你也许要这样找碴儿。然而这只是一个用来打比方的例子，照这样推想，我们一定能够绘制出一幅地球和月亮运行的图吧。从这上面，岂不是在屋里就可以看出任何时候地球和月亮的相互位置吗？这岂不是有了孟子所说的"天之高也，星辰之远也，苟求其故，千岁之日至，可坐而致也"那副神气吗？算学的野心，就是想把宇宙间的一切法则，统括在几个式子或几张图上。

按现在说，这似乎是犯了夸大狂的说法，姑且丢开，转到本题。算术上计算一道题，除了混合比例那一类以外，总只有一个解答，这解答靠昨天所讲过的那种图，可以得出来吗？

当然可以，我们不是能够由图上看出来，张老大得九块钱的时候，宋阿二得的是六块钱吗？

不过，这种办法对于这样简单的题目虽是可以得出来，遇见较复杂的题目，就很不便当了。比如，将题目改成这样：

张老大、宋阿二分十五块钱，怎样分法，张老大比宋阿二多得三块？

当然我们可以这样老老实实地去把解法找出来：张老大拿十五块的时候，宋阿二一块都拿不到，相差的是十五块。张老大拿十四块的时候，宋阿二可得一块，相差的是十三块……这样一直看到张老大拿九块，宋阿二得六块，相差正好是三块，这便是答案。

这样的做法，就是对于这个很简单的题目，也需做到六次，才能得出答案。较复杂的题目，或是题上数目较大的，那就不胜其烦了。

而且，这样的做法，实在和买彩票差不多。从张老大拿十五块，宋阿二得不着，相差十五块，不对题；马上就跳到张老大拿十四块，宋阿二得一块，相差十三块，实在太胆大。为什么不看一看，张老大拿十四块九角，十四块八角……乃至于十四块九角九分九九九……的时候怎样呢？

喔！若是这样，那还了得！从十五到九中间有无限的数，要依次看去，人寿几何？而且比十五稍稍小一点儿的数，谁看见过它的面孔是圆的还是方的？

老老实实的办法，就不是办法！人是有理性的动物，变戏法要变得省力气、有把握，才会得到看客的赞赏呀！你们读过《伊索寓言》吧？里面不是说人学的猪叫比真的猪叫，更叫人满意吗？

所以算术上的解法必须更巧妙一些。

这样，就来讲交差原理。

照昨天的说法，我们无妨假设，两个量间有一定的关系，可以用一条线表示出来——这里说假设，是虚心的说法，因为我们只讲过三个例子，不便就冒冒失失地概括一切。其实，两个量的关系，用图线（不一定是直线）表示，只要这两个量是实量，总是可能的——那么像刚刚举的这个例题，即包含两种关系：第一，两个人所得的钱的总和是十五块；第二，两个人所得的钱的差是三块。当然每种关系都可画一条线来表示。

所谓一条线表示两个数量的一种关系，精确地说，就是：无论从哪条线上的哪一点，横看和竖看所得的两个数量都有同一的关系。

假如，表示两个数量的两种关系的两条直线是交叉的，那么，相交的地方当然是一个点，这个点便是一子双挑了，它继承这一房的产业，同时也继承另一房的产业。所以，由这一点横看竖看所得出的两个数量，既保有第一条线所表示的关系，同时也就保有第二条线所表示的关系。换句话说，便是这两个数量同时具有题上的两个关系。

这样的两个数量，不用说，当然是题上所要的答案。

试将前面的例题画出图来看，那就非常明了了。

第一个条件，"张老大、宋阿二分十五块钱"，这是两人所得的钱的和一定，用线表出来，便是 AB。

第二个条件，"张老大比宋阿二多得三块钱"，这是两人所得的钱的差一定，用线表出来，便是 CD。

AB 和 CD 相交于 E，就是 E 点既在 AB 上，同时也在 CD 上，所以两条线所表示的条件，它都包含。

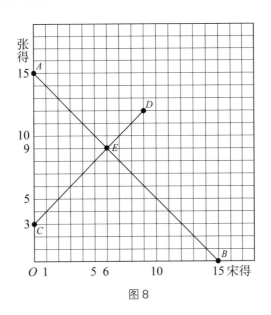

图 8

由 E 横看过去，张老大得的是九块钱；竖看下来，宋阿二得的是六块钱。

正好，九块加六块等于十五块，就是 AB 线所表示的关系。

而九块比六块多三块，就是 CD 线所表示的关系。

E 点正是本题的解答。

"两线的交点同时包含着两线所表示的关系。"这就是交差原理。

顺水推舟，就这原理再补充几句。

两线不止一个交点怎么办？

那就是这题不止一个答案。不过，此话是后话，暂且不表出，以后连续的若干次讲演中都不会遇见这种情形。

两线没有交点怎样？

那就是这题没有解答。

没有解答还成题吗？

不客气地说，你就可以说这题不通；客气一点儿，你就说，这题不可能。所谓不可能，就是照题上所给的条件，它所求的答案是不存在的。

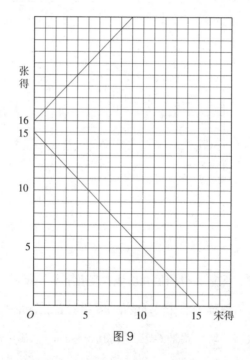

图9

比如，前面的例题，第二个条件，换成"张老大比宋阿二多得十六块钱"，画出图来，两线便没有交点。事实上，这非常清晰，两个人分十五块钱，无论怎样，不会有一个人比另一个人多得十六块的。只有两人暂时将它放着生利息，连本带利到了十六块以上再来分，然而，这已超出题目的范围了。

教科书上的题目，是著书的人为了学习的人方便练习编造出来的，所以，只要不是排错，都会得出答案。至于到了实际生活中，那就不一定有这样的运气。因此注意题目是否可能，假如不可能，解释这不可能的理由，都是学习算学的人应当做的工作。

四

就讲和差算罢

例一：大小两数的和是十七，差是五，求两数。

马先生侧着身子在黑板上写了这么一道题，转过来对着听众，两眼向大家扫视了一遍。

"周学敏，这道题你会算了吗？"周学敏也是一个对于学习算学感到困难的学生。

周学敏站起来，回答道："这和前面的例子是一样的。"

"不错，是一样的，你试将图画出来看看。"

周学敏很规矩地走上讲台，迅速在黑板上将图画了出来。

马先生看了看，问："得数是多少？"

"大数十一，小数六。"

虽然周学敏得出了这个正确的答案，但他好像不是很满意，回到座位上，两眼迟疑地望着马先生。

马先生觉察到了，问："你还放心不下什么？"

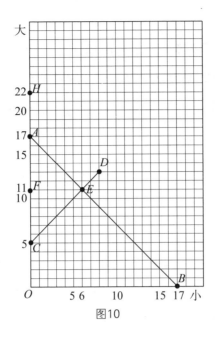

图10

周学敏立刻回答道："这样画法是懂得了，但是这个题的算法还是不明白。"

马先生点了点头说："这个问题，很有意思。不过你们应当知道，这只是算法的一种，因为它比较具体而且可以依据一定的法则，所以很有价值。由这种方法计算出来以后，再仔细地观察、推究算术中的计算法，有时便可得出来。"

如图，*OA* 是两数的和，*OC* 是两数的差，*CA* 便是两数的和减去两数的差，*CF* 恰是小数，又是 *CA* 的一半。因此就本题说，便得出：

$$（17-5）÷2 = 12÷2 = 6（小数）$$
$$\underbrace{\begin{matrix} \vdots & \vdots \\ OA & OC \end{matrix}}_{CA} \qquad \begin{matrix} \vdots \\ CA \end{matrix} \qquad \begin{matrix} \vdots \\ CF \end{matrix}$$

6 + 5 = 11（大数）

⋮　⋮　⋮

CF　OC　OF

OF 既是大数，*FA* 又等于 *CF*，若在 *FA* 上加上 *OC*，就是图中的 *FH*，那么 *FH* 也是大数，所以 *OH* 是大数的二倍。由此又可得下面的算法：

（17 + 5）÷ 2 = 22 ÷ 2 = 11（大数）

⋮　⋮　　⋮　　⋮

OA AH　 *OH*　 *OF*

$\underbrace{}$

OH

11 − 5 = 6（小数）

⋮　⋮　⋮

OF　OC　CF

记好了 *OA* 是两数的和，*OC* 是两数的差，由这计算，还可得出这类题的一般的公式来：

（和 + 差）÷ 2 = 大数，　　大数 − 差 = 小数；

或

（和 − 差）÷ 2 = 小数，　　小数 + 差 = 大数。

例二：大小两数的和为二十，小数除大数得四，大小两数各是多少？

这道题的两个条件是：（1）两数的和为二十，这便是和一定的关系；（2）小数除大数得四，换句话说，便是大数是小数的四倍——倍数一定的关系。由（1）得图中的 *AB*，由（2）得图中的 *OD*。*AB* 和 *OD* 交于 *E*（如图 11）。

由 *E* 横看得 16，竖看得 4。大数 16，小数 4，就是所求的解答。

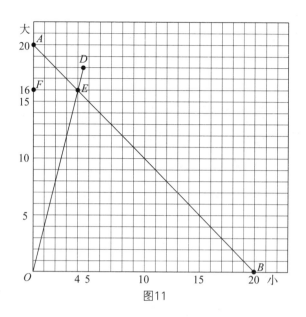

图11

"你们试由图上观察，发现本题的计算法，和计算这类题的公式。"马先生一边画图，一边说。

大家都睁着双眼盯着黑板，还算周学敏勇敢："OA 是两数的和，OF 是大数，FA 是小数。"

"好！FA 是小数。"马先生好像对周学敏的这个发现感到惊异，"那么，OA 里一共有几个小数？"

"5 个。"周学敏。

"5 个？从哪里来的？"马先生有意地问。

"OF 是大数，大数是小数的 4 倍。FA 是小数，OA 等于 OF 加上 FA。4 加 1 是 5，所以有 5 个小数。"王有道。

"那么，本题应当怎样计算？"马先生。

"用 5 去除 20 得 4，是小数；用 4 去乘 4 得 16，是大数。"我回答。

马先生静默了一会儿，提起笔在黑板上一边写，一边说："要这样，在理论上才算完全。"

20÷（4+1）=4——小数

4×4=16——大数

接着又问："公式呢？"

大家差不多一齐说："和÷（倍数+1）=小数，小数×倍数=大数。"

例三：大小两数的差是六，大数是小数的三倍，求两数。

马先生将题目写出以后，一声不响地随即将图画出，问：

"大数是多少？"

"9。"大家齐声回答。

"小数呢？"

"3。"也是众人一齐回答。

"在图上，OA 是什么？"

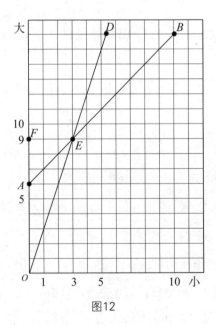

图12

"两数的差。"周学敏。

"*OF* 和 *AF* 呢？"

"*OF* 是大数，*AF* 是小数。"我抢着说。

"*OA* 中有几个小数？"

"3 减 1 个。"王有道表示不甘示弱地争着回答。

"周学敏，这题的算法怎样？"

"6÷（3−1）=6÷2=3——小数，3×3=9——大数。"

"李大成，计算这类题的公式呢？"马先生表示默许以后说。

"差÷（倍数−1）=小数，小数×倍数=大数。"

例四：周敏和李成分三十二个铜板，周敏得的比李成得的三倍少八个，各得几个？

马先生在黑板上写完这道题目，板起脸望着我们，大家不禁哄堂大笑，但不久就静默下来，望着他。

马先生："这回，老文章有点儿难套用了，是不是？第一个条件两人分三十二个铜板，这是'和一定的关系'，这条线自然容易画。第二个条件却是含有倍数和差，困难就在这里。王有道，表示这第二个条件的线怎样画法？"

王有道受窘了，紧紧地闭着双眼思索，右手的食指不停地在桌上画来画去。

马先生："西洋镜凿穿了，原是不值钱的。只要想想昨天讲过的三个例子的画线法，本质上毫无分别。现在无妨先来解决这样一个问题，'甲数比乙数的二倍多三'，怎样用线表示出来？

"在昨天我们讲最后三个例子的时候，每图都是先找出 *A*、*B* 两点来，再联结它们成一条直线，现在仍旧可以依样画葫芦。

"用横线表乙数，纵线表甲数。

"甲比乙的二倍多三，若乙是零，甲就是3，因而得 *A* 点。若乙是1，甲就是 5，因而得 *B* 点。

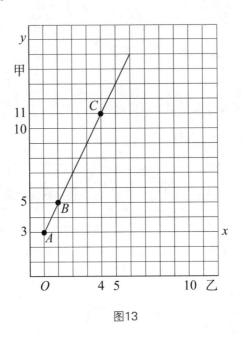

图13

"现在从 *AB* 上的任意一点，比如 *C*，横看得 11，竖看得 4，不是正合条件吗？

"若将表示小数的横线移到 3*x*，对于 3*x* 和 3*y* 来说，*AB* 不是正好表示两数定倍数的关系吗？

"明白了吗？"马先生很庄重地问。

大家只以沉默表示已经明白。接着，马先生又问：

"那么，表示'周敏得的比李成得的三倍少八个'，这条线怎么画？周学敏来画画看。"大家又笑一阵。周学敏在黑板上画成下图：

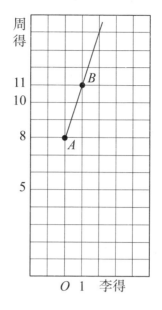

图14

"由这图看来，李成一个钱不得的时候，周敏得多少？"马先生。

"8个。"周学敏。

"李成得1个呢？"

"11个。"有一个同学回答。

"那岂不是文不对题吗？"这一来大家又呆住了。

毕竟王有道的算学好，他说："题目上是'比三倍少八'，不能这样画。"

"照你的意见，应当怎么画？"马先生问王有道。

"我不知道怎样表示'少'。"王有道。

"不错，这一点需要特别注意。现在大家想，李成得三个的时候，周敏得几个？"

"1个。"

"李成得四个的时候呢？"

"4个。"

"这样 A、B 两点都得出来了，联结 AB，对不对？"

"对——！"大家露出有点儿乐得忘形的神气，拖长了声音这样回答，简直和小学三四年级的学生一般，惹得马先生也笑了。

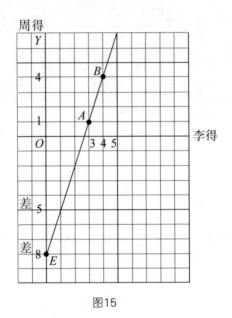

图15

"再来变一变戏法，将 AB 和 OY 都向相反方向拉长，得交点 E。OE 是多少？"

"8。"

"这就是'少'的表出法，现在归到本题。"马先生接着画出了图 16。

"各人得多少？"

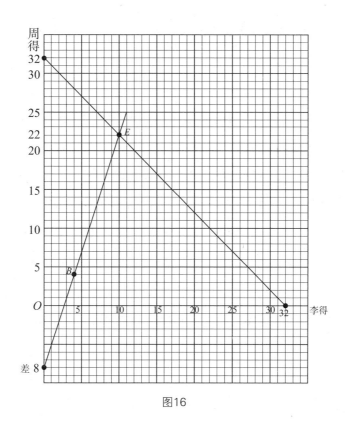

图16

"周敏二十二个，李成十个。"周学敏。

"算法呢？"

"（32+8）÷（3+1）=40÷4=10——李成得的数。

10×3-8=30-8=22——周敏得的数。"我说。

"公式是什么？"

好几个人回答：

"（总数＋少数）÷（倍数＋1）＝小数，

"小数 × 倍数 – 少数 ＝ 大数。"

例五：两数的和是十七，大数的三倍与小数的五倍的和是六十三，求两数。

"我用这个题来结束这第四段。你们能用画图的方法求出答案来吗？各人都自己算算看。"马先生写完了题这么说。

跟着，没有一个人不用铅笔、三角板在方格纸上画。——方格纸是马先生预先叫大家准备的。——这是很奇怪的事，没有一个人不比平常上课用心。同样都是学习，为什么有人被强迫着，反而不免想偷懒；没有人强迫，比较自由了，倒一齐用心起来。这真是一个谜。

和小学生交语文作业给先生看，期望着先生说一声"好"，便回到座位上誊正一般，大家先后画好了拿给马先生看。这也是奇迹，八九个人全没有错，而且画完的时间相差也不过两分钟。这使马先生感到愉快，从他的脸上的表情就可以看出来。不用说，各人的图，除了线有粗细以外，全是一样，简直好像印板印的一样。

各人回到座位上坐下来，静候马先生讲解。他却不讲什么，突然问王有道："王有道，这道题用算术的方法怎样计算？你来给我代课，讲给大家听。"马先生说完了就走下讲台，让王有道去做临时先生。

王有道虽然有点儿腼腆，但最终还是拖着脚上了讲台，拿着粉笔，硬做起先生来。

"两数的和是十七，换句话说，就是：大数的一倍与小数的一倍的和是十七，所以用三去乘十七，得出来的便是：大数的三倍与小数的三倍的和。

"题目上第二个条件是大数的三倍与小数的五倍的和是六十三，所以若从六十三里面减去三乘十七剩下来的数里，只有'五减去三'个小数了。"王有道很神气地说完这几句话后，便默默地在黑板上写出下面的式子，写完低着头走下讲台。

$(63-17 \times 3) \div (5-3) = 12 \div 2 = 6$——小数

$17-6=11$——大数

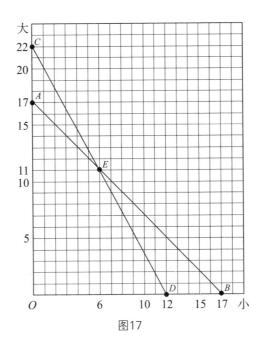

图17

马先生接着上了讲台："这个算法，你们大概都懂得了吧？我想你们依了前几个例子的样儿，一定要问：'这个算法怎样从图上可以观察得出来呢？'这个问题却把我难住了。我只好回答你们，这是没有法子的。你们已学过了一点代数，知道用方程式来解算术中的四则问题。有些题目，也可以由方程式的计算，找出算术上的算法，并且对于那算法加以解释。但有些题目，要这样做却很勉强，而且有些简直勉强不来。各种方法都有各自的立场，这里不能和前几个例子一样，由图上找出算术中的计算法，也就因为这个。

"不过，这种方法比较具体而且确定，所以用来解决问题比较便当。由它虽有时不能直接得出算术的计算法来，但一个题已有了答案总比较易于推敲。对于算术方法的思索，这也是一种好处。

"这一课就这样完结吧。"

五

"追赶上前"的话

"讲第三段的时候，我曾经说过，倘若你有了一张图，坐在屋里，看看表，又看看图，随时就可知道你出了门的弟弟离开你已有多远。这次我就来讲关于走路这一类的问题。"马先生今天这样开场。

例一：赵阿毛上午八点由家中动身到城里去，每小时走三里。上午十一点，他的儿子赵小毛发现他忘了带应当带到城里去的东西，拿着从后面追去，每小时走五里，什么时候可以追上？

这题只需用第二段讲演中的最后一个作基础便可得出来。用横线表示路程，每一小段一里；用纵线表示时间，每两小段一小时。——纵横线用作单位1的长度，无妨各异，只要表示得明白。

因为赵阿毛是上午八点由家中动身的，所以时间就用上午八点作起点，赵阿毛每小时走三里，他走的行程和时间是"定倍数"的关系，画出来就是 AB 线。

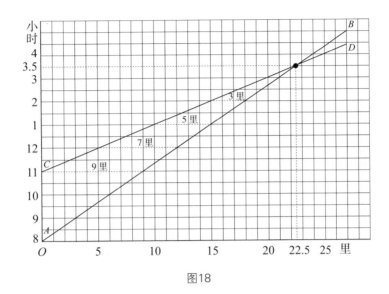

图18

赵小毛是上午十一点动身的，他走的行程和时间对于交在 C 点的纵横线来说，也只是"定倍数"的关系，画出来就是 CD 线。

AB 和 CD 交于 E，就是赵阿毛和赵小毛父子俩在这儿碰上了。

从 E 点横看，得下午三点半，这就是解答。

"你们仔细看这个，比上次的有趣味。"趣味！今天马先生从走进课堂直到现在，都是板着面孔的，我还以为他有什么不高兴的事，或是身体不适呢！听到这两个字，知道他将要说什么趣话了，精神不禁为之一振。但是仔细看一看图，依然和上次的各个例题一样，只有两条直线和一个交点，真不知道马先生说的趣味在哪里。别人大概也和我一样，没有看出什么特别的趣味，所以整个课堂上，只有静默。打破这静默的，自然只有马先生：

"看不出吗？嗐！不是真正的趣味'横'生吗？"

"横"字说得特别响，同时右手拿着粉笔朝着黑板上的图横着一画。虽是这样，但我们还是猜不透这个谜。

"大家横着看！看两条直线间的距离！"因为马先生这么一提示，果然，大家都看那两条线间的距离。

"看出了什么？"马先生静了一下问。

"越来越短，最后变成了零。"周学敏回答。

"不错！但这表示什么意思？"

"两人越走越近，到后来便碰在一起了。"王有道回答。

"对的，那么，赵小毛动身的时候，两人相隔几里？"

"九里。"

"走了一小时呢？"

"七里。"

"再走一小时呢？"

"五里。"

"每走一小时，赵小毛赶上赵阿毛几里？"

"二里。"这几次差不多都是齐声回答，课堂里显得格外热闹。

"这二里从哪里来的？"

"赵小毛每小时走五里，赵阿毛每小时只走三里，五里减去三里，便是二里。"我抢着回答。

"好！两人先隔开九里，赵小毛每小时能够追上二里，那么几小时可以追上？用什么算法计算？"马先生这次向着我问。

"用二去除九得四点五。"我答。

马先生又问："最初相隔的九里怎样来的呢？"

"赵阿毛每小时走三里，上午八点动身，走到上午十一点，一共走了三小时，三三得九。"另一个同学这么回答。

在这以后，马先生就写出了下面的算式：

$3^{里} \times 3 \div (5^{里} - 3^{里}) = 9^{里} \div 2^{里} = 4.5^{小时}$——赵小毛走的时间

$11^{时}+4.5^{时}-12^{时}=3.5^{时}$——下午三点半

"从这次起，公式不写了，让你们去如法炮制吧。从图上还可以看出来，赵阿毛和赵小毛碰到的地方，距家是二十二里半。若是将 AE、CE 延长，两线间的距离又越来越长，但 AE 翻到了 CE 的上面。这就表示，若他们父子碰到以后，仍继续各自前进，赵小毛便走在了赵阿毛前面，越离越远。"

试将这个题改成"甲每时行三里，乙每时行五里，甲动身后三小时，乙去追他，几时能追上？"这就更一般了，画出图来，当然和前面的一样。不过表示时间的数字需换成 0，1，2，3……

例二：甲每小时行三里，动身后三小时，乙去追他，四小时半追上，乙每小时行几里？

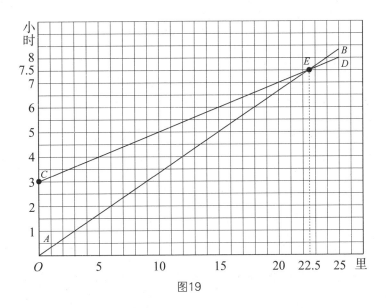

图19

对于这个题，表示甲走的行程和时间的线，自然谁都会画了。就是表示乙走的行程和时间的线，经过了马先生的指示，以及共同的讨论，知道：因为乙是在甲动身后三小时才动身，而得 C 点。又因为乙追了四小时半赶上甲，这时

甲正走到 E，而得 E 点，联结 CE，就得所求的线。再看每过一小时，横线对应增加 5，所以知道乙每小时行五里。这真是马先生说的趣味横生了。

不但如此，图上明明白白地指示出来：甲七小时半走的路程是二十二里半，乙四小时半走的也正是这么多，所以很容易使我们想出了这题的算法。

$3^{里} \times （3+4.5）÷4.5=22.5^{里}÷4.5=5^{里}$——乙每小时走的

但是马先生的主要目的不在讨论这题的算法上，当我们得到了答案和算法后，他又写出下面的例题。

例三：甲每小时行三里，动身后三小时，乙去追他，追到二十二里半的地方追上，求乙的速度。

跟着例二来解这个问题，真是十分轻松，不必费心思索，就知道应当这样算：

$22.5÷3=7.5$

$22.5^{里}÷（7.5-3）=22.5^{里}÷4.5=5^{里}$——乙每小时走的

原来，图是大家都懂得画了，而且一连这三个例题的图，简直就是一个，只是画的方法或说明不同。甲走了七小时半而比乙多走三小时，乙走了四小时半，而路程是二十二里半，上面的计算法，由图上看来，真是"了如指掌"呵！我今天才深深地感到对算学有这么浓厚的兴趣！

马先生在大家算完这题以后发表他的议论：

"由这三个例子来看，一个图可以表示几个不同的题，只是着眼点和说明不同。这不是活鲜鲜地，很有趣味吗？原来例二、例三都是从例一转化来的，虽然面孔不同，根源的关系却没有两样。这类问题的骨干只是距离、时间、速度的关系，你们当然已经明白：

"速度 × 时间 = 距离。

"由此演化出来，便得：

"速度＝距离 ÷ 时间，

"时间＝距离 ÷ 速度。"

我们说：

"赵阿毛的儿子是赵小毛；老婆是赵大嫂子。

"赵大嫂子的老公是赵阿毛；儿子是赵小毛。

"赵小毛的妈妈是赵大嫂子；爸爸是赵阿毛。"

这三句话，表面上看起来自然不一样，立足点也不同，从文学上说，所给我们的意味、语感也不同，但表出的根本关系却只有一个，画个图便是：

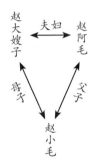

照这种情形，将例一先分析一下，我们可以得出下面各元素以及元素间的关系：

1. 甲每小时行三里。

2. 甲先走三小时。

3. 甲共走七小时半。

4. 甲、乙都共走二十二里半。

5. 乙每小时行五里。

6. 乙共走四小时半。

7. 甲每小时所行的里数（速度）乘以所走的时间，得甲走的距离。

8. 乙每小时所行的里数（速度）乘以所走的时间，得乙走的距离。

9. 甲、乙所走的总距离相等。

10. 甲、乙每小时所行的里数相差二。

11. 甲、乙所走的小时数相差三。

1 到 6 是这题所含的六个元素。一般地说，只要知道其中三个，便可将其余的三个求出来。如例一，知道的是 1、5、2，而求得的是 6，但由 2、6 便可得 3，由 5、6 就可得 4。例二，知道的是 1、2、6，而求得 5，由 2、6 当然可得 3，由 6、5 便得 4。例三，知道的是 1、2、4，而求得 5，由 1、4 可得 3，由 5、4 可得 6。

不过也有例外，如 1、3、4，因为 4 可以由 1、3 得出来，所以不能成为一个题。2、3、6 只有时间，而且由 2、3 就可得 6，也不能成题。再看 4、5、6，由 4、5 可得 6，一样不能成题。

从六个元素中取出三个来做题目，照理可成二十个。除了上面所说的不能成题的三个，以及前面已举出的三个，还有十四个。这十四个的算法，当然很容易推知，画出图来和前三例子完全一样。为了便于比较、研究，逐一写在后面。

例四：甲每小时行三里[1]，走了三小时乙才动身[2]，他共走了七小时半[3]被乙赶上，求乙的速度。

3[里]×7.5÷（7.5-3）=5[里]——乙每小时所行的里数

例五：甲每小时行三里[1]，先动身，乙每小时行五里[5]，从后追他，只知甲共走了七小时半[3]，被乙追上，求甲先动身几小时？

7.5-3[里]×7.5÷5[里]=3[小时]——甲先动身三小时

例六：甲每小时行三里[1]，先动身，乙从后面追他，四小时半[6]追上，而甲共走了七小时半，求乙的速度。

3[里]×7.5÷4.5=5[里]——乙每小时所行的里数

例七：甲每小时行三里[1]，先动身，乙每小时行五里[5]，从后面追他，走了二十二里半[4]追上，求甲先走的时间。

$22.5^{里} \div 3^{里} - 22.5^{里} \div 5^{里} = 7.5 - 4.5 = 3^{小时}$——甲先走三小时

例八：甲每小时行三里[1]，先动身，乙追四小时半[6]，共走二十二里半[4]追上，求甲先走的时间。

$22.5^{里} \div 3 - 4.5 = 7.5 - 4.5 = 3^{小时}$——甲先走三小时

例九：甲每小时行三里[1]，先动身，乙从后面追他，每小时行五里[5]，四小时半[6]追上，甲共走了几小时？

$5^{里} \times 4.5 \div 3^{里} = 22.5^{里} \div 3^{里} = 7.5^{小时}$——甲共走七小时半

例十：甲先走三小时[2]，乙从后面追他，在距出发地二十二里半[4]的地方追上，而甲共走了七小时半[3]，求乙的速度。

$22.5^{里} \div (7.5 - 3) = 22.5^{里} \div 4.5 = 5^{里}$——乙每小时所行的里数

例十一：甲先走三小时[2]，乙从后面追他，每小时行五里[5]，到甲共走七小时半[3]时追上，求甲的速度。

$5^{里} \times (7.5 - 3) \div 7.5 = 22.5^{里} \div 7.5 = 3^{里}$——甲每小时所行的里数

例十二：乙每小时行五里[5]，在甲走了三小时的时候[2]动身追甲，乙共走二十二里半[4]追上，求甲的速度。

$22.5^{里} \div (22.5^{里} \div 5^{里} + 3) = 22.5^{里} \div 7.5 = 3^{里}$——甲每小时所行的里数

例十三：甲先动身三小时[2]，乙用四小时半[6]，走二十二里半路[4]，追上甲，求甲的速度。

$22.5^{里} \div (3 + 4.5) = 22.5^{里} \div 7.5 = 3^{里}$——甲每小时所行的里数

例十四：甲先动身三小时[2]，乙每小时行五里[5]，从后面追他，走四小时半[6]追上，求甲的速度。

$5^{里} \times 4.5 \div (3 + 4.5) = 22.5^{里} \div 7.5 = 3^{里}$——甲每小时所行的里数

例十五：甲七小时半[3]走二十二里半[4]，乙每小时行五里[5]，在甲动身后若干小时后动身，正追上甲，求甲先走的时间。

7.5−22.5[里]÷5=7.5−4.5=3[小时]——甲先走三小时

例十六：甲动身后若干时，乙动身追甲，甲共走七小时半[3]，乙共走四小时半[6]，所走的距离为二十二里半[4]，求各人的速度。

22.5[里]÷7.5=3[里]——甲每小时所行的

22.5[里]÷4.5=5[里]——乙每小时所行的

例十七：乙每小时行五里[5]，在甲动身若干时后追他，到追上时，甲共走了七小时半[3]，乙只走四小时半[6]，求甲的速度。

5[里]×4.5÷7.5=22.5[里]÷7.5=3[里]——甲每小时所行的

在这十七个题中，第十六题只是应有的文章，严格地说，已不成一个题了。将这些题对照图来看，比较它们的算法，可以知道：将一个题中的已知元素和所求元素对调而组成一个新题，这两题的计算法的更改，正有一定法则。大体说来，总是这样，新题的算法，对于被调的元素来说，正是原题算法的还原，加减互变，乘除也互变。

前面每一题都只求一个元素，若将各未知的三元素作一题，实际就成了四十八个。还有，甲每时行三里，先走三小时，就是先走九里，这也可用来代替第二元素，而和其他二元素组成若干题，这样地推究多么活泼、有趣！而且对于研究学问实在是一种很好的训练。

本来无论什么题，都可以下这么一番功夫探究的，但前几次的例子比较简单，变化也就少一些，所以不曾说到。而举一反三，正好是一个练习的机会，所以以后也不再这么不怕麻烦地讲了。

把题目这样推究，学会了一个题的计算法，便可悟到许多关系相同、形式各样的题的算法，实不只"举一反三"，简直要"闻一以知十"，使我觉得无比快乐！我现在才感到算学不是枯燥的。

马先生花费许多精力，教给我们探索题目的方法，时间已过去不少，但他还不辞辛苦地继续讲下去。

例十八：甲、乙两人在东西相隔十四里的两地，同时相向动身，甲每小时行二里，乙每小时行一里半，两人几时在途中相遇？

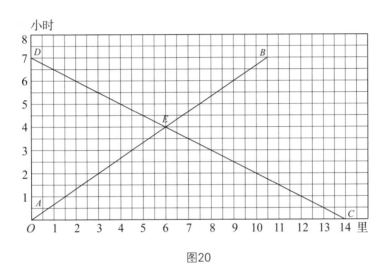

图20

这差不多算是我们自己做出来的，马先生只告诉了我们，应当注意两点：第一，甲和乙走的方向相反，所以甲从 C 向 D，乙就从 A 向 B，AC 相隔十四里；第二，因为题上所给的数都不大，图上的单位应取大一些——都用二小段当一——图才好看，做算学也需兼顾好看！

由 E 点横看得4，自然就是4小时两人在途中相遇了。

"趣味横生"，横向看去，甲、乙两人每走一小时将近三里半，就是甲、乙速度的和，所以算法也就得出来了：

$14^{里} \div (2^{里} + 1.5^{里}) = 14^{里} \div 3.5^{里} = 4^{小时}$——所求的小时数

这算法，没有一个人不对，算学真是人人能领受的啊！

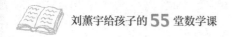

马先生高兴地提出下面的问题，要我们回答算法，当然，这更不是什么难事！

1. 两人相遇的地方，距东西各几里？

$2^{里} \times 4 = 8^{里}$——距东的

$1.5^{里} \times 4 = 6^{里}$——距西的

2. 甲到了西地，乙还距东地几里？

$14^{里} - 1.5^{里} \times （14 \div 2^{里}）= 14^{里} - 10.5^{里} = 3.5^{里}$——乙距东的

下面的推究，是我和王有道、周学敏依照马先生的前例做的。

例十九：甲、乙两人在东西相隔十四里的两地，同时相向动身，甲每小时行二里，走了四小时，两人在途中相遇，求乙的速度。

（$14^{里} - 2^{里} \times 4$）$\div 4 = 6^{里} \div 4 = 1.5^{里}$——乙每小时行的

例二十：甲、乙两人在东西相隔十四里的两地，同时相向动身，乙每小时行一里半，走了四小时，两人在途中相遇，求甲的速度。

（$14^{里} - 1.5^{里} \times 4$）$\div 4 = 8^{里} \div 4 = 2^{里}$——甲每小时行的

例二十一：甲、乙两人在东西两地，同时相向动身，甲每小时行二里，乙每小时行一里半，走了四小时，两人在途中相遇，两地相隔几里？

（$2^{里} + 1.5^{里}$）$\times 4 = 3.5^{里} \times 4 = 14^{里}$——两地相隔的

这个例题所含的元素只有四个，所以只能组成四个形式不同的题，自然比马先生所讲的前一个例子简单得多。不过，我们能够这样穷追不舍，心中确实感到无比愉快！

下面又是马先生所提示的例子。

例二十二：从宋庄到毛镇有二十里，何畏四小时走到，苏绍武五小时走到，两人同时从宋庄动身，走了三时半，相隔几里？走了多长时间，相隔三里？

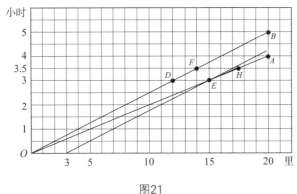

图21

马先生说，这个题目的要点，在于正确地指明解法所在。他将表示甲和乙所走的行程、时间的关系的线画出以后，这样问：

"走了三时半，相隔的里数，怎样表示出来？"

"从三时半的那一点画条横线和两直线相交于 FH，FH 间的距离，三里半，就是所求的。"

"那么，几时相隔三里呢？"

由图上，很清晰地可以看出来：走了三小时，就相隔三里。但怎样由画法求出来，却倒使我们呆住了。

马先生见没人回答，便说："你们难道没有留意过斜方形吗？"随即在黑板上画了一个 ABCD 斜方形，接着说：

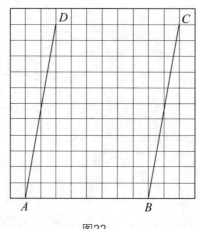

图22

"你们看图上（图22）AD、BC是平行的，而AB、DC以及AD、BC间的横线都是平行的，不但平行而且还一样长。应用这个道理，（图21）过距O三里的一点，画一条线和OB平行，它与OA交于E。在E这点两线间的距离正好指示三里，而横向看去，却是三小时，这便是解答。"

至于这题的算法，不用说，很简单，马先生大概因此不曾提起，我补在下面：

（20^里÷4−20^里÷5）×3.5=3.5^里——走了三时半相隔的

3^里÷（20^里÷4−20^里÷5）=3^{小时}——相隔三里所需走的时间

跟着，马先生所提出的例题更曲折、有趣了。

例二十三：甲每十分钟走一里，乙每十分钟走一里半。甲动身五十分钟时，乙从甲出发的地点动身去追甲。乙走到六里的地方，想起忘带东西了，马上回到出发处寻找。乙花费五十分钟找到了东西，加快了速度，每十分钟走二里去追甲。若甲在乙动身转回时，休息过三十分钟，乙在什么地方追上甲？

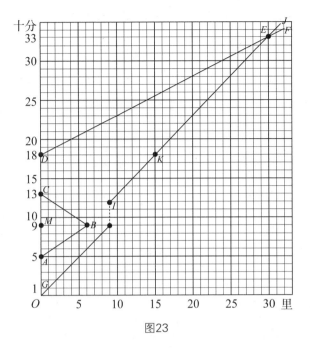

图23

"先来讨论表示乙所走的行程和时间的线的画法。"马先生说，"这有五点：1. 出发的时间比甲迟五十分钟；2. 出发后每十分钟行一里半；3. 走到六里便回头，速度没有变；4. 在出发地停了五十分钟才第二次动身；5. 第二次的速度，每十分钟行二里。"

依第一点，就时间说，应从五十分钟的地方画起，因而得 A。从 A 起依照第二点，每一单位时间——十分——一里半的定倍数，画直线到 6 里的地方，得 AB。

依第三点，从 B 折回，照同样的定倍数画线，正好到一百三十分钟的 C，得 BC。

依第四点，虽然时间一分一分地过去，乙却没有离开一步，即五十分钟都停着不动，所以得 CD。

依第五点，从 D 起，每单位时间，以二里的定倍数，画直线 DF。

至于表示甲所走的行程和时间的线，却比较简单，始终是一定的速度前进，只有在乙达到 6 里即 B 处——正是九十分钟——甲达到九里时，他休息了——停着不动——三十分钟，然后继续前进，因而这条线是 GH、IJ。

两线相交于 E 点，从 E 点往下看得三十里，就是乙在距出发点三十里的地点追上甲。

"从图上观察能够得出算法来吗？"马先生问。

"当然可以的。"没有人回答，他自己说，接着就讲题的计算法。

老实说，这个题从图上看去，就和乙在 D 所指的时间，用每十分钟二里的速度，从后去追甲一样。但甲这时已走到 K，所以乙需追上的里数，就是 DK 所指示的。

倘若知道了 GD 所表示的时间，那么除掉甲在 HI 休息的三十分钟，便是甲从 G 到 K 所走的时间，用它去乘甲的速度，得出来的即是 DK 所表示的距离。

图上 GA 是甲先走的时间，五十分钟。

AM、MC 都是乙以每十分钟行一里半的速度，走了六里所花费的时间，所以都是（6÷1.5）个十分钟。

CD 是乙寻找东西花费的时间——五十分钟。

因此，GD 所表示的时间，也就是乙第二次动身追甲时，甲已经在路上花费的时间，应当是：

$GD=GA+AM\times2+CD=50^{分}+10^{分}\times（6÷1.5）\times2+50^{分}=180^{分}$

但甲在这段时间内，休息过三十分钟，所以，在路上走的时间只是：

$180^{分}-30^{分}=150^{分}$

而甲的速度是每十分钟一里，因而，DK 所表示的距离是：

$1^{里}\times（150÷10）=15^{里}$

乙追上甲从第二次动身所用的时间是：

$15^{里} \div （2^{里} - 1^{里}）= 15\text{——个 10 分钟}$

乙所走的距离是：

$2^{里} \times 15 = 30^{里}$

这题真是曲折，要不是有图对着看，这个算法，我是很难听懂的。

马先生说："我再用一个例题来作这一课的收场。"

例二十四：甲、乙两地相隔一万公尺①，每隔五分钟同时对开一部电车，电车的速度为每分钟五百公尺。冯立人从甲地乘电车到乙地，在电车中和对面开来的车两次相遇，中间隔几分钟？又从开车至到乙地之间，和对面开来的车相遇几次？

题目写出后，马先生让我们作下面的问答。

"两地相隔一万公尺，电车每分钟行五百公尺，几分钟可走一趟？"

"二十分钟。"

"倘若冯立人所乘的电车是对面刚开到的，那么这部车是几时从乙地开过来的？"

"前二十分钟。"

"这部车从乙地开出，再回到乙地共需多长时间？"

"四十分钟。"

"乙地每五分钟开来一部电车，四十分钟共开来几部？"

"八部。"

自然经过这样一番讨论，马先生将图画了出来，还有什么难懂的呢？

_____

① 1公尺=1米。——编者注

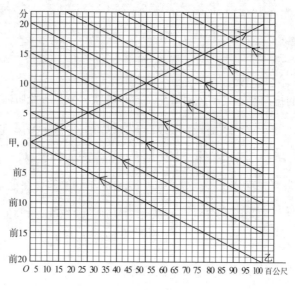

图24

由图，一眼就可得出，冯立人在电车中，和对面开来的电车相遇两次，中间相隔的是两分半钟。

而从开车至乙地，中间和对面开来的车相遇七次。

算法是这样：

$10000^{公尺} \div 500^{公尺} = 20^分$——走一趟的时间

$20^分 \times 2 = 40^分$——来回一趟的时间

$40^分 \div 5^分 = 8$——一部车自己来回一趟，中间乙所开的车数

$20^分 \div 8 = 2.5^分$——和对面开来的车相遇两次，中间相隔的时间

$8^次 - 1^次 = 7^次$——和对面开来的车相遇的次数

"这课到此为止，但我还得拖个尾巴，留个题给你们自己去做。"说完，马先生写出下面的题，匆匆地退出课堂，他额上的汗珠已滚到颊上了。

今天足足在课堂上坐了两个半小时，回到寝室里，觉得很疲倦，但对于马先生出的题，不知为什么，还想继续探究一番，于是决心独自试做。总算"有

志者事竟成"，费了二十分钟，居然成功了。但愿经过这次暑假，对于算学能够找到得心应手的方法！

例二十五：甲、乙两地相隔三英里[1]，电车每时行十八英里，从上午五时起，每十五分钟，两地各开车一部。阿土上午5：01从甲地电车站，顺着电车轨道步行，于6：05到乙地车站。阿土在路上碰到往来的电车共几次？第一次是在什么时间和什么地点？

答案：

阿土共碰到往来电车八次。

第一次约在上午五时八分半多。

第一次离甲地百分之三十六英里。

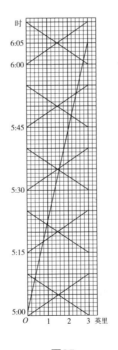

图25

---

[1] 1英里≈1609.34米。——编者注

六

时钟的两只针

"这次讲一个许多人碰到都有点儿莫名其妙的题目。"说完，马先生在黑板上写出：

例一：时钟的长针和短针，在二时、三时间，什么时候碰在一起？

我知道，这个题，王有道确实是会算的，但是很奇怪，马先生写完题目以后，他却一声不吭。后来下了课，我问他，他的回答是："会算是会算，但听听马先生有什么别的讲法，不是更有益处吗？"我听了他的这番话，不免有些惭愧，对于我已经懂得的东西，往往不喜欢再听先生讲，这着实是缺点。

"这题的难点在哪里？"马先生问。

"两只针都是在钟面上转，长针转得快，短针转得慢。"我大胆地回答。

"不错！不过，仔细想一想，便没有什么困难了。"马先生这样回答，并且接着说：

"无论是跑圆圈，还是跑直路，总是在一定的时间内，走过了一定的距离。

而且，时钟的这两只针，好像受过严格训练一样，在相同的时间内，各自所走的距离总是一定的。——在物理学上，这叫作等速运动。一切的运动法则都可用速度、时间和距离这三项的关系表示出来。在等速运动中，它们的关系是：

"距离＝速度×时间。

"现在根据这一点，将本题探究一番。"

"李大成，你说长针转得快，短针转得慢，怎么知道的？"马先生向我提出这样的问题，惹得大家都笑了起来。当然，这是看见过时钟走动的人都知道的，还成什么问题。不过马先生特地提出来，我倒不免有点儿发呆了。怎样回答好呢？最终我大胆地答道：

"看出来的！"

"当然，不是摸出来的，而是看出来的了！不过我的意思，单说快慢，未免太笼统些，我要问你，这快慢，怎样比较出来的？"

"长针一小时转六十分钟的位置，短针只转五分钟的位置，长针不是比短针转得快吗？"

"这就对了！但我们现在知道的是长针和短针在六十分钟内所走的距离，它们的速度是怎样呢？"马先生望着周学敏。

"用时间去除距离，就得速度。长针每分钟转一分钟的位置，短针每分钟只转十二分之一分钟的位置。"周学敏。

"现在，两只针的速度都已知道了，暂且放下。再来看题上的另一个条件，正午两点钟的时候，长针距短针多远？"

"十分钟的位置。"四五人一同回答。

"那么，这题目和赵阿毛在赵小毛的前面十里，赵小毛从后面追他，赵小毛每小时走一里，赵阿毛每小时走十二分之一里，几时可以赶上？——有什么区别？"

"一样！"真正的是众口一词。

这样推究的结果，我们不但能够将图画出来，而且算法也非常明晰了：

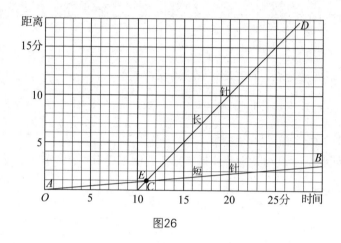

图26

$$10^{分} \div \left(1 - \frac{1}{12}\right) = 10^{分} \div \frac{11^{分}}{12} = \frac{120^{分}}{11} = 10\frac{10^{分}}{11}$$

马先生说，这类题的变化并不多，要我们各自作一张图，表出：从零时起，到十二时止，两只针每次相重的时间。自然，这只要将前图扩充一下就行了。但在我将图画完，仔细玩赏一番后，觉得算学真是有趣味的科目。

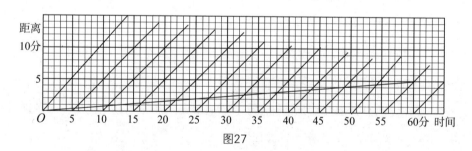

图27

马先生提出的第二例是：

例二：时钟的两针在二时、三时间，什么时候呈一个直角？

马先生叫我们大家将这题和前一题比较，提出要点来，我们都只知道一个要点：

——两针呈一直角的时候，它们的距离是十五分钟的位置。

后来经过马先生的各种提示，又得出第二个要点：

——在二时和三时间，两针要呈直角，长针得赶上短针同它相重——这是前一题——再超过它十五分钟。

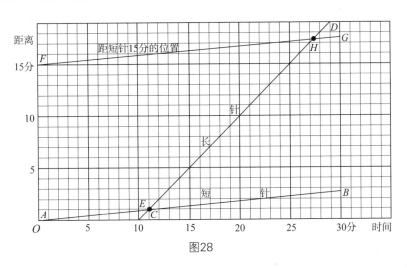

图28

这一来，不用说，我们都明白了。作图的方法，只是在例一的图上增加一条和 AB 平行的线 FG，和 CD 交于 H，便指示出我们所要的答案了。这理由也很清晰明了，FG 和 AB 平行，AF 相隔十五分钟的位置，所以 FG 上的各点垂直画线下来和 AB 相交，则 FG 和 AB 间的各线段都是一样长，表示十五分钟的位置，所以 FG 便表示距长针十五分钟的位置的线。

至于这题的算法，那更是容易明白了。长针先赶上短针十分钟，再超过十五分钟，一共自然是长针需比短针多走 10+15 分钟，所以，

$$\left(10^{分}+15^{分}\right)\div\left(1-\frac{1}{12}\right)=25^{分}\div\frac{11}{12}=25^{分}\times\frac{12}{11}=\frac{300^{分}}{11}=27\frac{3}{11}^{分}$$

便是答案。

这些，在马先生问我们的时候，我们都回答出来了。虽然是这样，但对于我——至少我得承认——实在是一个谜。为什么我们平时遇到一个题目不能这

样去思索呢？这几天，我心里都怀着这个疑问，得不到答案，不是吗？倘若我们这样寻根究底地推想，还有什么题目做不出来呢？我也曾问过王有道这个问题，但他的回答，使我很不满意。不，简直使我生气。他只是轻描淡写地说："这叫作：'难者不会，会者不难。'"

老实说，要不是我平时和王有道关系很好，知道他并不会"恃才傲物"，我真会生气，说不定要翻脸骂他一顿。——王有道看到这里，伸伸舌头说，喂！谢谢你！嘴下留情！我没有自居会者，只是羡慕会者的不难罢了！——他的回答，不是等于不回答吗？难道世界上的人生来就有两类：一类是对于算学题目，简直不会思索的"难者"；一类是对于算学题目，不用费心思索就解答出来的"会者"吗？真是这样，学校里设算学这一科目，对于前者，便是白费力气；对于后者，便是多此一举！这和马先生的议论也未免矛盾了！怀着这疑问，有好几天了！从前，我也是用性质相近、不相近来解释的，而我自己，当然自居于性质不相近之列。但马先生对于这种说法持否定态度，自从听了马先生这几次的讲解以后，我虽不敢成为否定论者，至少也是怀疑论者了。怀疑！怀疑！怀疑只是过程！最后总应当有个不容怀疑的结论呀！这结论是什么？

被我们尊称为"马浪荡"的马先生，我想他一定可以给我们一个确切的回答。我怀着这样的期望，屡次想将这个问题提出来，静候他的回答，但最终因为缺乏勇气，不敢提出。今天，到了这个时候，我真忍无可忍了。题目的解答法，一经道破，真是"会者不难"，为什么别人会这样想，我们不能呢？

我斗胆地问马先生："为什么别人会这样想，我们却不能呢？"

马先生笑容满面地说："好！你这个问题很有意思！现在我来跑一次野马。"

马先生跑野马！真是使得大家哄堂大笑！

"你们知道小孩子走路吗？"这话问得太不着边际了，大家只好沉默不语。他接着说：

"小孩子不是一生下来就会走路的，他先是自己不能移动，随后再练习站起来走路。只要不是过分娇养或残疾的小孩子，两岁总会无所倚傍地直立步行了。但是，你们要知道，直立步行是人类的一大特点，现在的小孩子只要两岁就能够做到，我们的祖先却费了不少力气才能够呀！自然，我们可以这样解释，古人不如今人，但这并不能使人佩服。现在的小孩子能够走得这么早，一半是遗传的因素，而一半却是因为有一个学习的环境，一切他所见到的比他大的人的动作，都是他模仿的样品。

"一切文化的进展，正和小孩子学步一样。明白了这个道理，那么这疑问就可以解答了。一种题目的解决，就是一个发明。发明这件事，说它难，它真难，一定要发明点儿什么，这是谁也没有把握能够做到的。但，说它不难，真也不难！有一定的学力和一定的环境，继续不断地努力，总不至于一无所成。

"学算学，以及学别的功课都是一样，一面先弄清楚别人已经发明的，并且注意他们研究的经过和方法；一面应用这种态度和方法去解决自己所遇到的新问题。广泛地说，你们学了一些题目的解法，自然也就学会了解别的问题，这也是一种发明，不过这种发明是别人早就得出来的罢了。

"总之，学别人的算法是一件事，学思索这种算法的方法，又是一件事，而后一种更重要。"

对于马先生的议论，我还是持怀疑态度，总有些人比较会思索些。但是，马先生却说，不可以忘记一切的发展都是历史的产物，都是许多人的劳力的结晶。他的意思是说"会想"并不是凭空会的，要我们去努力学习。这话，虽然我还不免怀疑，但努力学习总是应当的，我的疑问只好暂时放下了。

马先生发表完议论，就转到本题上："现在你们自己去研究在各小时以后两针呈直角的时间，你们要注意，有几小时内是可以有两次呈直角的时间的。"

课后，我们聚集在一起研究，便画成了图29。我们将一只表从正午十二点旋转到正午十二点来观察，简直是不差分毫。我感到愉快，同时也觉得算学真是一个活生生的科目。

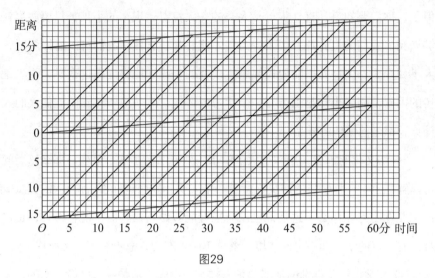

图29

关于时钟两针的问题，一般的书上，还有"两针成一直线"的，马先生说，这再也没有什么难处，要我们自己去"发明"，其实参照前两个例题，真的一点儿也不难啊！

七

流水行舟

"这次，我们先来探究这种运动的事实。"马先生说。

"运动是力的作用，这是学物理的人都应当知道的常识。在流水中行舟；这种运动，受几个力的影响？"

"两个：一、水流的；二、人划的。"这我们都可以想到。

"我们叫水流的速度是流速；人划船使船前进的速度，叫漕速。那么在流水上行舟，这两种速度的关系是怎样的？"

"下行速度 = 漕速 + 流速，

"上行速度 = 漕速 − 流速。"

这是王有道的回答。

例一：水程六十里，顺流划行五时可到，逆流划行十时可到，每时水的流速和船的漕速是怎样的？

经过前面的探究，我们已知道，这简直和"和差问题"没什么两样。

水程六十里，顺流划行五时可到，所以下行的速度，就是漕速和流速的"和"，是每小时十二里。

逆流划行十小时可到，所以上行的速度，就是漕速和流速的"差"，是每小时六里。

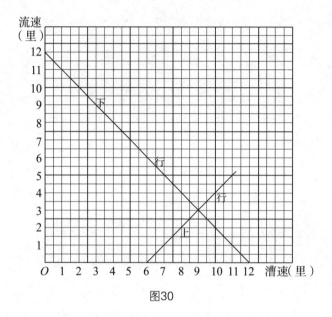

图30

上面的图极易画出，计算法也很明白：

（60^里÷5+60^里÷10）÷2=（12^里+6^里）÷2=9^里——漕速

（60^里÷5-60^里÷10）÷2=（12^里-6^里）÷2=3^里——流速

例二：王老七的船，从宋庄下行到王镇，漕速每时 7 里，水流每时 3 里，6 时可到，回来需几时？

马先生写完了题问："运动问题总是由速度、时间和距离三项中的两项求其他一项，本题所求的是哪一项？"

"时间！"又是一群小孩子似的回答。

"那么应当知道些什么？"

"速度和距离。"有三个人说。

"速度怎样？"

"漕速和流速的差，每小时 4 里。"周学敏。

"距离呢？"

"下行的速度是漕速同流速的和，每时 10 里，共行 6 时，所以是 60 里。"王有道。

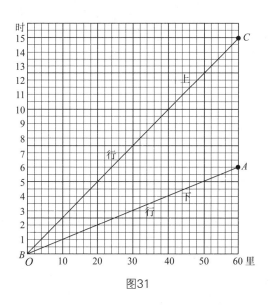

图31

"对的，不过若是画图，只要参照一定倍数的关系，画 AB 线就行了。王老七要从 B 回到 A，每时走 4 里，他的行程也是一条表一定倍数关系的直线，BC。至于计算法，这一分析就容易了。"马先生不曾说出计算法，也没有要我们各自做，我将它补在这里：

（7^{里}+3^{里}）×6÷（7^{里}−3^{里}）=60^{里}÷4^{里}=15——时

例三：水流每时 2 里，顺水 5 时可行 35 里的船，回来需几时？

这题，在形式上好像比前一题曲折，但马先生叫我们抓住速度、时间和距离三项的关系去想，真是"会者不难"！

AB 线表示船下行的速度、时间和距离的关系。

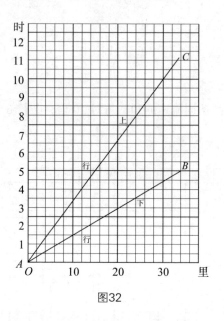

图32

漕速和流速的和是每时 7 里，而流速是每时 2 里，所以它们的差每小时 3 里，便是上行的速度。

依定倍数的关系作 *AC*，这图就完成了。

算法也很容易懂得：

$$35^{里} \div \left[\left(35^{里} \div 5 - 2^{里}\right) - 2^{里}\right] = 35^{里} \div 3^{里} = 11\frac{2}{3} ——时$$

例四：上行每时 2 里，下行每时 3 里，这船往返于某某两地，上行比下行多需 2 时，二地相距几里？

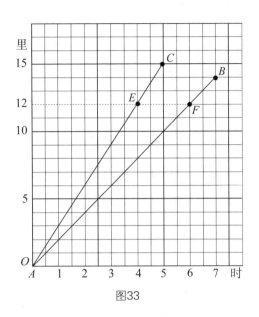

图33

依照表示定倍数关系的方法，我们画出表上行和下行的行程线 AC 和 AB。

EF 正好表示相差二时，因而得所求的距离是 12 里，正与题相符。我们都很得意，但马先生却不满足，他说：

"对是对的，但不好。"

"为什么对了还不好？"我们有点儿不服。

马先生说："EF 这条线，是先看好了距离凑巧画的，自然也是一种办法。不过，若有别的更正确、可靠的方法，那岂不是更好吗？"

"……"大家默然。

"题上已说明相差 2 时，那么表示下行的 AC 线，若从二时那点画起，则得交点 E，岂不更清晰明了吗？"

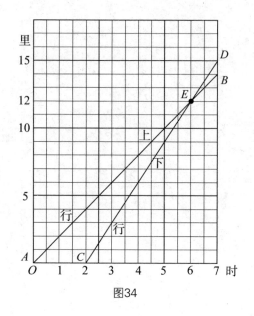

图34

真的！这一来是更好了一点儿！由此可以知道，"学习"真不是容易。古人说："开卷有益。"我感到"听讲有益"，就是自己已经知道了的，有机会也得多多听取别人的意见。

八

年龄的关系

"你们会猜谜吗？"马先生出乎意料地提出这么一个问题，大概是因为问题来得突兀的缘故，大家都默然。

"据说从前有个人出了个谜给人猜，那谜面是一个'日'字，猜杜诗一句，你们猜是什么句子？"说完，马先生便呆立着望向大家。

没有一个人回答。

"无边落木萧萧下。"马先生说，"怎样解释呢？这就说来话长了，中国在晋以后分成南北朝，南朝最初是宋，宋以后是萧道成所创的齐，齐以后是萧衍所创的梁，梁以后是陈霸先所创的'陈'。'萧萧下'就是说，两朝姓萧的皇帝之后，当然是'陈'。'陈'字去了左边是'東'字，'東'字去了'木'字便只剩'日'字了。这样一解释，这谜好像真不错，但是出谜的人可以'妙手偶得之'，而猜的人却只好暗中摸索了。"

这虽然是一件有趣的故事，但我，也许不只我，始终不明白马先生在讲算学时突然提到它有什么用意，只得静静地等待他的讲解了。

"你们觉得我提出这故事有点儿不伦不类吗？其实，一般教科书上的习题，特别是四则应用问题一类，倘若没有例题，没有人讲解、指导，对于学习的人，也正和谜面一样，需要你自己去摸索。摸索本来不是正当办法，所以处理一个问题，必须有一定步骤。第一，要理解问题中所包含而没有提出的事实或算理的条件。

"比如这次要讲的年龄的关系的题目，大体可分两种，即每题中或是说到两个以上的人的年龄，要求它们的或从属关系成立的时间，或是说到他们的年龄或从属关系而求得他们的年龄。

"但这类题目包含着两个事实以上的条件，题目上总归不会提到的：其一，两人年龄的差是从他们出生起就一定不变的；其二，每多一年或少一年，两人便各长一岁或小一岁。不懂得这个事实，这类的题目便难于摸索了。这正如上面所说的谜语，别人难于索解的原因，就在不曾把两个'萧'，看成萧道成和萧衍。话虽如此，毕竟算学不是猜谜，只要留意题上没有明确提出的，而事实上存在的条件，就不至于暗中摸索了。闲言表过，且提正文。"

例一：当前，父年三十五岁，子年九岁，几年后父年是子年的三倍？

写好题目，马先生说："不管三七二十一，我们先把表示父和子的年岁的两条线画出来。在图上，横轴表示岁数，纵轴表示年数。父现在年三十五岁，以后每过一年增加一岁，用 *AB* 线表示。子现在年九岁，以后也是每过一年增加一岁，用 *CD* 线表示。

"过五年，父年几岁？子年几岁？"

"父年四十岁，子年十四岁。"这是谁都能回答上来的。

"过十一年呢？"

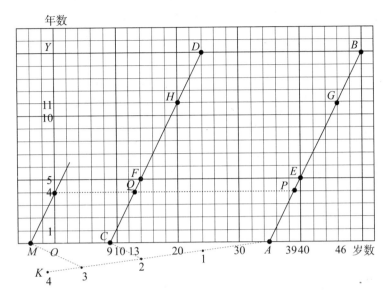

图35

"父年四十六岁，子年二十岁。"这也是谁都能回答上来的。

"怎样看出来的？"马先生问。

"从 OY 线上记有 5 的那点横看到 AB 线得 E 点，再往下看，就得四十，这是五年后父的年岁。又看到 CD 线得 F 点，再往下看得十四，就是五年后子的年岁。"我回答。

"从 OY 线上记有 11 的那点横看到 AB 线得 G 点，再往下看，就得四十六，这是十一年后父的年岁。又看到 CD 线得 H 点，再往下看得二十，就是十一年后子的年岁。"周学敏抢着，而且故意学着我的语调回答。

"对了！"马先生高叫一句，突然愣住。

"5E 是 5F 的 3 倍吗？"马先生问后，大家摇摇头。

"11G 是 11H 的 3 倍吗？"仍是一阵摇头，不知为什么今天只有周学敏这般高兴，扯长了声音回答："不——是——"

"现在就是要找在 OY 上的哪一点到 AB 的距离是到 CD 的距离的 3 倍了。

当然我们还是应当用画图的方法，不可硬用眼睛看。等分线段的方法，还记得吗？在讲除法的时候讲过的。"

王有道说了一段等分线段的方法。

接着，马先生说："先随意画一条线 AK，从 A 起在上面取 $A1$，12，23 相等的三段。连 $C2$，过 3 作线平行于 $C2$，与 OA 交于 M。过 M 作线平行于 CD，与 OY 交于 4，这就得了（如图35）。"

四年后，父年三十九岁，子年十三岁，正是父年三倍于子年，而图上的 $4P$ 也恰好 3 倍于 $4Q$，真是奇妙！然而为什么这样画就行了，我却不太明白。

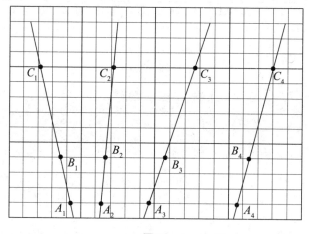

图36

马先生好像知道我的心事一般："现在，我们应当考求这个画法的来源。"他随手在黑板上画出上图，要我们看了回答 B_1C_1、B_2C_2、B_3C_3、B_4C_4，各对于 A_1B_1、A_2B_2、A_3B_3、A_4B_4 的倍数是否相等。当然，谁也可以看得出来这倍数都是 2。

大家回答了以后，马先生说："这就是说，一条线被平行线分成若干段，无论这条线怎样画，这些段数的倍数关系都是相同的。所以 $4P$ 对于 $4Q$，和 MA 对于 MC，也就和 $3A$ 对于 32 的倍数关系是一样的。"

这我就明白了。

"假如，题上问的是 6 倍，怎么画？"马先生问。

"在 AK 上取相等的 6 段，连 C5，画 6M 平行于 C5。"王有道回答。这，现在我也明白了，因为 OY 到 AB 的距离，无论是 OY 到 CD 的距离的多少倍，但 OY 到 CD，总是这距离的一倍，因而总是将 AK 上的倒数第二点和 C 相连，而过末一点作线和它平行。

至于这题的算法，马先生叫我们据图加以探究，我们看出 CA 是父子年岁的差，和 QP、FE、HG 全一样。而当 4P 是 4Q 的 3 倍时，MA 也是 MC 的 3 倍，并且在这地方 4Q、MC 都是所求的若干年后的子年。因此得下面的算法：

$$（35 - 9）\div（3 - 1）- 9 = 4$$

$$
\begin{array}{ccc}
\vdots \quad \vdots & \vdots \quad \vdots & \vdots \quad \vdots \\
OA \quad OC & A3 \quad 32 & OC \quad MO \ (C4)
\end{array}
$$

（父年–子年）÷（倍数–1）– 子年=年数（所求）

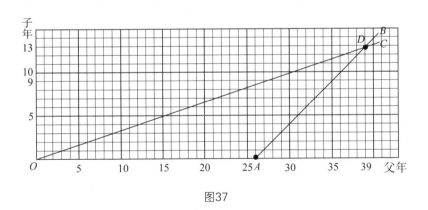

图37

讨论完毕以后，马先生一句话不说，将图 37 画了出来，指定周学敏去解释。

我倒有点儿幸灾乐祸的心情，因为他学过我的缘故，但事后一想，这实在无聊。他的算学虽不及王有道，这次却讲得很有条理，而且真是简单、明白。

下面的一段，就是周学敏讲的，我一字没改记在这里以表忏悔！

别解：

"父年三十五岁，子年九岁，他们相差二十六岁，就是这个人二十六岁时生这儿子，所以他二十六岁时，他的儿子是零岁。以后，每过一年，他大一岁，他的儿子也大一岁。依差一定的表示法，得 AB 线。题上要求的是父年 3 倍于子年的时间，依倍数一定的表示法得 OC 线，两线相交于 D（如图 37）。依交叉原理，D 点所示的，便是合于题上的条件时，父子各人的年岁：父年三十九，子年十三。从三十五到三十九和从九到十三都是四，就是四年后父年正好是子年的三倍。"

对于周学敏的解说，马先生也非常满意，他评价了一句："不错！"就写出例二。

例二：当前，父年三十六岁，子年十八岁，哪一年父年是子年的三倍？

这题看上去自然和例一完全相同。马先生让我们各自依样画葫芦，但一动手，便碰了钉子，过 M 所画的和 CD 平行的线与 OY 却交在下面 9 的地方。这是怎么一回事呢？

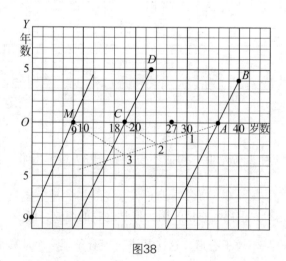

图38

马先生始终让我们自己去做，一声不吭。后来我从这9的地方横看到AB，再竖看上去，得父年二十七岁；而看到CD，再竖看上去，得子年九岁，正好父年是子年的三倍。到此我才领悟过来，这在下面的9，表示的是九年以前。而这个例题完全是马先生有意弄出来的。这么一来，我还知道几年前或几年后，算法全是一样，只是减的时候，被减数和减数不同罢了。本题的计算应当是：

$$18 \;\; - \;\; (36 - 18) \;\; \div \;\; (3 - 1) \;\; = \;\; 9$$

$$OC \qquad OA \;\; OC \qquad A3 \;\; 3{-}2 \qquad OM$$

子年－（父年－子年）÷（倍数－1）＝年数（已过去）

我试用别的解法做，得图39：AB 和 OC 的交点 D，表明父年二十七岁时，子年九岁，正是三倍，而从三十六回到二十七恰好九年，所以本题的解答是九年以前。

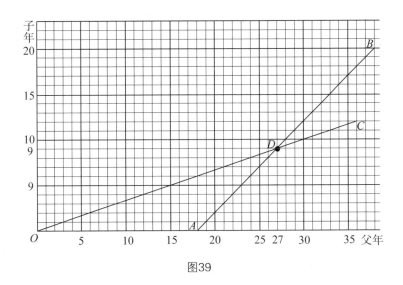

图39

例三：当前，父三十二岁，一子年六岁，一女年四岁，几年后，父的年岁与子女二人年岁的和相等？

马先生问我们这个题和前两题的不同之处，这是略一——我现在也敢说"略一"了，真是十分欣幸！——思索就知道的，父的年岁每过一年只增加一岁，而子女年岁的和每过一年却增加两岁。所以从现在起，父的年岁用 *AB* 线表示，而子女二人年岁的和用 *CD* 表示。

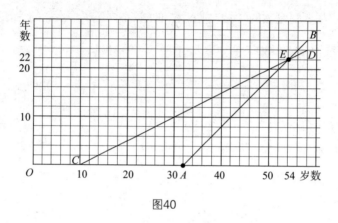

图40

AB 和 *CD* 的交点 *E*，竖看是五十四，横看是二十二。从现在起，二十二年后，父年五十四岁，子年二十八岁，女年二十六岁，相加也是五十四岁。

至于本题的算法，图上显示得很清楚。*CA* 表示当前父的年岁同子女俩的年岁的差，往后看去，每过一年这差减少一岁，少到了零，便是所求的时间，所以：

$$[32 - (6+4)] \div (2-1) = 22$$

　　⋮OA　　　⋮OC　　　⋮　　　⋮

[父年−（子年+女年）] ÷（子女数−父）=所求的年数

这题有没有别解，马先生不曾说，我也没有想过，而是王有道将它补出来的：

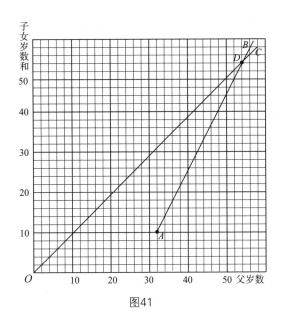

图41

AB 线表示现在父的年岁同着子女俩的年岁，以后一面逐年增加一岁，而另一面增加二岁，OC 表示两面相等，即一倍的关系。这就容易想出。只有 AB 线的 A 不在最末一条横线上，这是王有道的巧思，我只好佩服了。据王有道说，他第一次也把 A 点画在三十二的地方，结果不符。仔细一想，才知道错得十分可笑。原来那样画法，是表示父年三十二岁时，子女俩年岁的和是零。由此他想到子女俩的年岁的和是十，就想到 A 点应当在第五条横线上。虽是如此，我依然佩服！

例四：当前，祖父八十五岁，长孙十二岁，次孙三岁，几年后祖父的年岁是两孙的三倍？

这例题是马先生留给我们做的，参照了王有道的补充前题的别解，我也由此得出它的图来了。因为祖父年八十五岁时，两孙共年十五岁，所以得 A 点。以后祖父加一岁，两孙共加两岁，所以得 AB 线。OC 是表示定倍数的。两线的交点 D，竖看得九十三，是祖父的年岁；横看得三十一，是两孙年岁的和。从八十五到九十三有八年，所以得知八年后祖年是两孙年的三倍。

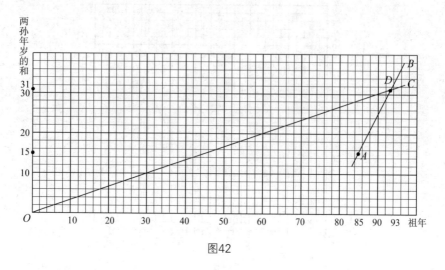

图42

本题的算法，是我曾经从一本算学教科书上见到的：

$$[85-(12+3)\times3]\div[2\times3-1]=(85-45)\div5=8$$

它的解释是这样：就当前说，两孙共年（12+3）岁，三倍是（12+3）×3，比祖父的年岁还少［85-（12+3）×3］，这差出来的岁数，就需由两孙每年比祖父多加的岁数来填足。两孙每年共加两岁，就三倍计算，共增加 2×3 岁，减去祖父增加的一岁，就是每年多加（2×3-1）岁，由此便得上面的计算法。

这算法能否由图上得出来，以及本题照前几例的第一种方法是否可解，我们没有去想，也不好意思去问马先生，因为这好像应当用点儿心自己回答，只得留待将来了。

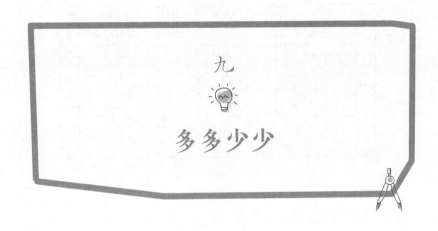

九

多多少少

"今天有诗一首。"马先生劈头说，随即念了出来：

例一：

隔墙听得客分银，

不知人数不知银。

七两分之多四两，

九两分之少半斤①。

"纵线用两小段表示一个人；横线用一小段表示二两银子，这样一来'七两分之多四两'怎样画？"

"先除去四两，便是'定倍数'的关系，所以从四两的一点起，照'纵一横七'画 AB 线。"王有道。

"那么，九两分之少半斤呢？""少"字说得特别响，这给了我一个暗示，

---

① 按当时的计量单位，1斤=16两。——编者注

"多四两"在 O 的右边取四两；"少半斤"就得在 O 的左边取八两了，我于是回答：

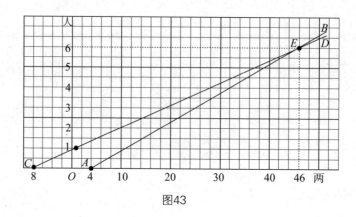

图43

"从 O 的左边八两那点起，依'纵一横九'，画 CD 线。"

AB 和 CD 相交于 E，从 E 横看得六人，竖看得四十六两银子，正合题目。由图上可以看出，CD 表示多的和少的两数的和，正是（4+8），而每多一人所差的是 2 两，即（9-7），因此得算法：

（4+8）÷（9-7）=6——人数

7×6+4=46——银两数

例二：儿童若干人，分铅笔若干支，每人取四支，剩三支；每人取七支，差六支，平均每人可得几支？

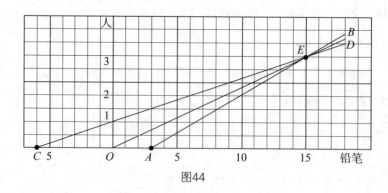

图44

马先生命大家先将求儿童人数和铅笔支数的图画出来，这只是依样画葫芦，自然手到即成。大家画好以后，他说："将 O 和交点 E 连起来。"接着又问：

"由这条线上看去，一个儿童得多少支铅笔？"

啊！多么容易呀！三个儿童，十五支铅笔。每人四支，自然剩三支；每人七支，相差六支，而平均正好每人五支。

十

鸟兽同笼问题

一听到马先生说:"这次来讲鸟兽同笼问题。"我便知道是鸡兔同笼这一类了。

例一:鸡、兔同一笼共十九个头,五十二只脚,求鸡、兔各有几只?

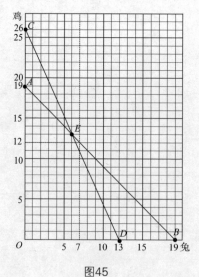

图45

不用说，这题目包含一个事实条件，鸡是两只脚，而兔是四只脚。

"依头数说，这是'和一定'的关系。"马先生一边说，一边画 AB 线。

"但若就脚来说，两只鸡的才等于一只兔的，这又是'定倍数'的关系。假设全是兔，兔应当有十三只；假设全是鸡，就应当有二十六只。由此得 CD 线，两线交于 E。竖看得七只兔，横看得十二只鸡，这就对了。"

七只兔，二十八只脚；十二只鸡，二十四只脚，一共正好五十二只脚。

马先生说："这个想法和通常的算法正好相反，平常都是假设头数全是兔或鸡，是这样算的：

"（4×19−52）÷（4−2）=12——鸡

"（52−2×19）÷（4−2）=7——兔

"这里却假设脚数全是兔或鸡而得 CD 线，但试从下表一看，便没有什么想不通了。图中 E 点所示的一对数，正是两表中所共有的。

"就头说，总数是 19，——AB 线上的各点所示的：

鸡	兔
0	19
1	18
2	17
3	16
4	15
5	14
6	13
7	12
8	11
9	10
10	9
11	8
12	7
13	6
14	5
15	4
16	3
17	2
18	1
19	0

"就脚说，总数是 52，——CD 线上各点所表示的：

鸡	兔
0	13
2	12
4	11
6	10
8	9
10	8
12	7
14	6
16	5
18	4
20	3
22	2
24	1
26	0

"一般的算法，自然不能由这图上推想出来，但中国的一种老算法，却从这图上看得清清楚楚，那算法是这样的：

"将脚数折半，OC 所表示的，减去头数，OA 所表示的，便得兔的数目，AC 所表示的。"

这类题，马先生说还可归到混合比例去算，以后拿这两种算法来比较，更有趣味，所以不多讲。

例二：鸡、兔共二十一只，脚的总数相等，求各有几只？

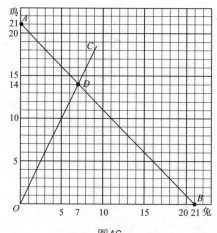

图46

照前例用 *AB* 线表示"和一定"总头数二十一的关系。

因为鸡和兔脚的总数相等，不用说，鸡的只数是兔的只数的二倍了。依"定倍数"的表示法作 *OC* 线。

由 *OC* 和 *AB* 的交点 *D* 得知兔是七只，鸡是十四只。

例三：小三子替别人买邮票，要买四分和二分的各若干张，他将数目说反了，二块八角钱找回二角，原来要买的数目是多少？

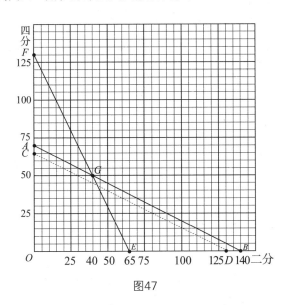

图47

"对比例一来看，这道题怎样？"马先生问。

"只有脚，没有头。"王有道很滑稽地说。

"不错！"马先生笑着说，"只能根据脚数表示两种张数的倍数关系。第一次的线怎么画？"

"全买四分的，共七十张；全买二分的，共一百四十张，得 *AB* 线。"王有道。

"第二次的呢？"

"全买四分的，共六十五张；全买二分的，共一百三十张，得 *CD* 线。"周学敏。但是 *AB*、*CD* 没有交点，大家都呆着脸望着马先生。

马先生说："照几何上的讲法，两条线平行，它们的交点在无穷远，这次真是'差之毫厘，失之千里'了。小三子把别人的数弄反了，你们却把小三子的数弄倒了头了。"他将 *CD* 线画成 *EF*，得交点 *G*。横看，四分的五十张，竖看二分的四十张，总共恰好二元八角。

马先生要我们离开了图来想算法，给我们这样提示："假如别人另外给二元六角钱要小三子重新去买，这次他总算没有弄反。那么，这人各买到邮票多少张？"

不用说，前一次的差是幺和二，这一次的便是二和幺；前次的差是三和五，这次的便是五和三。这人的两种邮票的张数便一样了。

但是总共用了（$2.8^{元}$+$2.6^{元}$）钱，这是周学敏想到的。

每种一张共值（$4^{分}$+$2^{分}$），我提出这个意见。

跟着，算法就明白了。

（$2.8^{元}$+$2.6^{元}$）÷（$4^{分}$+$2^{分}$）=90——总张数

（$4 \times 90 - 280$）÷（$4-2$）=40——二分的张数

$90-40=50$——四分的张数

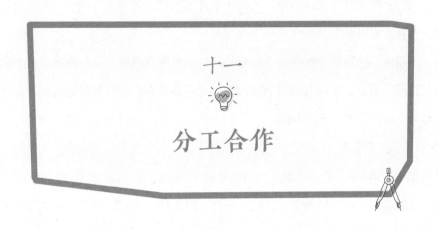

十一

分工合作

关于计算工作的题目，它对我来说一向是有点儿神秘感的。今天马先生一写出这个标题，我便很兴奋。

"我们先讲原理吧！"马先生说，"其实，拆穿西洋镜的原理也很简单。工作，只是劳力、时间和效果三项的关联。费了多少力气，经过若干时间，得到什么效果，所谓工作的问题，不过如此。想透了，和运动的问题毫无两样，速度就是所费力气的表现，时间不用说就是时间，而所走的距离，正是所得到的效果。"

真奇怪！一经说明，我也觉得运动和工作是同一件事了，然而平时为什么想不到呢？

马先生继续说道："在等速运动中，基本的关系是：

"距离 = 速度 × 时间。

"而在均一的工作中——所谓均一的工作，就是经过相同的时间，所做的工相等——基本的关系，便是：

"工作总量＝工作效率 × 工作时间。

"现在还是转到问题上去吧。"

例一：甲四日可完成的事，乙需十日才能完成。若两人合做，一天可完成多少？几天可以做完？

不用说，这题的作图和关于行路的，骨子里没有两样。我们所踌躇的，就是行路的问题中，距离有数目表示出来，这里却没有，应当怎样处理呢？但这困难马上就解决了，马先生说：

"全部工作就算 1，无论用多长表示都可以。不过为了易于观察，无妨用一小段作 1，而以甲、乙二人做工的日数 4 和 10 的最小公倍数 20 作为全部工作。试用竖的表示工作，横的表示日数——两小段 1 日——甲、乙各自的工作线怎么画？"

到了这一步，我们没有一个人不会画了。*OA* 是甲的工作线；*OB* 是乙的工作线。大家画好后争着给马先生看，其实他已知道我们都会画了，眼睛并不曾看到每个人的画上，尽管口里说"对的，对的"。大家回到座位上后，马先生便问：

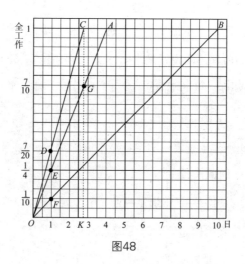

图48

"那么，甲、乙每人一日做多少工作？"

图上表示得很清楚，1E 是四分之一，1F 是十分之一。

"甲一天做四分之一，乙一天做十分之一。"差不多是全体同声回答。

"现在就回到题目上来，两人合做一日，完成多少？"马先生问。

"二十分之七。"王有道回答。

"怎么知道的？"马先生望着他。

"四分之一加上十分之一，就是二十分之七。"王有道。

"这是算出来的，不行。"马先生。

这可把我们难住了。

马先生笑着说："人的事，往往如此，极容易的，常常使人发呆，感到不知所措。——1E 是甲一日完成的，1F 是乙一日完成的，把 1F 接在 1E 上，得 D 点，1D 不就是两人合做一日所完成的吗？"

不错，从 D 点横着一看，正是二十分之七。

"那么，试把 OD 连起来，并且引长到 C，与 OA、OB 相齐。两人合做二日完成多少？"马先生问。

"二十分之十四。"我回答。

"就是十分之七。"周学敏加以修正。

"半斤自然是八两，现在我们倒不必管这个。"马先生说得周学敏有点儿难为情了，"几天可以完成？"

"三天不到。"王有道

"为什么？"马先生。

"从 C 看下来是二又十分之八的样子。"王有道。

"为什么从 C 看下来就是呢？周学敏！"马先生指定他回答。

我倒有点儿替他着急，然而出乎意料之外，他立刻回答道：

"均一的工作，每天完成的工作量是一样的，所以若干天完成的工作量和一天完成的工作量，是'定倍数'的关系。OC 线正表示这关系，C 点又在表示全工作的横线上，所以 OK 便是所求的日数。"

"不错！讲得很透彻！"马先生非常满意。

周学敏进步得真快！下课后，因为钦敬他的进步，我便找他一起去散步。边散步，边谈，没说几句话，就谈到算学上去了。他说，感觉我这几天像是个"算学迷"，这样下去会成"算学疯子"的。不知道他是不是在和我开玩笑，不过这十几天，对于算学我深感舍弃不下，却是真情。我问他，为什么进步这么快，他却不承认有什么大的进步，我便说：

"有好几次，你回答马先生的问话，都完全正确，马先生不是也很满意吗？"

"这不过是听了几次讲以后，我就找出马先生的法门来了。说来说去，不外乎三种关系：一、和一定；二、差一定；三、倍数一定。所以我就只从这三点上去想。"周学敏这样回答。

对于这回答，我非常高兴，但不免有点儿惭愧，为什么同样听马先生讲课，我却不会捉住这法门呢？而且我也有点儿怀疑："这法门一定灵吗？"

我便这样问他，他想了想："这我不敢说。不过，过去都灵就是了，抽空我们去问问马先生。"

我真是对算学着迷了，立刻就拉着他一同去。走到马先生的房里，他正躺在藤榻上冥想，手里拿着一把蒲扇，不停地摇，一见我们便笑着问道：

"有什么难题了！是不是？"

我看了周学敏一眼，周学敏说："听了先生这十几节课，觉得说来说去，总是'和一定''差一定''倍数一定'，是不是所有的问题都逃不出这三种关系呢？"

马先生想了想："就问题的变化上说，自然是如此。"

这话我们不是很明白，他似乎看出来了，接着说："比如说，两人年岁的差一定，这是从他们一生下来就可以看出来的。又比如，走的路程和速度是定倍数的关系，这也是从时间的连续中看出来的。所以说就问题的变化上说，逃不出这三种关系。"

"为什么逃不出？"我大胆地提出疑问，心里有些忐忑。

"不是为什么逃不出，是我们不许它逃出。因为我们对于数量的处理，在算学中，只有加、减、乘、除四种方法。加法产生和，减法产生差，乘、除法产生倍数。"

我们这才明白了。后来又听马先生谈了些别的问题，我们就出来了。因为这段话是理解算学的基本，所以我补充在这里。现在回到本题的算法上去，这是没有经马先生讲解，我们都知道了的。

$$1 \quad \div \quad \left(\frac{1}{4} \quad + \quad \frac{1}{10} \right) = 2\frac{6}{7}$$

全工作 甲一日工作 乙一日工作 时间

马先生提示一个别解法，更是妙："把工作当成行路一般看待，那么，这问题便可看成甲从一端动身，乙从另一端动身，两人几时相遇一样。"

当然一样呀！我们不是可以把全部工作看成一长条，而甲、乙各从一端相向进行工作，如卷布一样吗？

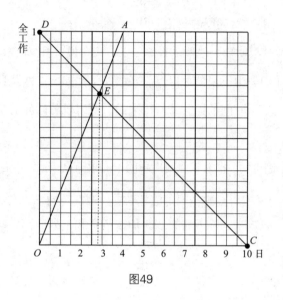

图49

这一来,图解法和算法更是容易思索了。图中 OA 是甲的工作线,CD 是乙的,OA 和 CD 交于 E。从 E 看下来仍是二又十分之八多一点。

例二:一水槽装有进水管和出水管各一支,进水管八点钟可流满,出水管十二点钟可流尽,若两管同时打开,几点钟可流满?

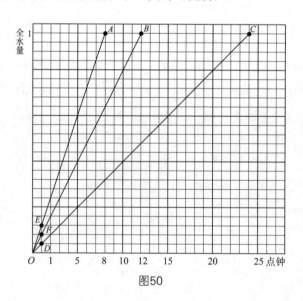

图50

　　这题和例一的不同，就事实上一想便可明白，每点钟槽里储蓄的水量，是两水管流水量的差。而例一作图时，将 1F 接在 1E 上得 D，1D 表示甲、乙工作的和。这里自然要从 1E 截下 1F 得 1D，表示两水管流水的差。流水就是水管在工作呀！所以 OA 是进水管的工作线，OB 是出水管的工作线，OC 便是它们俩的工作差，而表示定倍数的关系。由 C 点看下来得二十四点钟，算法如下：

$$1 \div \left(\frac{1}{8} - \frac{1}{12} \right) = 24$$

$$\vdots \qquad \vdots \qquad \vdots \qquad \vdots$$

全工作　进水　出水　时间

　　当然，这题也可以有一个别解。我们可以想象为：出水管距入水管有一定的路程，两人同时动身，进水管从后面追出水管，求什么时候能追上。OA 是出水管的工作线，1C 是进水管的工作线，它们相交于 E，横看过去正是二十四小时。

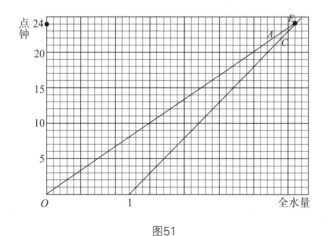

图51

　　例三：甲、乙二人合做十五日完工，甲一人做二十日完工，乙一人做几日完工？

"这只是由例一推衍的玩意儿，你们应当会做了。"结果马先生指定我画图和解释。

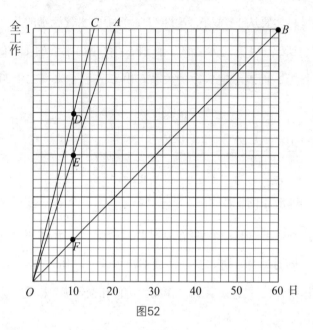

图52

不过是例一的图中先有了 *OA*、*OC* 两条线而求画 *OB* 线，照前例，所取的 *ED* 应在 1 日的纵线上且应等于 1*F*。依 *ED* 取 10*F* 便可得 *F* 点，连 *OF* 引长便得 *OB*。在我画图的时候，本是照这样在 1 日的纵线上取 1*F* 的。但马先生说，那里太窄了，容易画错，因为 *OA* 和 *OC* 间的纵线距离和同一纵线上 *OB* 到横线的距离总是相等的，所以无妨在其他地方取 *F*。就图看去，在 10 这点，向上看 *OA* 到 *OC*，相隔正好是五小段。我就从 10 向上五小段取 *F*，连 *OF* 引长到与 *C*、*A* 相齐，竖看下来是 60。乙要做六十日才能做完。对于这么大的答数，我有点儿放心不下，好在马先生没有说什么，我就认为对了。后来计算的结果，确实是要六十日才做完。

$$1 \div \left(\frac{1}{15} - \frac{1}{20} \right) = 60$$

$$\vdots \qquad \vdots \qquad \vdots \qquad \vdots$$

全工作　合做　甲独做　乙独做日数

本题照别的解法做，那就和这样的题目相同：

甲、乙二人由两地同时动身，相向而行，十五小时在途中相遇，甲走完全路需二十小时，乙走完全路需几小时？

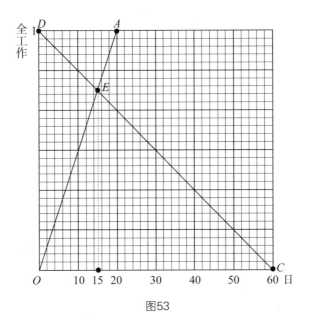

图53

先作 OA 表示甲的工作，再从十五时这点画纵线和 OA 交于 E 点，连 DE 引长到 C，便得六十日。

例四：甲、乙二人合做一工，五日完成三分之一，其余由乙独做，十六日完成，甲、乙独做全工各需几日？

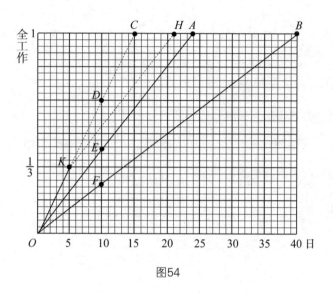

图54

"这题难不难？"写完题，马先生这样问。

"难者不会，会者不难。"周学敏很顽皮地回答。

"你是难者，还是会者？"马先生跟着问周学敏。

"二人合做，五日完成三分之一，五日和工作三分之一的两条线交于 K，连 OK 引长得 OC，这是两人合做的工作线，所以两人合做共需十五日。"周学敏。

"最后一句是不必要的。"马先生加以纠正。

"从五日后加十六日共是二十一日，二十一日这点的纵线和全工作这点的横线交于 H，连 KH 便是乙接着独做十六日的工作线。"

"对的！"马先生赞赏地说。

"过 O 作 OA 和 KH 平行，这是乙一人独做全工作的工作线，他二十四日做完。"周学敏说完停住了。

"还有呢？"马先生催促他。

"在十日这点的纵线上量 OC 和 OA 的距离 ED，从 10 这点起量 $10F$ 等于 ED，得 F 点。连 OF 并且引长，得 OB，这是甲的工作线，他一人独做需四十日。"周学敏真是有了可惊的进步，他的算学从来不及王有道呀！

马先生夸奖他说："周学敏，你已经掌握了解决问题的锁钥了。"这题当然也可用别的解法做，不过和前面几题大同小异，所以略去，至于它的算法，那就是：

$$1 \div \left(\frac{2}{3} \div 16 \right) = 24$$

$\vdots$　　　$\vdots$　　　　$\vdots$

全工作　乙独做的　乙独做全工的日数

$$1 \div \left(\frac{1}{5 \times 3} - \frac{1}{24} \right) = 40$$

$\vdots$　　$\vdots$　$\vdots$　　　$\vdots$

全工作　合做　乙做　甲独做全工的日数

例五：甲、乙、丙三人合做一工程，八日做完一半。由甲、乙二人继续，又是八日完成剩余的五分之三。再由甲一人独做，十二日完成。甲、乙、丙独做全工，各需几日？

马先生写完题，王有道随口说："越来越复杂。"

马先生听了含笑说："应当说越来越简单呀！"

大家都不说话，题目明明复杂起来了，马先生却说"应当说越来越简单"，岂非奇事。然而他的解说是："前面几个例题的解法，如果已经彻底明了了，这个题不就只是照抄老文章便可解决了吗？有什么复杂呢？"

这自然是没错的，不过抄老文章罢了！

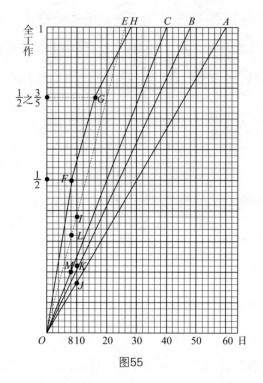

图55

（1）先依八日做完一半这个条件画 *OF*，是三人合做八日的工作线，也是三人合做的工作线的方向。

（2）由 *F* 起，依八日完成剩余工作的五分之三这个条件，作 *FG*，这便表示甲、乙二人合做的工作线的"方向"。

（3）由 *G* 起，依十二日完成这条件，作 *GH*，这便表示甲一人独做的工作线的"方向"。

（4）过 *O* 作 *OA* 平行于 *GH*，得甲一人独做的工作线，他要六十日才做完。

（5）过 *O* 作 *OE* 平行于 *FG*，这是甲、乙二人合做的工作线。

（6）在 10 这点的纵线和 *OA* 交于 *J*，和 *OE* 交于 *I*。照 10J 的长，由 *I* 截下来得 *K*，连 *OK* 并且引长得 *OB*，就是乙一人独做的工作线，他要四十八日完成全工。

（7）在 8 这点的纵线和甲、乙合做的工作线 OE 交于 L，和三人合作的工作线 OF 交于 F。从 8 起在这纵线上截 $8M$ 等于 LF 的长，得 M 点。连 OM 并且引长得 OC，便是丙一人独做的工作线，他四十日就可完成全部工作了。

作图如此算法也易于明白。

甲独做：
$$1 \div \left[\left(\frac{1}{2} - \frac{3}{5} \times \frac{1}{2}\right) \div 12\right] = 60$$
$$\vdots \qquad \vdots \qquad \vdots \qquad\qquad \vdots$$

全工作　残余一半　甲乙合做的　日数
　　　　　　　　甲一人一日的工作

乙独做：
$$1 \div \left(\frac{3}{5} \times \frac{1}{2} \div 8 - \frac{1}{60}\right) = 48$$
$$\vdots \qquad \vdots \qquad\quad \vdots$$

全工作　甲乙合做一日　甲做一日　日数

丙独做：
$$1 \div \left(\frac{1}{2} \div 8 - \frac{3}{5} \times \frac{1}{2} \div 8\right) = 40$$
$$\vdots \qquad \vdots \qquad\quad \vdots$$

全工作　三人合做一日　甲乙合做一日　日数

例六：一工程，甲、乙合做三分之八日完成，乙、丙合做三分之十六日完成，甲、丙合做五分之十六日完成，一人独做各几日完成？

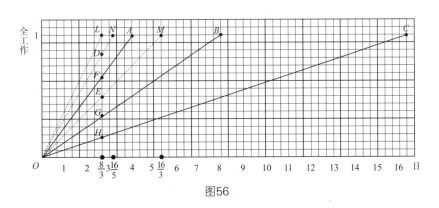

图56

"这倒是真正地越来越复杂，老文章不好直抄了。"马先生说。

"不管三七二十一，先把每两人合做的工作线画出来。"没有人回答，马先生接着说。

这自然是抄老文章，OL 是甲、乙的工作线，OM 是乙、丙的工作线，ON 是甲、丙的工作线，马先生叫王有道在黑板上画了出来。随手他将在 L 点的纵线和 ON、OM 的交点涂了涂，写上 D 和 E。

"LD 表示什么？"

"乙、丙的工作差。"王有道。

"好，那么从 E 在这纵线上截去 LD 得 G，$\frac{8}{3}$ 到 G 是什么？"

"乙的工作。"周学敏。

"所以，连 OG 并且引长到 B，就是乙一人独做的工作线，他要八天完成。再从 G 起，截去一个 LD 得 H，$\frac{8}{3}$ 到 H 是什么？"

"丙的工作。"我回答。

"连 OH，引长到 C，OC 就是丙独自一人做的工作线，他完成全工作要十六天。"

"从 D 起截去 $\frac{8}{3}H$ 得 F，$\frac{8}{3}F$ 不用说是甲的工作。联结 OF，引长得 OA，这是甲一人独做的工作线。他要几天才能做完全部工程？"

"四天。"大家很高兴地回答。

这题的算法是如此：

甲独做：

$$1 \div \left[\left(\frac{3}{8} + \frac{3}{16} + \frac{5}{16} \right) \div 2 - \frac{3}{16} \right] = 4$$

甲乙一日做 　甲丙一日做

乙丙一日做　　乙丙一日做 日数

甲乙丙两日做

乙独做： $\quad 1 \quad \div \quad \left(\dfrac{3}{8} - \dfrac{1}{4} \right) = 8$

$\qquad\qquad\qquad \vdots \qquad \vdots \qquad\qquad \vdots$

$\qquad$ 甲乙一日做 甲一日做 日数

丙独做： $\quad 1 \quad \div \quad \left(\dfrac{5}{16} - \dfrac{1}{4} \right) = 16$

$\qquad\qquad\qquad \vdots \qquad \vdots \qquad\qquad \vdots$

$\qquad$ 甲丙一日做 甲一日做 日数

马先生结束这一课说：

"这课到此为止。下堂课想把四则问题做一个结束，就是将没有讲到的还常见的题都讲个大概。你们也可提出觉得困难的问题来。其实四则问题，这个名词本不大妥当，全部算术所用的方法除了加、减、乘、除还有什么？所以，全部算术的问题都是四则问题。"

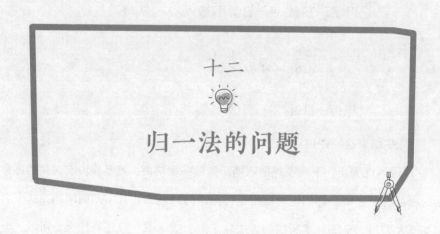

十二
归一法的问题

上次马先生已说过，这次把"四则问题"做一个结束，而且要我们提出觉得困难的问题来。昨天一整个下午，便消磨在搜寻问题上。我约了周学敏一同商量，发现有许多计算法，马先生都不曾讲到，而在已讲过的方法中，也还遗漏了我觉得难解的问题，清算起来一共差不多二三十题。不知道怎样向马先生提出来，因此踌躇了半夜！

真奇怪！马先生好像已明白了我的心理，一走上讲台，便说："今天来结束所谓'四则问题'，先让你们把想要解决的问题都提出，我们再依次讨论下去。"这自然是给我一个提出问题的机会了。因为我想提的问题太多了，所以决定先让别人开口，然后再补充。结果有的说到归一法的问题，有的说到全部通过的问题……我所想到的问题已提出了十分之八九，只剩了十分之一二。

因为问题太多的缘故，这次马先生花费的时间确实不少。从"归一法的问题"到"七零八落"，这分节是我自己的意见，为的是便于检查。

按照我们提出的顺序，马先生从归一法开始，逐一讲下去。

对于归一法的问题，马先生提出一个原理。

"这类题，本来只是比例的问题，但也可以反过来说，比例的问题本不过是四则问题。这是大家都知道的。王老大三十岁，王老五二十岁，我们就说他们两兄弟年岁的比是三比二或二分之三。其实这和王老大有法币十元，王老五只有二元，我们就说王老大的法币是王老五的五倍一样。王老大的年岁是王老五的二分之三倍，和王老大同王老五的年岁的比是二分之三，正是半斤和八两，只不过容貌不同罢了。"

"那么，归一法的问题当中，只是'倍数一定'的关系了？"我好像有了一个大发明似的问。自然，这是昨天得到了周学敏和马先生指示的结果。

"一点儿不错！既然抓住了这个要点，我们就来解答问题吧！"马先生说。

例一：工人 6 名，4 日吃 1 斗 2 升米，今有工人 10 名做工 10 日，吃多少米？

要点虽已懂得，下手却仍困难。马先生写好了题，要我们画图时，大家都茫然了。以前的例题，每个只含三个量，而且其中一个量，总是由其他两个量依一定的关系产生的，所以是用横线和纵线各表示一个，从而依它们的关系画线。而本题有人数、日数、米数三个量，题目看上去容易，但却不知道从何下手，只好呆呆地望着马先生了。

马先生看见大家的呆相，禁不住笑了起来："从前有个先生给学生批文章，因为这学生是个公子哥儿，批语要好看，但文章做的却太坏，他于是只好批四个字'六窍皆通'。这个学生非常得意，其他同学见状，跑去质问先生。他回答说，人是有七窍的呀，六窍皆通，便是'一窍不通'了。"

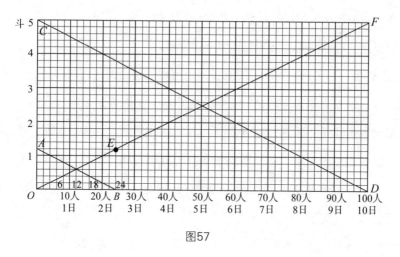

图57

这一来惹得大家哄堂大笑，但马先生反而行若无事地继续说道："你们今天却真是'六窍皆通'的'一窍不通'了。既然抓住了要点，还有什么难呢？"

……仍是没有人回答。

"我知道，你们平常惯用横竖两条线，每一条表示一种量，现在碰到了三种量，这一窍却通不过来，是不是？其实拆穿西洋镜，一点儿不稀罕！题目上虽有三个量，何尝不可以只用两条线，而让其中一条线来兼差呢？工人数是一个量，米数又是一个量，米是工人吃掉的。至于日数不过表示每人多吃几餐罢了。这么一想，比如用横线兼表人数和日数，每 6 人一段，取 4 段不就行了吗？这一来纵线自然表示米数了。"

"由 6 人 4 日得 B 点，1 斗 2 升在 A 点，连 AB 就得一条线。再由 10 人 10 日得 D 点，过 D 点画线平行于 AB，交纵线于 C。"

"吃多少米？"马先生画出了图问。

"五斗！"大家高兴地争着回答。

马先生在图上 6 人 4 日那点的纵线和 1 斗 2 升那点的横线相交的地方，作了一个 E 点，又连 OE 引长到 10 人 10 日的纵线，写上一 F，又问：

"吃多少米？"

大家都笑了起来，原来一条线也就行了。

至于这题的算法，就是先求出一人一日吃多少米，所以叫作"归一法"。

$$（1.2^{斗} \div 4 \div 6） \times 10 \times 10 = 5^{斗}$$

```
          ⋮        ⋮        ⋮        ⋮        ⋮
   6人4日吃的        ⋮        ⋮        ⋮        ⋮
         6人1日吃的        ⋮        ⋮        ⋮
              1人1日吃的        ⋮        ⋮
                   10人1日吃的    10人10日吃的
```

例二：6人8日可做完的工事，8人几日可做完？

算学的困难在这里，它的趣味也在这点。这题，马先生仍叫我们画图，我们仍是"六窍皆通"！依样画葫芦，6人8日的一条 *OA* 线，我们都能找到着落了。但另一条线呢！马先生！依然是靠着马先生！他叫我们随意另画一条 *BC* 横线——其实用纸上的横线也行——两头和 *OA* 在同一纵线上，于是从 *B* 起，每8人一段截到 *C* 为止，共是6段，便是6天可以做完。

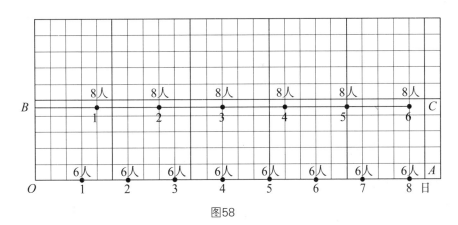

图58

马先生说："这题倒不怪你们做不出，这个只是一种变通的做法，正规的画

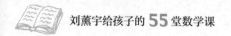

法留到讲比例时再说，因为这本是一个反比例的题目，和例一正比例的不同。所以就算法上说，也就显然相反。"

$$8 \times 6 \div 8 = 6^{日}$$

6人做　　　　8人做天数

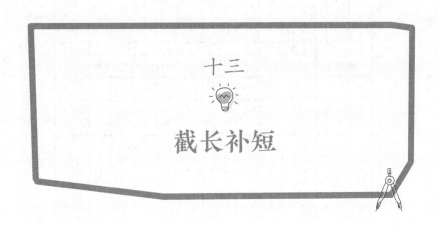

十三

截长补短

　　说得文气一点，就是平均算。这是我们很容易明白的，根本上只是一加一除的问题，我本来不曾想到提出这类问题。既然有人提出，而且马先生也解答了，姑且放一个例题在这里。

　　例：上等酒二斤，每斤三角五分；中等酒三斤，每斤三角；下等酒五斤，每斤二角。三种相混，每斤值多少钱？

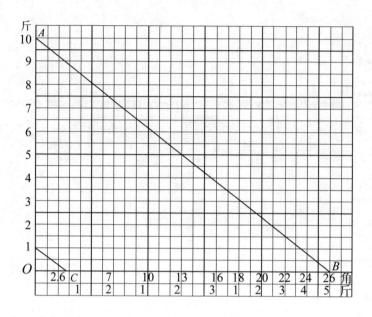

图59

横线表示价钱，纵线表示斤数。

AB 线指出十斤酒一共的价钱，过指示一斤的这一点，作 $1C$ 平行于 AB 得 C，指示出一斤的价钱是二角六分。

至于算法，更是明白！

$$（3.5^{角} \times 2 + 3^{角} \times 3 + 2^{角} \times 5）÷（2 + 3 + 5）= 2.6^{角}$$

上酒　　中酒　　下酒　　　　　　　总斤数

总价

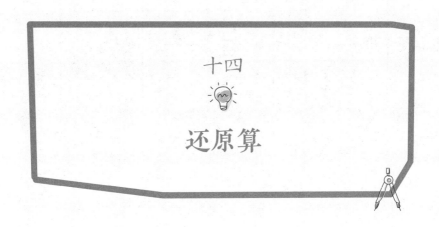

十四

还原算

"因为三加五得八，所以八减去五剩三，而八减去三剩五。又因为三乘五得十五，所以三除十五得五，五除十五得三。这是小学生都已知道的了。说得神气活现些，那便是，加减法互相还原，乘除法也互相还原，这就是还原算的靠山。"马先生这样提出要点来以后，就写出了下面的例题。

例一：某数除以 2，得到的商减去 5，再 3 倍，加上 8，得 20，求某数。

马先生说："这只要一条线就够了，至于画法，正和算法一样，不过是'倒行逆施'。"

自然，我们已能够想出来了。

（1）取 OA 表 20。

（2）从 A "反"向截去 8 得 B。

（3）过 O 任画一直线 OL。从 O 起，在上面连续取相等的 3 段得 $O1$，12，23。

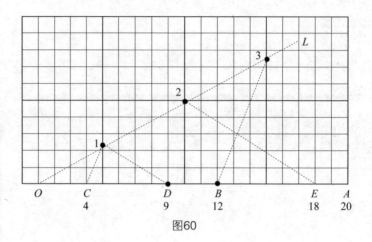

图60

（4）连 3*B*，作 1*C* 平行于 3*B*。

（5）从 *C* 起"顺"向加上 5 得 *D*。

（6）连 1*D*，作 2*E* 平行于 1*D*，得 *E* 点，它指示的是 18。

这情形和计算时完全相同。

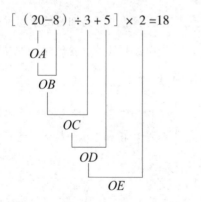

例二：某人有桃若干个，拿出一半多 1 个给甲，又拿出剩余的一半多 2 个给乙，还剩 3 个，求原有桃数。

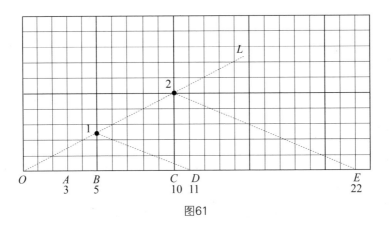

図61

这和前题本质上没有区别，所以只将图和算法相对应地写出来！

$$[（3+2）×2+1]×2=22$$

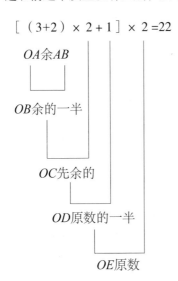

OA余AB

OB余的一半

OC先余的

OD原数的一半

OE原数

十五

五个指头四个叉

回答栽树的问题，马先生就只说："'五个指头四个叉'，你们自己去想吧！"其实呢，——马先生也这样说——"割鸡用不到牛刀，这类题，只要照题意画一个草图就可明白，不必像前面一样大动干戈了！"

例一：在60丈长的路上，从头到尾，每隔2丈种树一株，共种多少？

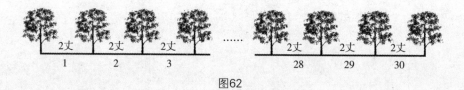

图62

解：60÷2+1=31

例二：在 10 丈长的池周，每隔 2 丈立一根柱，共有几根柱？

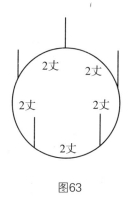

图63

解：10÷2=5

例二的路是首尾相接的，所以起首一根柱，也就是最后一根。

例三：一丈二尺长的梯子，每段横木相隔一尺二寸，有几根横木？（两端用不到横木。）

| 1.2^尺 |
| 1.2^尺 |
| 1.2^尺 |
| 1.2^尺 |
| 1.2^尺 |
| 1.2^尺 |
| 1.2^尺 |
| 1.2^尺 |
| 1.2^尺 |
| 1.2^尺 |

图64

解：12÷1.2-1=9

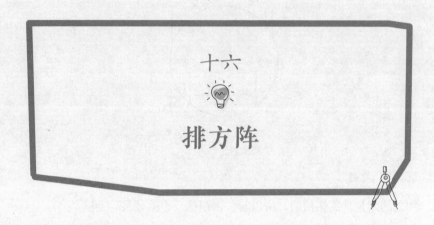

十六

排方阵

这类题，也是可照题画图来实际观察的。马先生说为了彻底明白它的要点，各人先画一个图来观察下面的各项：

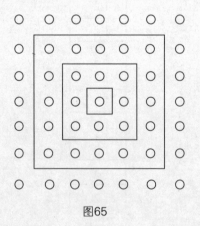

图65

（1）外层每边多少人？（7）

（2）总数多少人？（7×7）

（3）从外向里第二层每边多少人？（5）

（4）从外向里第三层每边多少人？（3）

（5）中央多少人？（1）

（6）每相邻的两层每边依次少多少人？（2）

"这些就是方阵的秘诀。"马先生含笑说。

例一：三层中空方层，外层每边十一人，共有多少人？

除了上面的秘诀，马先生又说："这正用得着兵书上的话，'虚者实之，实者虚之'了。"

"先来'虚者实之'，看共有多少人？"马先生问。

"十一乘十一，一百二十一人。"周学敏回答。

"好！那么，再来'实者虚之'。外面三层，里面剩的顶外层是全方阵的第几层？"

"第四层。"也是周学敏回答。

"第四层每边是多少人？"

"第二层少2人，第三层少4人，第四层少6人，是5人。"王有道。

"计算各层每边的人数有一般的法则吗？"

"二层少一个2人，三层少两个2人，四层少三个2人，所以从外层数起，第某层每边的人数是：

"外层每边的人数 −2 人 ×（层数 −1）。"

"本题按照实心算，除去外边的三层，还有多少人？"

"五五二十五。"我回答。

这样一来，谁都会算了。

$11 \times 11 - [11 - 2 \times (4-1)] \times [11 - 2 \times (4-1)] = 121 - 25 = 96$

实阵人数　　　　　中心方阵人数　　　　　　　　　实际人数

例二：兵一队，排成方阵，多 49 人，若纵横各加一行，又差 38 人，原有兵多少？

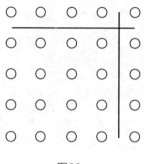

图66

马先生首先提出这样一个问题：

"纵横各加一行，照原来外层每边的人数说，应当加多少人？"

"两倍外层的人数。"某君回答。

"你这是空想的，不是实际观察得来的。"马先生加以批评。

对于这批评，某君不服气，他用铅笔在纸上画来看，才明白了"还需加上一个人"。

"本题，每边加一行共加多少人？"马先生问。

"原来多的 49 人加上后来差的 38 人，共 87 人。"周学敏。

"那么，原来的方阵外层每边几个人？"

"87 减去 1——角落上的，再折半，得 43 人。"周学敏。

马先生指定我将式子列出，我只好在黑板上去写，还好，没有错。

[（49+38−1）÷2]×[（49+38−1）÷2]+49=1898

例三：1296 人排成 12 层的中空方阵，外层每边有几人？

观察！观察！马先生又指导我们观察了！所要观察的是，每边各层都按照外层的人数算，是怎么一回事！

清清楚楚地，*AEFD*、*BCHG*，横看每排的人数都和外层每边的人数相同。换句话说，全部的人数，便是层数乘外层每边的人数。而竖着看，*ABJI* 和 *CDKL* 也是一样。这和本题有什么关系呢？我想了许久，看了又看，还是觉得莫名其妙！

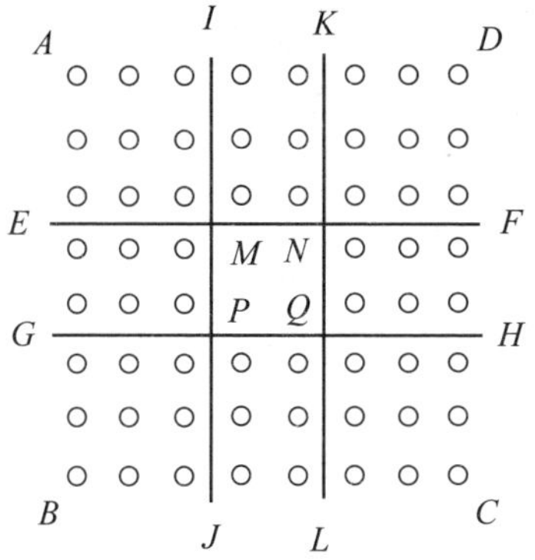

图67

后来，马先生才问："依照这种情形，我们算成总共的人数是四个 *AEFD* 的人数行不行？"自然不行，算了两个 *AEFD* 已只剩两个 *EGPM* 了。所以若要算成四个，必须加上四个 *AEMI*，这是大家讨论的结果。至于 *AEMI* 的人数，就是层数乘层数。这一来，算法也就明白了。

（1296+12×12×4）÷4÷12=39……外层每边人数

原人数 *AEMI* 人数 ｜层数

AEFD 人数

例四：有兵一队，正好排成方阵。后来减少十二排，每排正好添上 30 人，这队兵是多少人？

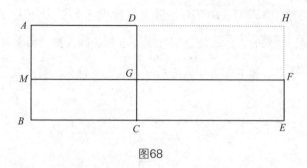

图68

越来越糟，我简直是坠入迷魂阵了！

马先生在黑板上画出这一个图来，便一句话也不说，只是静悄悄地看着我们。自然！这是让我们自己思索，但是从哪儿下手呢？

看了又看，想了又想，我只得到了这几点：

（1）*ABCD* 是原来的人数。

（2）*MBEF* 也是原来的人数。

（3）*AMGD* 是原来十二排的人数。

（4）*GCEF* 也是原来十二排的人数，还可以看成是三十乘"原来每排人数减去十二"的人数。

（5）*DGFH* 的人数是十二乘三十。

完了，我所能想到的，就只有这几点，但是它们有什么关系呢？

无论怎样我也想不出什么了！

周学敏还是值得我佩服的，在我百思不得其解的时候，他已算了出来。马先生就叫他讲给我们听。最初他所讲的，原只是我已想到的五点。接着，他便说明下去。

（6）因为 *AMGD* 和 *GCEF* 的人数一样，所以各加上 *DGFH*，人数也是一样，就是 *AMFH* 和 *DCEH* 的人数相等。

（7）*AMFH* 的人数是"原来每排人数加30"的12倍，也就是原来每排的人数的 12 倍加上 12 乘 30 人。

（8）*DCEH* 的人数却是 30 乘原来每排的人数，也就是原来每排人数的 30 倍。

（9）由此可见，原来每排人数的 30 倍与它的 12 倍相差的是 12 乘 30 人。

（10）所以，原来每排人数是 30×12÷（30−12），而全部的人数是：

［30×12÷（30−12）］×［30×12÷（30−12）］=400

可不是吗？400 人排成方阵，恰好每排 20 人，一共 20 排，减少 12 排，便只剩 8 排，而减去的人数一共是 240，平均添在 8 排上，每排正好加 30 人。为什么他会转这么一个弯儿，我却不会呢？

我真是又羡慕，又嫉妒啊！

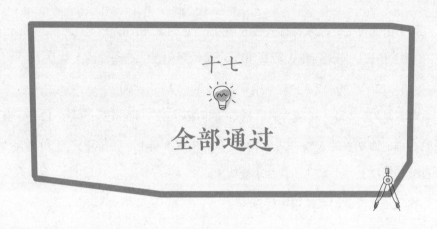

十七

全部通过

这是某君提出的问题。马先生对于我们提出这样的问题，好像非常诧异，他说：

"这不过是行程的问题，只需注意一个要点就行了。从前学校开运动会的时候，有一种运动，叫作什么障碍物竞走，比现在的跨栏要费事得多，除了跨一两次栏，还有撑竿跳高、跳浜、钻圈、钻桶等等。钻桶，便是全部通过。桶的大小只能容一个人直着身子爬过，桶的长短却比一个人长一点儿。我且问你们，一个人，从他的头进桶口起，到全身爬出桶止，他爬过的距离是多少？"

"桶长加身长。"周学敏回答。

"好！"马先生斩截地说，"这就是'全部通过'这类题的要点。"

例一：长六十丈的火车，每秒行驶六十六丈，经过长四百零二丈的桥，自车头进桥，到车尾出桥，需要多长时间？

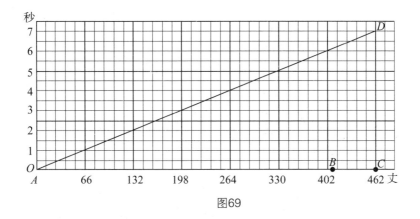

图69

马先生将题写出后，便一边画图，一边讲：

"用横线表示距离，*AB* 是桥长，*BC* 是车长，*AC* 就是全部通过需要走的路程。"

"用纵线表示时间。"

"依照 1 和 66 '定倍数'的关系画 *AD*，从 *D* 横看过去，得 7，就是要走七秒钟。"

我且将算法补在这里：

$$\left(402^{丈} + 60^{丈}\right) \div 66^{丈} = 7^{秒}$$

$$\vdots \qquad \vdots \qquad \vdots \qquad \vdots$$

$$AB \qquad BC \qquad \vdots \qquad \vdots$$

$$\vdots \qquad \vdots \qquad \vdots \qquad \vdots$$

桥长　　车长　　速度　时间

例二：长四十尺的列车，全部通过二百尺的桥，耗时 4 秒，列车的速度是多少？

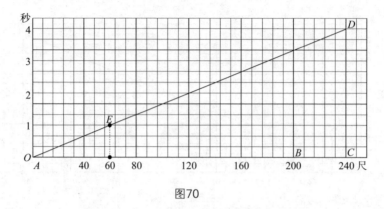

图70

将前一个例题做蓝本，这只是知道距离和时间，求速度的问题。它的算法，我也明白了：

$$\left(200^{尺} + 40^{尺}\right) \div 4^{秒} = 60^{尺}$$

$$\vdots \qquad \vdots \qquad \vdots \qquad \vdots$$
$$AB \qquad BC \qquad \vdots \qquad \vdots$$
$$\vdots \qquad \vdots \qquad \vdots \qquad \vdots$$

桥长　　车长　　时间　列车的速度

画图的方法，第一、二步全是相同的，不过第三步是连 AD 得交点 E，由 E 竖看下来，得六十尺，便是列车每秒的速度。

例三：有人见一列车驶入二百四十公尺长的山洞，车头入洞后八秒，车身全部入内，共经二十秒钟，车完全出洞，求车的速度和车长。

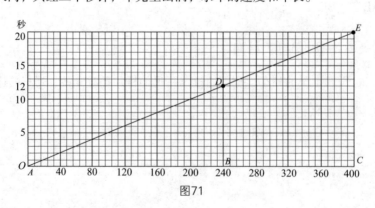

图71

这题，最初我也想不透，但一经马先生提示，便恍然大悟了。

"列车全部入洞要八秒钟，不用说，从车头出洞到全部出洞也是要八秒钟了。"

明白这一个关键，画图真是易如反掌啊！先以 AB 表示洞长，二十秒钟减去八秒，正是十二秒，这就是车头从入洞到出洞所经过的时间十二秒钟，因得 D 点，连 AD，就是列车的行进线。——引长到二十秒钟那点得 E。由此可知，列车每秒钟行二十公尺，车长 BC 是一百六十公尺。

算法是这样：

$240^{公尺} \div （20^{秒} - 8^{秒}）= 20^{公尺}$——列车的速度

$20^{公尺} \times 8 = 160^{公尺}$——列车的长

例四：A、B 两列车，A 长九十二尺，B 长八十四尺，相向而行，从相遇到相离，经过二秒钟。若 B 车追 A 车，从追上到超过，经八秒钟，求各车的速度。

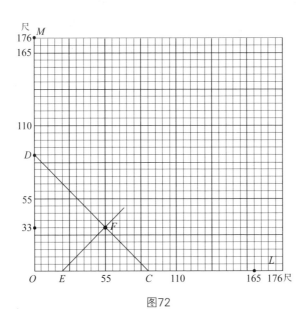

图72

因为马先生的指定，周学敏将这问题解释如下：

"第一，依'全部通过'的要点，两车所行的距离总是两车长的和，因而得 OL 和 OM。

"第二，两车相向而行，每秒钟共经过的距离是它们速度的和。因两车两秒钟相离，所以这速度的和等于两车长的和的二分之一，因而得 CD，表'和一定'的线。

"第三，两车同向相追，每秒钟所追上的距离是它们速度的差。因八秒钟追过，所以这速度的差等于两车长的和的八分之一，因而得 EF，表'差一定'的线。

"从 F 竖看得 55 尺，是 B 每秒钟的速度；横看得 33 尺，是 A 每秒钟的速度。"

经过这样的说明，算法自然容易明白了：

$$\big[(92^{尺}+84^{尺})\div 2+(92^{尺}+84^{尺})\div 8\big]\div 2=55^{尺}$$

距离　　　速度和　　　　　速度差　　B每秒的速度

$$\big[(92^{尺}+84^{尺})\div 2-(92^{尺}+84^{尺})\div 8\big]\div 2=33^{尺}$$

A每秒的速度

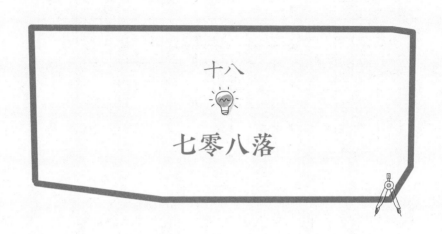

十八

七零八落

大家所提到的，只剩下面三个面目各别的题了。

例一：有人自日出至午前十时行十九里一百二十五丈，自日落至午后九时，行七里一百四十丈，求昼长多少？

素来不皱眉头的马先生，听到这题时却皱眉头了。——这题真难吗？

似乎真是"眉头一皱，计上心来"一样，马先生对于他的皱眉头这样加以解释：

"这题的数目太啰唆，什么里咧、丈咧，'纸上谈兵'，真是有点儿摆布不开。我来把题目改一下吧！——有人自日出至午前十时行十里，自日落至午后九时行四里，求昼长多少？

"这个题的要点，便是'从日出到正午，和自正午到日落，时间相等'。因此用纵线表时间，我们无妨画十八小时，从午前三时到午后九时，那么正午前后都是九小时。既然从正午到日出、日落的时间一样，就可以假设这人是从午前三时走到午前十时，共走十四里，所以得表示行程的 OA 线。"

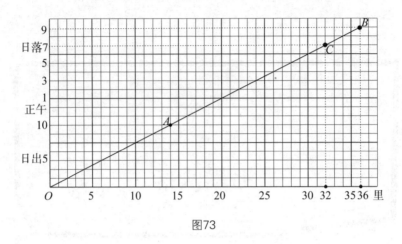

图73

这自然很明白了，将 OA 引长到 B，所指示的就是，假如这人从午前三时一直走到午后九时，便是十八小时共走三十六里。他的速度，由 AB 线所表示的"定倍数"的关系，就可知是每小时二里了。（这是题外的文章。）

"午后九时走到三十六里，从日落到午后九时走的是四里，回到三十二里的地方，往上看，得 C 点。横看，得午后七时，可知日落是在午后七时，隔正午七小时，所以昼长是十四小时。"

由此也就得出了计算法：

$4^{里} \div 2^{里} = 2$——日落到午后九时的小时数

$$（10^{里} + 4^{里}）\div（9 - 2）= 2^{里}$$

$$\vdots \qquad \vdots$$
正午到午后九　　午前十时到正
时的小时数　　午的小时数

$$（9 - 2）^{小时} \times 2 = 14^{小时}$$

$$\vdots \qquad\qquad \vdots$$
正午到日落的小时数　　昼长

依样画葫芦，本题的计算如下：

9-2——从午前三时到十时的小时数

（19^里125^丈+7^里140^丈）÷（9-2）=3^里145^丈——每小时的速度

7^里140^丈÷3^里145^丈=2——从日落到午后九时的小时数

（9-2）^{小时}×2=14^{小时}——昼长

例二：有甲、乙两旅人，乘三等火车，所带行李共二百斤，除二人三等车行李无运费的重量外，甲应付超重费一元八角，乙应付一元。若把行李分给一人，则超重费为三元四角，三等车每人所带行李不超重的重量是多少？

我居然也找到了这题的要点，从三元四角中减去一元八角，再减去一元，加上三元四角便是超重的行李应当支付的超重费。但图还是由王有道画出来的，马先生对于这题没有发表意见。

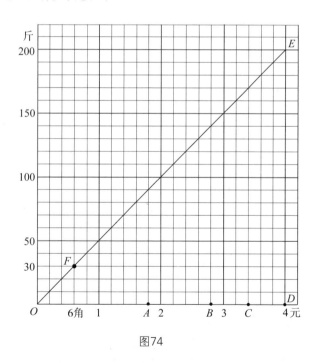

图74

用横线表示钱数，三元四角（OC）减去一元八角（OA），又减去一元（AB），只剩六角（BC），将这剩下的钱加到三元四角上去便得四元（OD）。

这就表明若二百斤行李都要支付超重费，便要支付四元，因得 *OE* 线。往六角的一点向上看得 *F*，再横看得三十斤，就是所求的重量。

$$(34^角-18^角-10^角)÷[(34^角+34^角-18^角-10^角)÷200]=30——所求的斤数$$

例三：有一个两位数，其十位数字与个位数字交换位置后与原数的和为一百四十三，而原数减其倒转数①则为二十七，求原数。

"用这个题来结束所谓四则问题，倒很好！"马先生在疲惫中显着兴奋，"我们暂且丢开本题，来观察一下两位数的性质。这也可以勉强算是一个科学方法的小演习，同时也是寻求解决问题——算学的问题自然也在内的门槛。"说完，他就列出了下面的表格：

原数	12	23	34	47	56
倒转数	21	32	43	74	65

"现在我们来观察，说是实验也无妨。"马先生说。

"原数和倒转数的和是什么？"

"33，55，77，121，121。"

"在这几个数中间你们看得出什么关系吗？"

"都是 11 的倍数。"

"我们可以说，凡是两位数同它的倒转数的和都是 11 的倍数吗？"

"……"没有人回答。

"再来看各是 11 的几倍？"

"3 倍，5 倍，7 倍，11 倍，11 倍。"

"这各个倍数和原数有什么关系吗？"

---

① 将一个数字的各位数字顺序调换，如：234的倒转数是432。

我们大家静静地看了一阵，四五个人一同回答：

"原数数字的和是 3，5，7，11，11"

"你们能找出其中的理由来吗？"

"12 是由几个 1、几个 2 合成的？"

"十个 1，一个 2。"王有道。

"它的倒转数呢？"

"一个 1，十个 2。"周学敏。

"那么，它俩的和中有几个 1 和几个 2？"

"11 个 1 和 11 个 2。"我也明白了。

"11 个 1 和 11 个 2，共有几个 11？"

"3 个。"许多人回答。

"我们可以说，凡是两位数与它的倒转数的和，都是 11 的倍数吗？"

"可——以——"我们真快活极了。

"我们可以说，凡是两位数与它的倒转数的和，都是它的数字和的 11 倍吗？"

"当然可以！"一齐回答。

"这是这类问题的一个要点，还有一个要点，是从差方面看出来的。你们去'发明'吧！"

当然，我们很快按部就班地就得到了答案！

"凡是两位数与它的倒转数的差，都是它的两数字差的九倍。"

有了这两个要点，本题自然迎刃而解了！

（143÷11 ＋ 27÷9 ）÷2＝8（大数字）

　　　　⋮　　　　⋮

　两数字和　两数字差

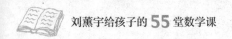

（143÷11）－（27÷9）÷2=5（小数字）

因为题上说的是原数减其倒转数，原数中的十位数字应当大一些，所以原数是八十五。

八十五加五十八得一百四十三，而八十五减去五十八正是二十七，真巧！

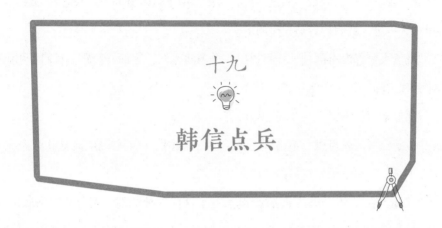

十九

韩信点兵

昨天马先生结束了四则问题以后，叫我们复习关于质数、最大公约数和最小公倍数的问题。晚风习习，我取了一本《开明算术教本》上册，阅读关于这些事项的第七章。从前学习它的时候，是否感到困难，印象已模糊了。现在要说"一点儿困难没有"，我不敢这样自信。不过，像从前遇见四则问题那样摸不着头脑，确实没有。也许其中的难点，我不曾发觉吧！怀着这样的心情，今天，到课堂去听马先生的讲演。

"我叫你们复习的，都复习过了吗？"马先生一走上讲台就问。

"复习过了！"两三个人齐声回答。

"那么，有什么问题？"

每个人都是瞪大双眼，望着马先生，没有一个问题提出来。马先生在这静默中，看了全体一遍：

"学算学的人，大半在这一部分不会感到什么困难的，你们大概也不会有什么问题了。"

我不曾发觉什么困难，照这样说，自然是由于这部分问题比较容易的缘故。心里这么一想，就期待着马先生的下文。

"既然大家都没有问题，我且提出一个来问你们：这部分问题，我们也用画图来处理它吗？"

"那似乎可以不必了！"周学敏回答。

"似乎？可以就可以，不必就不必，何必'似乎'！"马先生笑着说。

"不必！"周学敏斩钉截铁地说。

"问题不在'必'和'不必'。既然有了这样一种法门，正可拿它来试试，看变得出什么花招来，不是也很有趣吗？"说完，马先生停了一停，再问，"这一部分所处理的材料是些什么？"

当然，这是谁也答得上来的，大家抢着说：

"找质数。"

"分质因数。"

"求最大公约数和最小公倍数。"

"归根结底，不过是判定质数和计算倍数与约数，——这只是一种关系的两面。12是6、4、3、2的倍数，反过来看，6、4、3、2便是12的约数了。"马先生这样结束了大家的话，而掉转话头：

"闲言少叙，言归正传。你们将横线每一大段当1表示倍数，纵线每一小段当1表示数目，画表示2的倍数和3的倍数的两条线。"

这只是"定倍数"的问题，已没有一个人不会画了。马先生在黑板上也画了一个（图75）。

"从这图上，可以看出些什么来？"马先生问。

"2 的倍数是 2，4，6，8，10，12。"我答。

"3 的倍数是 3，6，9，12，15，18。"周学敏。

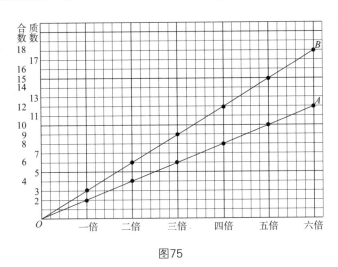

图75

"还有呢？"

"5，7，11，13，17 都是质数。"王有道。

"怎么看出来的？"

这几个数都是质数，我本是知道的，但从图上怎么看出来的，我却茫然了。马先生这么一追问，真是"实获我心"了。

"OA 和 OB 两条线都没有经过它们，所以它们既不是 2 的倍数，也不是 3 的倍数……"说到这里，王有道突然停住了。

"怎样？"马先生问道。

"它们总是质数呀！"王有道很不自然地说。这一来大家都已发现，这里面一定有了漏洞，王有道大概已明白了。不期然而然地，大家一齐笑了起来。笑，我也是跟着笑的，不过我并未发现这漏洞。

"这没有什么可笑的。"马先生很郑重地说，"王有道，你回答的时候也有点儿迟疑了，为什么呢？"

"由图上看来，它们都不是 2 和 3 的倍数，而且我知道它们都是质数，所以我那样说。但突然想到，25 既不是 2 和 3 的倍数，也不是质数，便疑惑起来了。"王有道这么一解释，我才恍然大悟，漏洞原来在这里。

马先生露出很满意的神气，接着说："其实这个判定法，本是对的，不过欠精密一点儿，你是上了图的当。假如图还可以画得详细些，你就不会这样说了。"

马先生叫我们另画一个较详细的图（图76），将表示 2、3、5、7、11、13、17、19、23、29、31、37、41、43、47 各倍数的线都画出来。（这里的图，右边截去了一部分。）不用说，这些数都是质数。由图上，50 以内的合数当然可以很清楚地看出来。不过，我有点儿怀疑。——马先生原来是要我们从图上找质数，既然把表示质数的倍数的线都画了出来，还用得找什么质数呢？

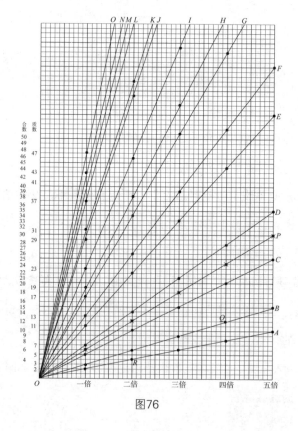

图76

128

马先生还叫我们画一条表示 6 的倍数的线，*OP*。他说："由这张图看，当然再不会说，不是 2 和 3 的倍数的，便是质数了。你们再用表示 6 的倍数的一条线 *OP* 作标准，仔细看一看。"

经过十多分钟的观察，我发现了：

"质数都比 6 的倍数少 1。"

"不错。"马先生说，"但是应得补充一句，——除了 2 和 3。"这确实是我不曾注意到的。

"为什么 5 以上的质数都比 6 的倍数少 1 呢？"周学敏提出了这样一个问题。

马先生叫我们回答，但没有人答得上来，他说：

"这只是事实问题，不是为什么的问题。换句话说，便是整数的性质本来如此，没有原因。"对于这个解释，大家好像都有点儿莫名其妙，没有一个人说话。马先生接着说：

"一点儿也不稀罕！你们想一想，随便一个数，用 6 去除，结果怎样呢？"

"有的除得尽，有的除不尽。"周学敏。

"除得尽的就是 6 的倍数，当然不是质数。除不尽的呢？"

没有人回答，我也想得到有的是质数，如 23；有的不是质数，如 25。马先生见没有人回答，便这样说：

"你们想想看，一个数用 6 去除，若除不尽，它的余数是什么？"

"1，例如 7。"周学敏。

"5，例如 17。"另一个同学。

"2，例如 14。"又是一个同学。

"4，例如 10。"其他两个同学同时说。

"3，例如 21。"我也想到了。

"没有了。"王有道来一个结束。

"很好！"马先生说，"用 6 除剩 2 的数，有什么数可把它除尽吗？"

"2。"我想它用 6 除剩 2，当然是个偶数，可用 2 除得尽。

"那么，除了剩 4 的呢？"

"一样！"我高兴地说。

"除了剩 3 的呢？"

"3！"周学敏快速地说。

"用 6 除了剩 1 或 5 的呢？"

这我也明白了。5 以上的质数既然不能用 2 和 3 除得尽，当然也不能用 6 除得尽。用 6 去除不是剩 1 便是剩 5，都和 6 的倍数差 1。

不过马先生又另外提出一个问题："5 以上的质数都比 6 的倍数差 1，掉转头来，可不可以这样说呢？——比 6 的倍数差 1 的都是质数？"

"不！"王有道，"例如 25 是 6 的 4 倍多 1，35 是 6 的 6 倍少 1，都不是质数。"

"这就对了！"马先生说，"所以你刚才用不是 2 和 3 的倍数来判定一个数是质数，是不精密的。"

"马先生！"我的疑问始终不能解释，趁他没有说下去，我便问，"由作图的方法，怎样可以判定一个数是不是质数呢？"

"刚才画的线都是表示质数的倍数的，你们会想到，这不能用来判定质数。但是如果从画图的过程看，就可明白了。首先画的是表示 2 的倍数的线 OA，由它，你们可以看出哪些数不是质数？"

"4，6，8……一切偶数。"我答道。

"接着画表示 3 的倍数的线 OB 呢？"

"6，9，12……"一个同学说。

"4 既然不是质数，上面一个是 5，第三就画表示 5 的倍数的线 OC。"这一来又得出它的倍数 10、15 等等。再依次上去，6 已是合数，所以只好画表示 7 的倍数的线 OD。接着，8、9、10 都是合数，只好画表示 11 的倍数的线 OE。照这样做下去，把合数渐渐地淘汰了，所画的线所表示的不全都是质数的倍数吗？——这个图，我们无妨叫它质数图。"

"我还是不明白，用这张质数图，怎样判定一个数是否是质数。"我跟着发问。

"这真叫作百尺竿头，只差一步了！"马先生很诚恳地说，"你试举一个合数与一个质数出来。"

"15 与 37。"

"从 15 横看过去，有些什么数的倍数？"

"3 的和 5 的。"

"从 37 横着看过去呢？"

"没有！"我已懂得了。在质数图上，由一个数横看过去，若有别的数的倍数，它自然是合数；一个也没有的时候，它就是质数。不只这样，例如 15，还可知道它的质因数是 3 和 5。最简单的，6 含的质因数是 2 和 3。马先生还说，用这个质数图把一个合数分成质因数，也是容易的。这法则是这样：

例一：将 35 分成质因数的积。

由 35 横看到 D 得它的质因数，有一个是 7，往下看是 5，它已是质数，所以：

$35 = 7 \times 5$

本来，若是这图的右边没有截去，7 和 5 都可由图上直接看出来的。

例二：将 12 分成质因数的积。

由 12 横得 Q，表示 3 的 4 倍。4 还是合数，由 4 横看得 R，表示 2 的 2

倍，2 已是质数，所以：

$12 = 3 \times 2 \times 2 = 3 \times 2^2$

关于质数图的作法，以及用它来判定一个数是否是质数，用它来将一个合数拆成质因数的积，我们都已明白了。马先生提出求最大公约数的问题。前面说过的既然已明了，这自然是迎刃而解的了。

例三：求 12，18 和 24 的最大公约数。

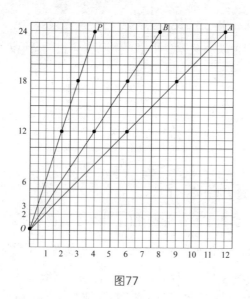

图77

从质数图上，如图 77，我们可以看出 24、18 和 12 都有约数 2、3 和 6。它们都是 24、18、12 的公约数，而 6 就是所求的最大公约数。

"假如不用质数图，怎样由画图法找出这三个数的最大公约数呢？"马先生问王有道。他一边思索，一边用手指在桌上画来画去，后来他这样回答：

"把最小一个数以下的质数找出来，再画出表示这些质数的倍数的线。由这些线上，就可看出各数所含的公共质因数。它们的乘积，就是所求的最大公约数。"

例四：求 6，10 和 15 的最小公倍数。

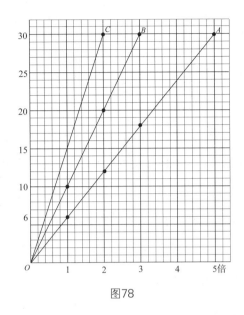

图78

依照前面各题的解法，本题是再容易不过了。*OA*、*OB*、*OC* 相应地表示 6、10、15 的倍数。*A*、*B* 和 *C* 同在 30 的一条横线上，30 便是所求的最小公倍数。

例五：某数，三个三个地数，剩一个；五个五个地数，剩两个；七个七个地数，也剩一个，求某数。

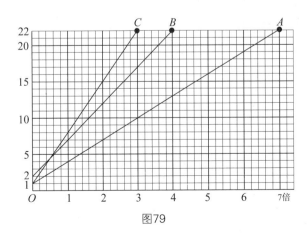

图79

　　马先生写好了这个题，叫我们讨论画图的方法。自然，这不是很难，经过一番讨论，我们就画出图 79 来。1A、2B、1C 各线分别表示 3 的倍数多 1、5 的倍数多 2、7 的倍数多 1。而这三条线都经过 22 的线上，22 即是所求的。——马先生说，这是最小的一个，加上 3、5、7 的公倍数，都合题。——不是吗？22 正是 3 的 7 倍多 1，5 的 4 倍多 2，7 的 3 倍多 1。

　　"你们由画图的方法，总算把答案求出来了，但是算法是什么呢？"马先生这一问，却把我们难住了。先是有人说是求它们的最小公倍数，这当然不对，3、5、7 的最小公倍数是 105 呀！后来又有人说，从它们的最小公倍数中减去 3，除所余的 1。也有人说减去 5，除所余的 2，自然都不是。从图上仔细看去，也毫无结果。最终只好去求教马先生了。他见大家都束手无策，便开口道：

　　"这本来是咱们中国的一个老题目，它还有一个别致的名称——韩信点兵。它的算法，有诗一首：

三人同行七十稀，五树梅花廿一枝，

七子团圆月正半，除百零五便得知。

你们懂得这诗的意思吗？"

　　"不懂！不懂！"许多人都说。

　　于是马先生加以解释：

　　"这也和'无边落木萧萧下'的谜一样。三人同行七十稀，是说 3 除所得的余数用 70 去乘它。五树梅花廿一枝，是说 5 除所得的余数，用 21 去乘。七子团圆月正半，是说 7 除所得的余数用 15 去乘。除百零五便得知，是说把上面所得的三个数相加，加得的和若大于 105，便把 105 的倍数减去。因此得出来的，就是最小的一个数。好！你们依照这个方法将本题计算一下。"

　　下面就是计算的式子：

　　$1 \times 70 + 2 \times 21 + 1 \times 15 = 70 + 42 + 15 = 127$

127−105=22

奇怪！对是对了，但为什么呢？周学敏还调了一个题，"三三数剩二，五五剩三，七七数剩四"来试，

2×70+3×21+4×15=140+63+60=263

263−105×2=263−210=53

53 正是 3 的 17 倍多 2，5 的 10 倍多 3，7 的 7 倍多 4。真奇怪！但是为什么？

对于这个疑问，马先生说，把上面的式子改成下面的形式，就明白了。

（1）2×70+3×21+4×15=2×（69+1）+3×21+4×15

　　　　　　　　　　　=2×23×3+2×1+3×7×3+4×5×3

　　　　　　　　　　　=（2×23+3×7+4×5）×3+2×1

（2）2×70+3×21+4×15=2×70+3×（20+1）+4×15

　　　　　　　　　　　=2×14×5+3×4×5+3×1+4×3×5

　　　　　　　　　　　=（2×14+3×4+4×3）×5+3×1

（3）2×70+3×21+4×15=2×70+3×21+4×（14+1）

　　　　　　　　　　　=2×10×7+3×3×7+4×2×7+4×1

　　　　　　　　　　　=（2×10+3×3+4×2）×7+4×1

"这三个式子，可以说是同一个数的三种解释：（1）表明它是 3 的倍数多 2。（2）表明它是 5 的倍数多 3。（3）表明它是 7 的倍数多 4。这不是正和题目所给的条件相合吗？"马先生说完了，王有道似乎已经懂得，但又有点儿怀疑的样子。他踌躇了一阵，向马先生提出这么一个问题：

"用 70 去乘 3 除所得的余数，是因为 70 是 5 和 7 的公倍数，又是 3 的倍数多 1。用 21 去乘 5 除所得的余数，是因为 21 是 3 和 7 的公倍数，又是 5 的倍数多 1。用 15 去乘 7 除所得的余数，是因为 15 是 5 和 3 的倍数，又是 7 的倍

数多 1。这些我都明白了。但，这 70、21 和 15 怎么找出来的呢？"

"这个问题，提得很合适！"马先生说，"这类题的要点，就在这里。但，这些数的求法，说来话长，你们可以去看开明书店出版的《数学趣味》，里面就有一篇专讲'韩信点兵'的。——不过，像本题，三个除数都很简单，70、21、15 都容易推出来。5 和 7 的最小公倍是什么？"

"35。"一个同学回答。

"3 除 35，剩多少？"

"2——"另一个同学。

"注意！我们所要的是 5 和 7 的公倍数，同时又是 3 的倍数多 1 的一个数。35 当然不是，将 2 去乘它，得 70，既是 5 和 7 的公倍数，又是 3 的倍数多 1。至于 21 和 15 情形也相同。不过 21 已是 3 和 7 的公倍数，又是 5 的倍数多 1；15 已是 5 和 3 的公倍数，又是 7 的倍数多 1，所以用不到再把什么数都去乘它了。"

最后，他还补充一句：

"我提出这个题的原意，是要你们知道，它的形式虽和求最小公倍数的题相同，实质上却是两回事，必须要加以注意。"

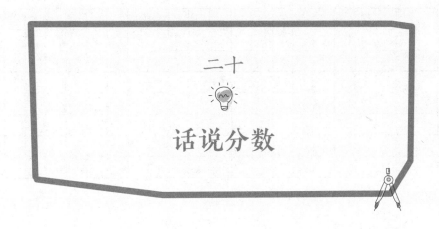

二十

话说分数

"分数是什么？"马先生今天的第一句话。

"是许多个小单位聚合成的数。"周学敏。

"你还可以说得明白点儿吗？"马先生。

"例如 $\frac{3}{5}$，就是 3 个 $\frac{1}{5}$ 聚合成的，$\frac{1}{5}$ 对于 1 做单位说，是一个小单位。"周学敏。

"好！这也是一种说法，而且是比较实用的。照这种说法，怎样用线段表示分数呢？"马先生问。

"和表示整数一样，不过用表示 1 的线段的若干分之一做单位罢了。"王有道这样回答以后，马先生叫他在黑板上作出图 80 来。其实，这是以前无形中用过的。

"分数是什么？还有另外的说法没有？"马先生等王有道回到座位坐好以后问。经过好几分钟，还是没有人回答，他又问：

"$\frac{4}{2}$ 是多少？"

"2！"谁都知道。

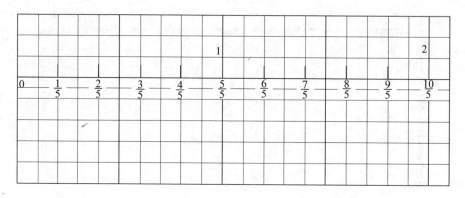

图80

"$\frac{18}{3}$ 呢？"

"6。"大家一同回答，心里都好像以为这只是不成问题的问题。

"$\frac{1}{2}$ 呢？"

"0.5。"周学敏。

"$\frac{1}{4}$ 呢？"

"0.25。"还是他。

"你们回答的这些数，分数的值，怎么来的？"

"自然是除得来的哟。"依然是周学敏。

"自然！自然！"马先生，"就顺了这个自然，我说，分数是表示两个数相除而未除所成的数，可不可以？"

"……"想着，当然是可以的，但没有一个人回答。大概他们和我一样，觉得有点儿拿不稳吧，只好由马先生自己回答了。

"自然可以，而且在理论上，更合适。——分子是被除数，分母便是除数。本来，也就是因为两个整数相除，不一定除得干净，在除不尽的场合，如

$13 \div 5 = 2 \cdots 3$，不但说起来啰唆，用起来更大大地不方便，急中生智，才造出这个 $\frac{13}{5}$ 来。"

这样一来，变成用两个数连合起来表示一个数了。马先生说，就因为这样，分数又有一种用线段表示的方法。他说用横线表示分母，用纵线表示分子，叫我们找 $\frac{1}{2}$、$\frac{2}{4}$、$\frac{3}{6}$ 各点。我们得出了 A_1、A_2 和 A_3，连起来就得直线 OA。他又叫我们找 $\frac{3}{5}$、$\frac{6}{10}$ 两点，连起来得直线 OB（图81）。

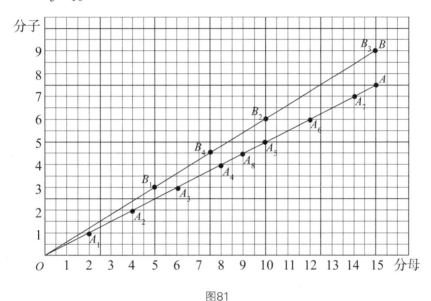

图81

"$\frac{1}{2}$、$\frac{2}{4}$ 和 $\frac{3}{6}$ 的值是一样的吗？"马先生问。

"一样的！"我们回答。

"表 $\frac{1}{2}$、$\frac{2}{4}$、$\frac{3}{6}$ 的各点 A_1、A_2、A_3，都在一条直线上，由这线上，还能找出其他分数来吗？"大家争着，你一句，我一句地回答：

"$\frac{4}{8}$。"

"$\frac{5}{10}$。"

"$\frac{6}{12}$。"

"$\frac{7}{14}$。"

"这些分数的值怎样？"

"都和 $\frac{1}{2}$ 的相等。"周学敏很快回答，我也是明白的。

"再就 OB 线看，有几个同值的分数？"

"三个，—— $\frac{3}{5}$、$\frac{6}{10}$、$\frac{9}{15}$。"几乎是全体同时回答。

"不错！这样看来，表同值分数的点，都在一条直线上。反过来，一条直线上的各点所指示的分数是不是都是同值的呢？"

"……"我想回答一个"是"字，但找不出理由来，最终没有回答，别人也只是低着头想。

"你们试在线上随便指出一点来试试看。"

"A_8。"我。

"B_4。"周学敏。

"A_8 指示的分数是什么？"

"$\dfrac{4\frac{1}{2}}{9}$。"王有道。马先生说，这是一个繁分数，叫我们将它化简来看：

$$\frac{4\frac{1}{2}}{9} = \frac{\frac{9}{2}}{9} = \frac{9}{2} \times \frac{1}{9} = \frac{1}{2}。$$

B_4 所指示的分数，依样画葫芦，我们得出：

$$\frac{4\frac{1}{2}}{7\frac{1}{2}} = \frac{\frac{9}{2}}{\frac{15}{2}} = \frac{9}{15} = \frac{3}{5}。$$

"由这样看来，对于前面的问题，我们可不可以回答一个'是'字呢？"马先生郑重地问。就因为他问得很郑重，所以没有人回答。

"我来一个自问自答吧！"马先生，"可以，也不可以。"惹得大家哄堂大笑。

"不要笑，真是这样。实际上，本是如此，所以你回答一个'是'字，别人绝不能提出反证来。不过，在理论上，你现在没有给它一个充分的证明，所以你回答一个'不可以'，也是你虚心求稳。——我得结束一句，再过一年，你们学完了平面几何，就会给它一个证明了。"

接着，马先生又提醒我们，将这图从左看到右，又从右看到左。先是：$\frac{1}{2}$ 变成 $\frac{2}{4}$、$\frac{3}{6}$、$\frac{4}{8}$、$\frac{5}{10}$、$\frac{6}{12}$、$\frac{7}{14}$；而 $\frac{1}{5}$ 变成 $\frac{2}{10}$、$\frac{3}{15}$，它们正好表示扩分的变化。——用同数乘分子和分母。后来，正相反，$\frac{7}{14}$、$\frac{6}{12}$、$\frac{5}{10}$、$\frac{4}{8}$、$\frac{2}{4}$ 都变成 $\frac{1}{2}$；而 $\frac{3}{15}$、$\frac{2}{10}$ 都变成 $\frac{1}{5}$。它们恰好表示约分的变化。——用同数除分子和分母。——啊！多么简单、明了，且趣味丰富啊！谁说算学是呆板、枯燥、没生趣的呀？

用这种方法表示分数，它的效用就此可叹为观止了吗？不！还有更浓厚的趣味哩。

第一，是通分，马先生提出下面的例题。

例一：化 $\frac{3}{4}$、$\frac{5}{6}$ 和 $\frac{3}{8}$ 为同分母的分数。

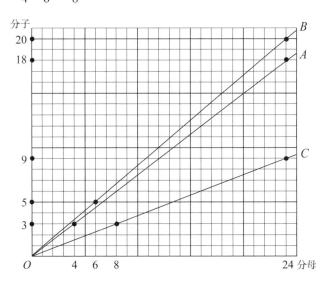

图82

这个问题的解决，真是再轻松不过了。我们只依照马先生的吩咐，画出表示这三个分数 $\frac{3}{4}$、$\frac{5}{6}$ 和 $\frac{3}{8}$ 的三条线，——OA、OB 和 OC，马上就看出来 $\frac{3}{4}$ 扩分可成 $\frac{18}{24}$，$\frac{5}{6}$ 可成 $\frac{20}{24}$，而 $\frac{3}{8}$ 可成 $\frac{9}{24}$，正好分母都是 24，真是简单极了。

第二，是比较分数的大小。

就用上面的例子和图，便可说明白。把三个分数，化成了同分母的，因为，

$$\frac{20}{24} > \frac{18}{24} > \frac{9}{24},$$

所以知道，

$$\frac{5}{6} > \frac{3}{4} > \frac{3}{8}。$$

这个结果，图上显示得非常清楚，OB 线高于 OA 线，OA 线高于 OC 线，无论这三个分数的分母是否相同，这个事实绝不改变，还用得着通分吗？

照分数的性质说，分子相同的分数，分母越大的值越小。这一点，图上显示得更清楚了。

第三，这是普通算术书上不常见到的，就是求两个分数间，有一定分母的分数。

例二：求 $\frac{5}{8}$ 和 $\frac{7}{18}$ 中间，分母为 14 的分数。

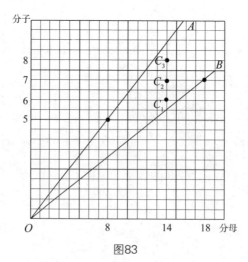

图83

先画表示 $\frac{5}{8}$ 和 $\frac{7}{18}$ 的两条直线 OA 和 OB，由分母14这一点往上看，处在 OA 和 OB 间的，分子的数是6（C_1）、7（C_2）和8（C_3）。这三点所表示的分数是 $\frac{6}{14}$、$\frac{7}{14}$、$\frac{8}{14}$，便是所求的。

不是吗？这多么直截了当啊！马先生叫我们用算术的计算法来解这个问题，以相比较。我们共同讨论一下，得出一个要点，先通分。因为这一来好从分子的大小，决定各分数。通分的结果，8、14和18的最小公倍数是504，而 $\frac{5}{8}$ 变成 $\frac{315}{504}$，$\frac{7}{18}$ 变成 $\frac{196}{504}$，所求的分数就在 $\frac{315}{504}$ 和 $\frac{196}{504}$ 中间，分母是504，分子比196大，比315小。

"这还不够。"王有道的意见，"因为题上所要求的，限于14做分母的分数。公分母504是14的36倍，分子必须是36的倍数，才约得成14做分母的分数。"这个意见当然很对，而且也是本题要点之一。依照这个意见，我们找出在196和315中间，36的倍数，只有216（6倍）、252（7倍）和288（8倍）三个。而：

$$\frac{216}{504}=\frac{6}{14},\ \frac{252}{504}=\frac{7}{14},\ \frac{288}{504}=\frac{8}{14}$$

与前面所得的结果完全相同，但步骤却烦琐得多。

马先生还提出一个计算起来比这更烦琐的题目，但由作图法解决，真不过是"举手之劳"。

例三：求分母是10和15中间各整数的分数，分数的值限于在0.6和0.7中间。

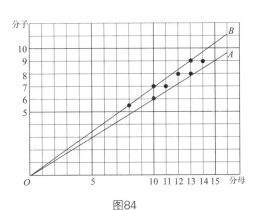

图84

图中 OA 和 OB 两条直线，分别表示 $\dfrac{6}{10}$ 和 $\dfrac{7}{10}$。因此所求的各分数，就在它们中间，分母限于 11、12、13 和 14 四个数。由图上，一眼就可以看出来，所求的分数只有下面五个：

$$\dfrac{7}{11}, \quad \dfrac{8}{12}, \quad \dfrac{8}{13}, \quad \dfrac{9}{13}, \quad \dfrac{9}{14}$$

第四，分数怎样相加减？

例四：求 $\dfrac{3}{4}$ 和 $\dfrac{5}{12}$ 的和与差。

总是要画图的，马先生写完题以后，我就将表示 $\dfrac{3}{4}$ 和 $\dfrac{5}{12}$ 的两条直线 OA 和 OB 画好——图 85。

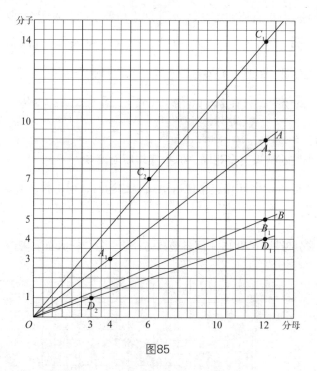

图85

"异分母分数的加减法，你们都已知道了吧？"马先生。

"先通分！"周学敏。

"为什么要通分呢？"

"因为把分数看成许多小单位集合成的，单位不同的数，不能相加减。"周学敏加以说明。

"对的！那么，现在我们怎样在图上将这两个分数相加减呢？"

"两个分数的最小公分母是 12，通分以后，$\frac{3}{4}$ 变成 $\frac{9}{12}$，A_2 所表示的；$\frac{5}{12}$ 还是 $\frac{5}{12}$，B_1 所表示的。在 12 这条纵线上，从 A_2 起加上 5，得 C_1（A_2C_1 等于 $12B_1$），OC_1 这条直线就表示所求的和 $\frac{14}{12}$。"王有道。

与"和"的做法相反，"差"的做法我也明白了。从 A_2 起向下截去 5，得 D_1，OD_1 这条直线，就表示所求的差 $\frac{4}{12}$。

"OC_1 和 OD_1 这两条直线所表示的分数，最左的一个各是什么？"马先生问。

一个是 $\frac{7}{6}$，C_2 所表示的。一个是 $\frac{1}{3}$，D_2 所表示的。这个说明了什么呢？马先生指示我们，就是在算术中，加得的和，如 $\frac{14}{12}$，同着减得的差，如 $\frac{4}{12}$，可约分的时候，都要约分。而在这里，只要看最左的一个分数就行了，真便当！

二十一

三态之一——几分之几

马先生说，分数的应用问题，大体看来，可分成三大类：

第一，和整数的四则问题一样，不过有些数目是分数罢了。——以前的例子中已有过——如"大小两数的和是 $1\frac{1}{10}$，差是 $\frac{2}{5}$，求两数。"——当然，这类题目，用不到再讲了。

第二，和分数性质有关。这样题目，"万变不离其宗"，归根到底，不过三种形态：

（1）知道两个数，求一个数是另一个数的几分之几。

（2）知道一个数，求它的几分之几是什么。

（3）知道一个数的几分之几，求它是什么。

若用 a 表示一个分数的分母，b 表示分子，m 表示它的值，那么：

$$m = \frac{b}{a}$$

（1）知道 a 和 b，求 m。

（2）求一个数 n 的 $\dfrac{b}{a}$ 是多少。

（3）一个数的 $\dfrac{b}{a}$ 是 n，求这个数。

第三，单纯是分数自身的变化。如"有一分数，其分母加 1，可约为 $\dfrac{3}{4}$；分母加 2，可约为 $\dfrac{2}{3}$，求原数"。

这次，马先生所讲的，就是第二类中的（1）。

例一：把一颗骰子连掷三十六次，正好出现六次红，再掷一次，出现红的概率是多少？

"这个题的意思，是就三十六次中出现六次说，看它占几分之几，再用这个数来预测下次的几率。——这种计算，叫概率。"马先生说。

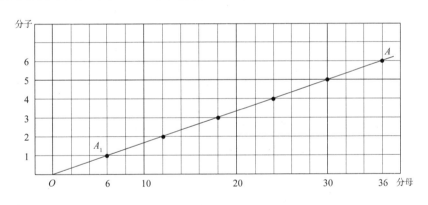

图86

纵线 36 横线 6 的交点是 A，连 OA，这直线就表示所求的分数，$\dfrac{6}{36}$。它可被约分成 $\dfrac{3}{18}$、$\dfrac{2}{12}$、$\dfrac{1}{6}$，和 $\dfrac{4}{24}$、$\dfrac{5}{30}$ 都等值，最简的一个就是 $\dfrac{1}{6}$。

例二：酒精三升半同水五升混合成的酒，酒精占多少？

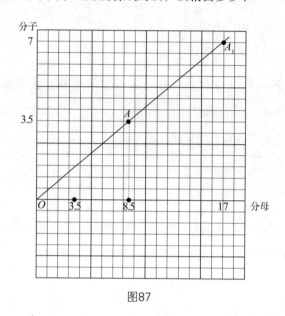

图87

骨子里，本题和前一题，没有什么两样，只分母—— 横线上—— 需取 3.5+5=8.5 这一点。这一点的纵线和 3.5 这点的横线相交于 *A*。连 *OA*，得表示所求的分数的直线。但直线上，从 *A* 向左，找不出简分数来。若将它适当地引长到 A_1，则得最简分数 $\dfrac{7}{17}$。用算术上的方法计算，便是：

$$\frac{3.5}{3.5+5} = \frac{3.5}{8.5} = \frac{35}{85} = \frac{7}{17}$$

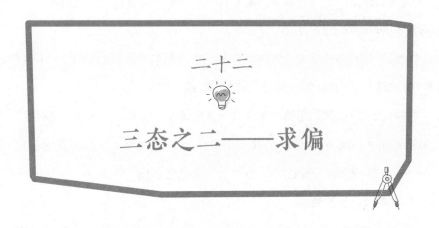

二十二

三态之二——求偏

例一：求 35 元的 $\frac{1}{7}$、$\frac{3}{7}$ 各是多少。

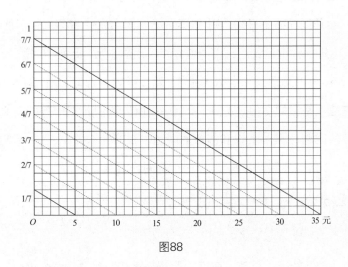

图88

"你们觉得这个问题有什么困难吗？"马先生问。

"分母是一个数，分子是一个数，35 元又是一个数，一共三个数，怎样画呢？"我感到的困难就在这一点。

"那么，把分数就看成一个数，不是只有两个数了吗？"马先生说。

"其实在这里，还可直截了当地看成一个简单的除法和乘法的问题。你们还记得我所讲过的除法的画法吗？"

"记得！任意画一条 OA 线，从 O 起，在外面取等长的若干段……（参看图4 和它的说明。）"我还没有说完，马先生就接了下去：

"在这里，假如我们用横线（或纵线）表元数，就可以用纵线（或横线）当任意直线 OA。就本题说，任取一小段作 $\frac{1}{7}$，依次取 $\frac{2}{7}$、$\frac{3}{7}$，直到 $\frac{7}{7}$ 就是1。——也可以先取一长段作1，就是 $\frac{7}{7}$，再把它分成7等分。——这样一来，要求 35 元的 $\frac{1}{7}$，怎样做法？"

"先连 1 和 35，再过 $\frac{1}{7}$ 画它的平行线，和表示元数的线交于 5，就是表明 35 元的 $\frac{1}{7}$ 是 5 元。"周学敏。

毫无疑问，过 $\frac{3}{7}$ 这一点照样作平行线，就得 35 元的 $\frac{3}{7}$ 是 15 元。若我们过 $\frac{2}{7}$、$\frac{4}{7}$……也作同样的平行线，则 35 元的 $\frac{1}{7}$、$\frac{2}{7}$、$\frac{3}{7}$……都能一目了然了。

马先生进一步指示我们：由本题看来，$\frac{1}{7}$ 是 5 元，$\frac{2}{7}$ 是 10 元，$\frac{3}{7}$ 是 15 元，$\frac{4}{7}$ 是 20 元……以至于 $\frac{7}{7}$（全数）是 35 元。可知，若把 $\frac{1}{7}$ 作单位，$\frac{2}{7}$、$\frac{3}{7}$、$\frac{4}{7}$ ……相应地就是它的 2 倍、3 倍、4 倍……所以我们若把倍数的意义看得宽一些，分数的问题，本源上，和倍数的问题，没有什么差别。——真的！求 35 元的 2 倍、3 倍……和求它的 $\frac{2}{7}$、$\frac{3}{7}$……都同样用乘法：

$$35^{元} \times 2 = 70^{元}, \quad 35^{元} \times 3 = 105^{元} \text{（倍数）} \Big\}$$
$$35^{元} \times \frac{2}{7} = 10^{元}, \quad 35^{元} \times \frac{3}{7} = 15^{元} \text{（分数）} \Big\} \text{广义的倍数}$$

归结一句：知道一个数，要求它的几分之几，和求它的多少倍一样，都是用乘法。

例二：华民有银圆 48 元，将四分之一给他的弟弟；他的弟弟将所得的三分之一给小妹妹，每个人分别有银圆多少？各人所有的是华民原有的几分之几？

本题的面目虽然和前一题略有不同，但也不过面目不同而已。追本溯源，却没有什么差别。OA 表示全数（或说整个儿，或说 1，都是一样）。OB 表示银圆 48 元。OC 表 $\frac{1}{4}$。CD 平行于 AB。OE 表示 OC 的 $\frac{1}{3}$，EF 平行于 CD，自然也就平行于 AB。——这是图 89 的作法。

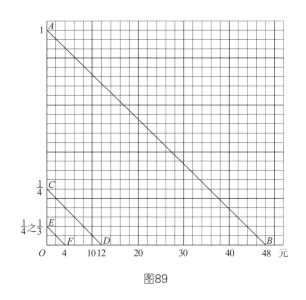

图89

D 指 12 元，是华民给弟弟的。OB 减去 OD 剩 36 元，是华民分给弟弟后所有的。

F 指 4 元，是华民的弟弟给小妹妹的。OD 减去 OF，剩 8 元，是华民的弟弟所有的。

他们所有的，依次是：36 元、8 元、4 元，合起来正好 48 元。

至于各人所有的对于华民原有的说，依次是 $\frac{3}{4}$、$\frac{1}{6}$ 和 $\frac{1}{12}$。

这题的算法是：

$$48^{元} \times \frac{1}{4} = 12^{元}——华民给弟弟的。$$

$$48^{元} - 12^{元} = 36^{元}——华民给弟弟后所有的。$$

$$12^{元} \times \frac{1}{3} = 4^{元}——弟弟给小妹妹的。$$

$$12^{元} - 4^{元} = 8^{元}——弟弟所有的。$$

$$1 - \frac{1}{4} = \frac{3}{4}——华民的。$$

$$\frac{1}{4} \times \frac{1}{3} = \frac{1}{12}——小妹妹的。$$

$$\frac{1}{4} - \frac{1}{4} \times \frac{1}{3} = \frac{2}{12} = \frac{1}{6}——弟弟的。$$

例三：甲、乙、丙三人分 60 银圆，甲得 $\frac{2}{5}$，乙得的等于甲的 $\frac{2}{3}$，各得多少？

"这个题和前面两个，有什么不同？"马先生问。

"一样，不过多转了一个弯儿。"王有道。

"这种看法是对的。"马先生叫王有道将图画出来，并加以说明。

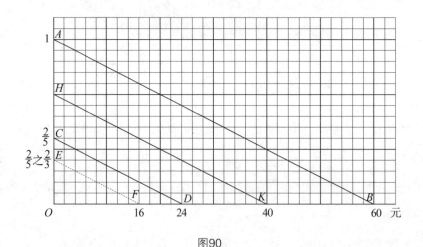

图90

"AB、CD、EF 三条线的画法，和以前的一样。"他一面画，一面说，"从 C 向上取 CH 等于 OE。画 HK 平行于 AB。OD 指甲得 24 元，OF 指乙得 16 元。OK 指甲、乙共得 40 元。KB 就指丙得 20 元。"

王有道已说得很明白了，马先生叫我将计算法写出来，这还有什么难的呢？

$$60^{元} \times \frac{2}{5} = 24^{元}（OD）——甲得的。$$

$$24^{元} \times \frac{2}{3} = 16^{元}（OF）——乙得的。$$

$$60^{元} - \left(24^{元} + 16^{元}\right) = 60^{元} - 40^{元} = 20^{元}——丙得的。$$

$$\begin{matrix} \vdots & \vdots & \vdots & \vdots & \vdots & \vdots \\ OB & OD & DK & OB & OK & KB \end{matrix}$$

例四：某人存 90 银圆，每次取余存的 $\frac{1}{3}$，连取 3 次，每次取出多少，还剩多少？

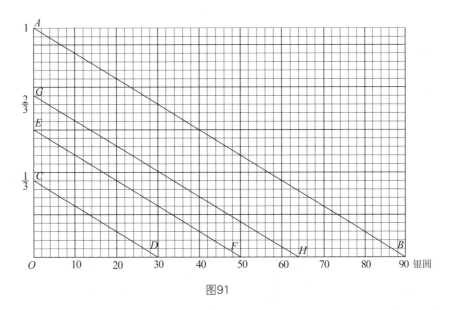

图91

这个问题，参照前面的来，当然很简单。大概也是因为如此，马先生才留给我们自己做。我只将图画在这里，作为参考。其实只是一个连分数的问题。——OD 指示第一次取 30 元，DF 指示第二次取 20 元，FH 指示第三次取 $13\frac{1}{3}$ 元。所剩的是 HB，$26\frac{2}{3}$ 元。

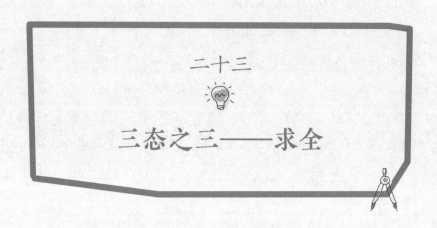

二十三

三态之三——求全

例一：什么数的 $\frac{3}{4}$ 是 12 ？

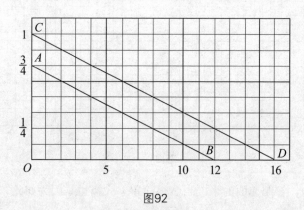

图92

"这是知道了某数的部分，而要求它的整个儿，和前一种正相反。所以它的画法，不用说，只是将前一种方法反其道而行了。"马先生说。

"横线表示数，这用不到说，纵线表分数，$\frac{3}{4}$ 怎样画法？"

"先任取一长段作 1，再将它 4 等分，就可得 $\frac{1}{4}$、$\frac{2}{4}$、$\frac{3}{4}$ 各点。"一个同学说。

"这样的办法，对是对的，不过不便捷。"马先生批评道。

"先任取一小段作 $\frac{1}{4}$，再连续次第取等长表示 $\frac{2}{4}$、$\frac{3}{4}$……"周学敏。

"这就比较便当了。"说完，马先生在 $\frac{3}{4}$ 的那一点标一个 A，12 那点标一个 B，又在 1 那点标一个 C，"这样一来，怎样画法？"

"先连接 AB，再过 C 作它的平行线 CD。D 点指示的 16——它的 $\frac{1}{4}$ 是 4，它的 $\frac{3}{4}$ 正好是 12。——就是所求的数。"

依照求偏的样儿，把"倍数"的意义看得广泛一点，这类题的计算法，正和知道某数的倍数，求某数一般无异，都应当用除法。例如，某数的 5 倍是 105，则：

某数 $=105 \div 5=21$。

而本题，某数的 $\frac{3}{4}$ 是 12，所以：

某数 $=12 \div \frac{3}{4}=12 \times \frac{4}{3}=16$。

例二：某数的 $2\frac{1}{3}$ 是 21，某数是多少？

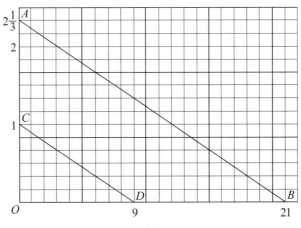

图93

本题和前一题可以说完全相同，由它更可看出"知偏求全"与知道倍数求原数一样。

图中 *AB* 和 *CD* 两条直线的作法，和前题相同，*D* 指示某数是 9。——它的 2 倍是 18，它的 $\frac{1}{3}$ 是 3，它的 $2\frac{1}{3}$ 正好是 21。这题的计算法，是这样：

$$21 \div 2\frac{1}{3} = 21 \div \frac{7}{3} = 21 \times \frac{3}{7} = 9 。$$

例三：何数的 $\frac{1}{2}$ 与 $\frac{1}{3}$ 的和是 15 ？

"本题的要点是什么？"马先生问。

"先看某数的 $\frac{1}{2}$ 与它的 $\frac{1}{3}$ 的和，是它的几分之几。"王有道回答。

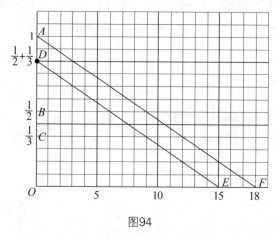

图94

这图 94 是周学敏作的。先取 *OA* 作 1，次取它的 $\frac{1}{2}$ 即 *OB*，和 $\frac{1}{3}$ 即 *OC*。再把 *OC* 加到 *OB* 上得 *OD*，*BD* 自然是 *OA* 的 $\frac{1}{3}$。所以 *OD* 就是 *OA* 的 $\frac{1}{2}$ 与 $\frac{1}{3}$ 的和。

连 *DE*，作 *AF* 平行于 *DE*，*F* 指明某数是 18。

计算法是：

$$15 \div \left(\frac{1}{2} + \frac{1}{3} \right) = 15 \div \frac{5}{6} = 15 \times \frac{6}{5} = 18$$

$$\vdots \qquad \vdots \quad \vdots \qquad \vdots \qquad \vdots$$

$$OE \quad OB \ OC(BD) \ OD \qquad OF$$

例四：何数的 $\dfrac{2}{7}$ 与 $\dfrac{1}{5}$ 的差是 6？

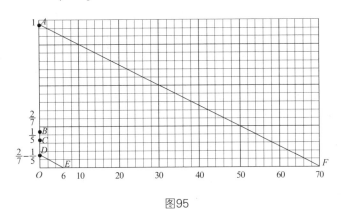

图95

和前题相比较，只是"和"换成"差"，这一点不同。所以它的作法也只有从 OB 减去 OC，得 OD 表示 $\dfrac{2}{7}$ 和 $\dfrac{1}{5}$ 的差，这一点不同。F 指明所求的数是 70。

计算法是这样：

$$6 \div \left(\dfrac{2}{7} - \dfrac{1}{5} \right) = 6 \div \dfrac{3}{35} = 6 \times \dfrac{35}{3} = 70$$

$$\begin{array}{ccccc} \vdots & \vdots & \vdots & \vdots & \vdots \\ OE & OB & OC(BD) & OD & OF \end{array}$$

例五：大小两数的和是 21，小数是大数的 $\dfrac{3}{4}$，求两数。

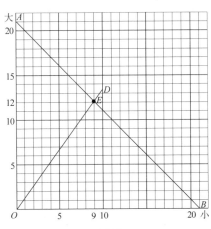

图96

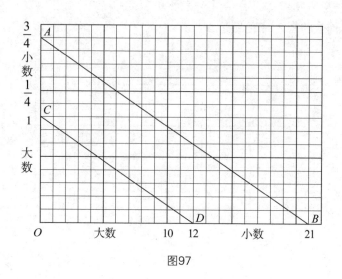

图97

就广义的倍数说，这个题和第四节的例二完全一样。照图 11 的作法，可得图 96。若照前例的作法，把大数看成 1，小数就是 $\frac{3}{4}$，可得图 97。两相比较，真是殊途同归了。

至于计算法，更不用说，只有一个了。

$$21 \div \left(1 + \frac{3}{4} \right) = 21 \div \frac{7}{4} = 21 \times \frac{4}{7} = 12$$

　　⋮　　　　⋮　　　⋮　　　　　　　　　　　　⋮
　　　　大数OC 小数CA　　　　　　　　大数OD
和OB　　└ OA ┘
　　　　　　⋮
　　　大数的 $1\frac{3}{4}$ 倍

$$21 - 12 = 9$$

　　⋮　　　⋮　　⋮
和OB　大数OD　小数DB

例六：大小两数的差是 4，大数恰是小数的 $\frac{4}{3}$，求两数。

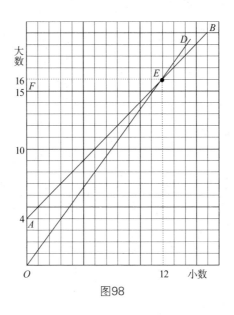

图98

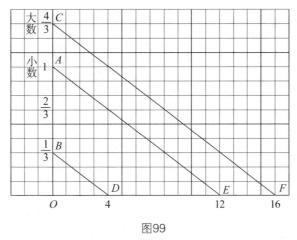

图99

　　这题和第四节的例二内容完全相同，图98就是依图12作的。图99的作法和图97的相仿，不过是将小数看成1，得 OA。取 OA 的 $\frac{1}{3}$，得 OB。将 OB 的长加到 OA 上，得 OC。它是 OA 的 $\frac{4}{3}$，即大数。D 点表示4，连 BD。作 AE、CF 和 BD 平行。E 指小数是12，F 指大数是16。

计算法是这样：

$$4 \div \left(\frac{4}{3} - 1 \right) = 4 \div \frac{1}{3} = 12 , \qquad 12 + 4 = 16$$

差OD　大数OC　小数OA (CB) OB　小数OE　　差OD (EF) 大数OF

例七：某人费去存款的 $\frac{1}{3}$，后又费去所余的 $\frac{1}{5}$，还存 16 元，他原来的存款是多少？

"这题的图的作法，第一步，可先取一长段 OA 作 1，然后减去它的 $\frac{1}{3}$，怎样减法？"马先生。

"把 OA 三等分，从 A 向下取 AB 等于 OA 的 $\frac{1}{3}$，OB 就表示所剩的。"我回答。

"不错！第二步呢？"

"从 B 向下取 BC 等于 OB 的 $\frac{1}{5}$，OC 就是表示第二次取后所剩的。"周学敏。

"对！OC 就和 OD 所表示的 16 元相等了。你们各自把图作完吧！"马先生吩咐。

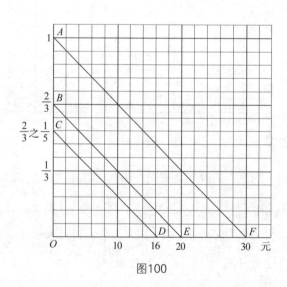

图100

自然，这又是老法子：连 CD，作 BE、AF 和它平行。OF 所表示的 30 元就是原来的存款。由这图上，还可看出，第一次所取的是 10 元，第二次是 4 元。看了图后计算法自然可以得出：

$$16^{元} \div \left[1 - \frac{1}{3} - \left(1 - \frac{1}{3} \right) \times \frac{1}{5} \right] = 16^{元} \div \frac{8}{15} = 30^{元}$$

$$\overset{\vdots}{OD} \quad \overset{\vdots}{OA} \quad \overset{\vdots}{AB} \quad \overset{\vdots}{OB} \qquad \overset{\vdots}{OC} \quad \overset{\vdots}{OF}$$

例八：有一桶水，漏去 $\frac{1}{3}$，汲出 2 斗，还剩半桶，这桶水原来是多少？

"这个题，画图的话，不是很顺畅，你们能把它的顺序更改一下吗？"马先生问。

"题上说，最后剩的是半桶，由此可见漏去和汲出的也是半桶，先就这半桶来画图好了。"王有道。

"这个办法很不错，虽然看似已把题目改变，实质上却一样。"马先生说，"那么，作法呢？"

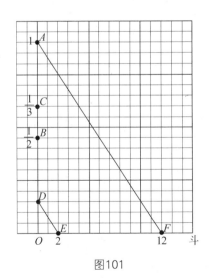

图101

"先任取 OA 作 1。截去一半 AB，得 OB，也是一半。三等分 AO 得 AC。从

BO 截去 AC 的等长得 D，OD 相当于汲出的水 2 斗……"王有道说到这里，我已知道，以下自然又是老法门，连 DE，作 AF 和它平行。F 指出这桶水原来是 12 斗。——先漏去 $\frac{1}{3}$ 是 4 斗，后汲去 2 斗，只剩 6 斗，恰好半桶。

算法是：

$$2^{\text{斗}} \div \left(1 - \frac{1}{2} - \frac{1}{3}\right) = 2^{\text{斗}} \div \frac{1}{6} = 12^{\text{斗}}$$
$$\vdots \qquad \vdots \quad \vdots \quad \vdots \qquad \vdots \quad \vdots$$
$$OE \quad OA \ BA \ BD(AC) \quad OD \ OF$$

例九：有一段绳，剪去 9 尺，余下的部分比全长的 $\frac{3}{4}$ 还短 3 尺，求这绳原长多少？

这个题，不过有个小弯子在里面，一经马先生这样提示："少剪去 3 尺，怎样？"我便明白作法了。

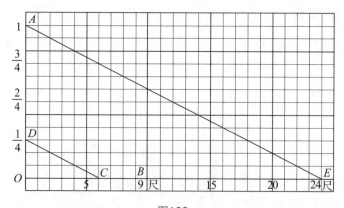

图102

图 102，OB 表示剪去的 9 尺。BC 是 3 尺。若少剪 3 尺，则剪去的便只是 OC。从 C 往右正是全长的 $\frac{3}{4}$。OA 表 1，AD 是 OA 的 $\frac{3}{4}$。连 DC，作 AE 和它平行。E 指明这绳原来是 24 尺。它的 $\frac{3}{4}$ 是 18 尺。它被剪去了 9 尺，只剩 15 尺，比 18 尺恰好差 3 尺。

经过这番作法，算法也就很明白了：

$$\left(9^{尺} - 3^{尺}\right) \div \left(1 - \frac{3}{4}\right) = 6^{尺} \div \frac{1}{4} = 24^{尺}$$

$$\begin{matrix} \vdots & \vdots & & \vdots & \vdots & \vdots \\ OB & CB & & OA\,DA & OC & OD \end{matrix}$$

例十：夏竹君提取存款的 $\frac{2}{5}$，后又存入 200 元，恰好是原存款的 $\frac{2}{3}$，求原来的存款是多少？

从讲分数的应用问题起，直到前一个例题，我都没有感到困难，这个题，我却有点儿应付不了了。马先生似乎已看破，我们有大半人对着它无从下手，他说：

"你们先不要对着题去闷想，还是动手的好。"但是怎样动手呢？题目所说的，都不曾得出一些关联来。

"先作表示 1 的 OA。——再作表示 $\frac{2}{5}$ 的 AB。——又作表示 $\frac{2}{3}$ 的 OC。"马先生好像体育老师喊口令一样。

"夏竹君提取存款的 $\frac{2}{5}$，剩的是什么？"他问。

"$\frac{3}{5}$。"周学敏。

"不，我问的是图上的线段。"马先生。

"OB。"周学敏没有回答，我说。

"存入 200 元后，存的有多少？"

"OC。"我回答。

"那么，和这存入的 200 元相当的是什么？"

"BC。"周学敏抢着说。

"这样一来，图会画了吧？"

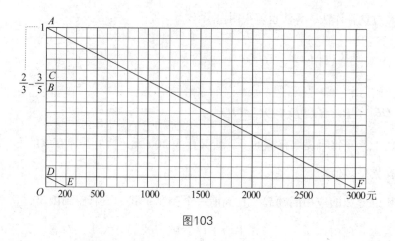

图103

我仔细想了一阵，又看看前面的几个图，都是把和实在的数目相当的分数放在最下面，——这大概是一点小小的秘诀——我就取 OD 等于 BC。连 DE，作 AF 平行于它。F 指的是 3000 元，这个数使我有点儿怀疑，好像太大了。我就又验证了一下，3000 元的 $\frac{2}{5}$ 是 1200 元，提取后还剩 1800 元。加入 200 元，是 2000 元，不是 3000 元的 $\frac{2}{3}$ 是什么？——方法对了，做得仔细，结果总是对的，为什么要怀疑？

这个作法，已把计算法明明白白地告诉我们了：

$$200^{\overline{元}} \div \left[\frac{2}{3} - \left(1 - \frac{2}{5} \right) \right] = 200^{\overline{元}} \div \left[\frac{2}{3} - \frac{3}{5} \right] = 200^{\overline{元}} \div \frac{1}{15} = 3000^{\overline{元}}$$

$$\vdots \quad \vdots \quad \vdots \quad \vdots \qquad\quad \vdots \qquad\quad\quad \vdots \qquad\quad \vdots$$

$$OE \quad OC \ OA \ BA \qquad OB \qquad\quad OD(BC) \quad OF$$

例十一：把 36 分成甲、乙、丙三部分，甲的 $\frac{1}{2}$，和乙的 $\frac{1}{3}$，和丙的 $\frac{1}{4}$ 都相等，求各数。

对于马先生的指导，我真要铭感五内了。这个题，在平常，我一定没有办法解答，现在遵照马先生前一题的提示："先不要对着题闷想，还是动手的好。"动起手来。

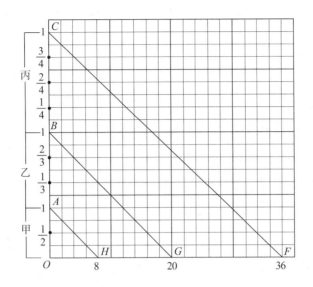

图104

先取一小段作甲的 $\frac{1}{2}$，取两段得 OA，这就是甲的 1。题目上说乙的 $\frac{1}{3}$ 和甲的 $\frac{1}{2}$ 相等，我就连续取同样的 3 小段，每一段作乙的 $\frac{1}{3}$，得 AB，这就是乙的 1。再取同样的 4 小段，每一段作丙的 $\frac{1}{4}$，得 BC，这就是丙的 1。

连 CF，又作它的平行线 BG 和 AH。OH、HG 和 GF 各表示 8、12、16，就是所求的甲、乙、丙三个数。8 的 $\frac{1}{2}$、12 的 $\frac{1}{3}$，和 16 的 $\frac{1}{4}$ 全都等于 4。

至于算法我倒想着无妨别致一点：

$$36 \div \left(\frac{1}{2} \times 2 + \frac{1}{2} \times 3 + \frac{1}{2} \times 4 \right) = 36 \div \frac{9}{2} = 8$$

$$\begin{array}{cccccc} \vdots & \vdots & \vdots & \vdots & \vdots & \vdots \\ OF & OA & AB & BC & OC & OH \end{array} \text{（甲）}$$

$$\underbrace{8 \times \frac{1}{2}}_{\text{甲的} \frac{1}{2}, \text{乙的} \frac{1}{3}} \times 3 = 12$$

$$\vdots$$

$$HG \text{（乙）}$$

$$8 \times \frac{1}{2} \times 4 = 16$$

$$\underbrace{\qquad\qquad\qquad}_{\text{甲的}\frac{1}{2}，\text{丙的}\frac{1}{4}} \quad \vdots$$
$$GF（丙）$$

例十二：分 490 元，给赵、钱、孙、李四个人。赵比钱的 $\frac{2}{3}$ 少 30 元，孙等于赵、钱的和，李比孙的 $\frac{2}{3}$ 少 30 元，每人各得多少？

"这个题有点儿麻烦了，是不是？人有四个，条件又啰唆。你们坐了这一阵，也有点儿疲倦了。我来说个故事，给你们解解闷，好不好？"听到马先生要说故事，大家的精神都为之一振。

"话说——"马先生一开口，惹得大家都笑了起来，"从前有一个老头子。他有三个儿子和十七头牛。有一天，他病了，觉得大限快要到了，因为他已经九十多岁了，就叫他的三个儿子到面前来，吩咐他们：

"'我的牛，你们三兄弟分，照我的说法去分，不许争吵：老大要 $\frac{1}{2}$，老二要 $\frac{1}{3}$，老三要 $\frac{1}{9}$。'

"不久后老头子果然死了。他的三个儿子把后事料理好以后，就牵出十七头牛来，按照他的要求分。老大要 $\frac{1}{2}$，就只能得八头活的和半头死的。老二要 $\frac{1}{3}$，就只能得五头活的和 $\frac{2}{3}$ 头死的。老三要 $\frac{1}{9}$，只能得一头活的和 $\frac{8}{9}$ 头死的。虽然他们没有争吵，但却不知道怎么分才合适，谁都不愿要死牛。

"后来他们一同去请教隔壁的李太公，他向来很公平，他们很佩服。他们把一切情形告诉了李太公。李太公笑眯眯地牵了自己的一头牛，跟他们去。他说：

"'你们分不好，我送你们一头，再分好了。'

"他们三兄弟有了十八头牛：老大分 $\frac{1}{2}$，牵去九头；老二分 $\frac{1}{3}$，牵去六头；老三分 $\frac{1}{9}$，牵去两头。各人都高高兴兴地离开。李太公的一头牛他仍旧牵了回去。"

"这叫李太公分牛。"马先生说完，大家又用笑声来回应他。他接着说：

"你们听了这个故事，学到点儿什么没有？"

"……"没有人回答。

"你们无妨学学李太公,做个空头人情,来替赵、钱、孙、李这四家分这笔账!"原来,他说李太公分牛的故事,是在提示我们,解决这个题,必须虚加些钱进去。这钱怎样加进去呢?

第一步,我想到了,赵比钱的 $\frac{2}{3}$ 少 30 元,若加 30 元去给赵,则他得的就是钱的 $\frac{2}{3}$。

不过,这么一来,孙比赵、钱的和又差了 30 元。好,又加 30 元去给孙,使他所得的还是等于赵、钱的和。

再往下看去,又来了,李比孙的 $\frac{2}{3}$ 已不只少 30 元。孙既然多得了 30 元,他的 $\frac{2}{3}$ 就多得了 20 元。李比他所得的 $\frac{2}{3}$,先少 30 元,现在又少 20 元。这两笔钱不用说也得加进去。

虚加进这几笔数后,则各人所得的,赵是钱的 $\frac{2}{3}$,孙是赵、钱的和,而李是孙的 $\frac{2}{3}$,他们彼此间的关系就简明多了。

跟着这一堆说明画图已成了很机械的工作。

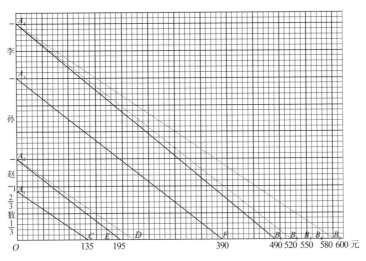

图105

先取 OA_1 作钱的 1。次取 A_1A_2 等于 OA_1 的 $\frac{2}{3}$，作为赵的。再取 A_2A_3 等于 OA_2，作为孙的。又取 A_3A_4 等于 A_2A_3 的 $\frac{2}{3}$，作为李的。

在横线上，取 OB_1 表示 490 元。B_1B_2 表示添给赵的 30 元。B_2B_3 表示添给孙的 30 元。B_3B_4 和 B_4B_5 表示添给李的 30 元和 20 元。

连 A_4B_5 作 A_1C 和它平行，C 指 135 元，是钱所得的。

作 A_2D 平行于 A_1C，由 D 减去 30 元得 E。CE 表示 60 元，是赵所得的。

作 A_3F 平行于 A_2E，EF 表示 195 元，是孙所得的。

作 A_4B_2 平行于 A_3F，由 B_2 减去 30 元，正好得指 490 元的 B_1。FB_1 表示 100 元，是李所得的。

至于计算的方法，由作图法，已显示得非常清楚：

$$\left[490^{\overline{元}}+30^{\overline{元}}+30^{\overline{元}}+\left(30^{\overline{元}}+20^{\overline{元}}\right)\right]\div\left[1+\frac{2}{3}+\left(1+\frac{2}{3}\right)+\left(1+\frac{2}{3}\right)\times\frac{2}{3}\right]$$

$$\vdots \qquad \vdots \qquad \vdots \qquad \vdots \qquad \vdots \qquad \vdots \qquad \vdots \qquad \vdots$$

$$OB_1 \quad B_1B_2 \quad B_2B_3 \quad B_3B_4 \quad B_4B_5 \qquad OA_1 \quad A_1A_2 \quad A_2A_3 \quad A_3A_4$$

$$=600^{\overline{元}}\div\frac{40}{9}=135^{\overline{元}}\text{——钱所得的}$$

$$\vdots \qquad \vdots \qquad \vdots$$

$$OB_5 \quad OA_1 \quad OC$$

$$135^{\overline{元}}\times\frac{2}{3}-30^{\overline{元}}=90^{\overline{元}}-30^{\overline{元}}=60^{\overline{元}}\text{——赵所得的}$$

$$\vdots \qquad \vdots \qquad \qquad \vdots$$

$$OC \quad CE \qquad\qquad OE\ (EF)$$

$$135^{\overline{元}}+60^{\overline{元}}=195^{\overline{元}}\text{——孙所得的}$$

$$\vdots \qquad \vdots \qquad \vdots$$

$$OC \quad CE \quad OE\ (EF)$$

$$195^{元} \times \frac{2}{3} - 30^{元} = 100^{元} \text{——李所得的}$$

$$\vdots \qquad \vdots \qquad \vdots$$
$$FB_2 \qquad B_1B_2 \qquad FB_1$$

例十三：某人将他所有的存款分给他的三个儿子，幼子得 $\frac{1}{9}$，次子得 $\frac{1}{4}$，余下的归长子所得。长子比幼子多得 38 元。这人的存款是多少？三子各得多少？

这题是一个同学提出来的，其实和例九只是面目不同罢了。马先生虽然也很仔细地给他讲解，我只将图的作法记在这里。

取 OA 表某人的存款 1。从 A 起截去 OA 的 $\frac{1}{4}$ 得 A_1，AA_1 表次子得的。从 A_1 起截去 OA 的 $\frac{1}{9}$ 得 A_2，A_1A_2 表幼子得的。自然 A_2O 就是长子所得的了。从 A_2 截去 $A_1A_2(\frac{1}{9})$ 得 A_3，A_3O 表长子比幼子多得的，相当于 38 元（OB_1）。

连 A_3B_1，作 A_2B_2、A_1B_3 和 AB 平行于 A_3B_1。——某人的存款是 72 元，长子得 46 元，次子得 18 元，幼子得 8 元。

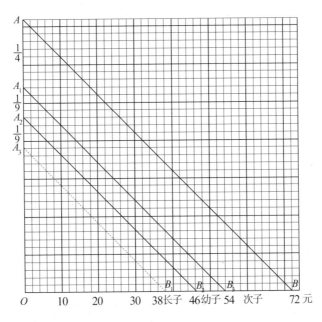

图106

例十四：弟弟的年纪比哥哥的小 3 岁，而是哥哥的 $\frac{5}{6}$，求各人的年纪。

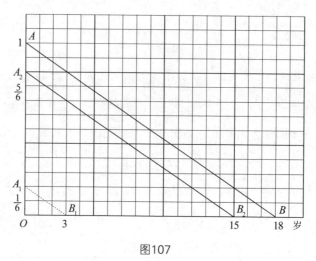

图107

这题和例六在算理上完全一样。我只把图画在这里，并且将算式写出来。

$$3^{岁} \div \left(1 - \frac{5}{6}\right) = 3^{岁} \div \frac{1}{6} = 18^{岁} ——哥哥的$$
$$\begin{matrix} \vdots & \vdots & \vdots & & \vdots & \vdots \\ OB_1 & OA & A_1A & & OA_1 & OB \end{matrix}$$

$$18^{岁} - 3^{岁} = 15^{岁} ——弟弟的$$
$$\begin{matrix} \vdots & \vdots & \vdots \\ OB & OB_1（B_2B） & OB_2 \end{matrix}$$

例十五：某人 4 年前的年纪，是 8 年后的年纪的 $\frac{3}{7}$，求此人现在的年纪。

要点！要点！马先生写好了题，就叫我们找它的要点。我仔细揣摩一番，觉得题上所给的是某人 4 年前和 8 年后两个年纪的关系。先从这点下手，自然直接一些。周学敏和我的意见相同，他向马先生陈述，马先生也认为对。由这要点，我得出下面的作图法。

取 OA 表示某人 8 年后的年纪 1。从 A 截去它的 $\frac{3}{7}$，得 A_1，则 OA_1 就是某

人 8 年后和 4 年前两个年纪的差，相当于 4 岁（OB_1）加上 8 岁（B_1B_2）得 B_2。

连 A_1B_2，作 AB 平行于 A_1B_2。B 指的 21 岁，便是某人 8 年后的年纪。

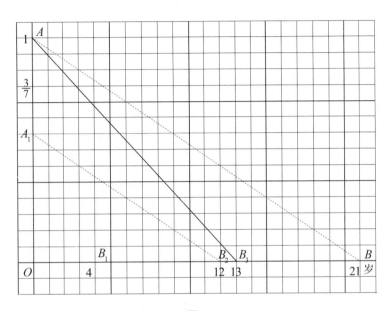

图108

从 B 退回 8 年，得 B_3。它指的是 13 岁，就是某人现在的年纪。——4 年前，他是 9 岁，正好是他 8 年后 21 岁的 $\frac{3}{7}$。

这一来，算法自然有了：

$$\left(4^{岁}+8^{岁}\right)÷\left(1-\frac{3}{7}\right)-8^{岁}=12^{岁}÷\frac{4}{7}-8^{岁}=21^{岁}-8^{岁}=13^{岁}$$

$$\begin{array}{cccccccccc} \vdots & \vdots & \vdots & \vdots & \vdots & \vdots & \vdots & \vdots & \vdots & \vdots \\ OB_1 & B_1B_2 & OA & A_1A & B_3B & OB_2 & OA_1 & B_3B & OB & B_3B & OB_3 \end{array}$$

例十六：兄比弟大 8 岁，12 年后，兄年比弟年的 $1\frac{3}{5}$ 倍少 10 岁，求各人现在的年纪。

"又要来一次李太公分牛了。"马先生这么一说，我就想到，解决本题，得虚加一个数进去。从另一方面设想，兄比弟大 8 岁，这个差是"一成不变"的。

题目上所给的是两兄弟 12 年后的年纪的关系，为了直接一点，自然应当从 12 年后，他们的年纪着手。——这一来，好了，假如兄比弟大 10 岁，——这就是要虚加进去的，——那么，在 12 年后，他的年纪正是弟的年纪的 $1\frac{3}{5}$ 倍，不过他比弟大的却是 18 岁了。

作图法是这样：

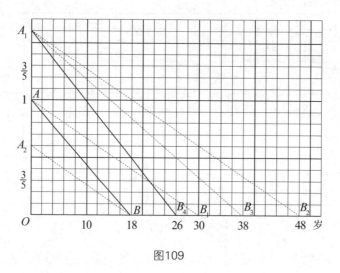

图109

取 OA 作 12 年后弟年的 1。取 AA_1 等于 OA 的 $\frac{3}{5}$，则 OA_1 便是 12 年后，又加上 10 岁的兄年。取 OA_2 等于 AA_1，它便是 12 年后，——当然也就是现在——兄加上 10 岁时，两人年纪的差，相当于 18 岁（OB）。

连 A_2B，作 AB_1 和它平行。B_1 指 30 岁，是弟 12 年后的年纪。从中减去 12 岁，得 B，就是弟现在的年纪 18 岁。

作 A_1B_2 平行于 A_2B。B_2 指 48 岁，是兄 12 年后，又加上 10 岁的年纪。减去这 10 岁，得 B_3，指 38 岁，是兄 12 年后的年纪。再减去 12 岁，得 B_4，指 26 岁，是兄现在的年纪。——正和弟现在的年纪 18 岁加上 8 岁相同，真是巧极了！

算法是这样：

$$\left(8^{岁}+10^{岁}\right)\div\left(1\frac{3}{5}-1\right) \quad - \quad 12^{岁}=18^{岁}\div\frac{3}{5}-12^{岁}=30^{岁}-12^{岁}=18^{岁}$$

$$\vdots \qquad \vdots \quad \vdots \qquad \vdots \qquad\qquad \vdots \qquad \vdots \qquad \vdots$$

$$OB \qquad OA_1 \ A_1A(OA) \ BB_1 \qquad\qquad OB_1 \qquad BB_1 \quad OB$$

$$18^{岁}+8^{岁}=26^{岁}\text{——兄年}$$

$$\vdots \qquad \vdots \qquad \vdots$$

$$OB \quad BB_4 \ OB_4$$

例十七：甲、乙两校学生共有 372 人，其中男生是女生的 $\frac{35}{27}$。甲校女生是男生的 $\frac{4}{5}$，乙校女生是男生的 $\frac{7}{10}$，求两校学生的数目。

王有道提出这个题，请求马先生指示画图的方法。马先生踌躇一下，这样说：

"要用一个简单的图，表示出这题中的关系和结果，这是很困难的。因为这个题，本可分成两段看：前一段是男女学生总人数的关系；后一段只说各校中男女学生人数的关系。既然不好用一个图表示，就索性不用图吧！——现在我们无妨化大事为小事，再化小事为无事。第一步，先解决题目的前一段，两校的女生共多少人？"

这当然是很容易的：

$$372^{人}\div\left(1+\frac{35}{27}\right)=372^{人}\div\frac{62}{27}=162^{人}$$

"男生共多少？"马先生见我们得出女生的人数以后问。

不用说，这更容易了：

$$372^{人}-162^{人}=210^{人}$$

"好！现在题目已化得简单一点儿了。我们来做第二步，为了说起来便当一些，我们说甲校学生的数目是甲，乙校学生的数目是乙。——再把题目更改一下，甲校女生是男生的 $\frac{4}{5}$，那么，女生和男生各占全校的几分之几？"

"把甲校的学生看成 1，因为甲校女生是男生的 $\frac{4}{5}$，所以男生所占的分数是：

$$1 \div \left(1 + \frac{4}{5}\right) = 1 \div \frac{9}{5} = \frac{5}{9}。$$

女生所占的分数是：

$$1 - \frac{5}{9} = \frac{4}{9}。"$$

王有道回答完以后，马先生说：

"其实用不着这样小题大做。题目上说，甲校女生是男生的 $\frac{4}{5}$，那么甲校若有 5 个男生，应当有几个女生？"

"4 个。"周学敏。

"好！一共是几个学生？"

"9 个。"周学敏又回答。

"这不是甲校男生占 $\frac{5}{9}$，甲校女生占 $\frac{4}{9}$ 了吗？——乙校的呢？"

"乙校男生占 $\frac{10}{17}$，乙校女生占 $\frac{7}{17}$。"还没等周学敏回答，我就说。

"这么一来。"马先生说，"我们可以把题目改成这样了：

"——甲的 $\frac{5}{9}$ 同乙的 $\frac{10}{17}$，共是 210（1）；甲的 $\frac{4}{9}$ 和乙的 $\frac{7}{17}$，共是 162（2）。甲、乙各是多少？"

到这一步，题目自然比较简单了，但是算法，我还是想不清楚。

"再单就（1）来想想看。"马先生说，"化大事为小事，$\frac{5}{9}$ 的分子 5，$\frac{10}{17}$ 的分子 10，同着 210，都可用什么数除尽？"

"5！"两三个人高声回答。

"就拿这个 5 去把它们都除一下，结果怎样？"

"变成甲的 $\frac{1}{9}$，同乙的 $\frac{2}{17}$，共是 42。"王有道。

"你们再把 4 去将它们都乘一下看。"

"变成甲的 $\frac{4}{9}$，同乙的 $\frac{8}{17}$，共是 168。"周学敏。

"把这结果和上面的（2）比较你们应当可以得出计算方法来了。今天费去的时间很久，你们自己去把结果算出来吧！"说完，马先生带着疲倦走出了教室。

对于（1）为什么先用 5 去除，再用 4 去乘，我原来不明白。后来，把这最后的结果和（2）比较一看，这才恍然大悟，原来两个当中的甲都是 $\frac{4}{9}$ 了。先用 5 除，是找含有甲的 $\frac{1}{9}$ 的数，再用 4 乘，便是使这结果所含的甲和（2）所含的相同。相同！相同！甲的是相同了，但乙的还不相同。

转个念头，我就想到：

168 当中，含有 $\frac{4}{9}$ 个甲，$\frac{8}{17}$ 个乙。

162 当中，含有 $\frac{4}{9}$ 个甲，$\frac{7}{17}$ 个乙。

若把它们，一个对着一个相减，那就得：

168−162=6

$\frac{4}{9}$ 个甲减去 $\frac{4}{9}$ 个甲，结果没有甲了。

$\frac{8}{17}$ 个乙减去 $\frac{7}{17}$ 个乙，还剩 $\frac{1}{17}$ 个乙。——它正和人数相当。所以：

6人 $\div \frac{1}{17}$ =102人——乙校的学生数

372人 −102人 =270人——甲校的学生数

这结果，是否可靠，我有点儿不敢判断，只好检查一下：

270人 $\div \frac{5}{9}$ =150人——甲校男生，　　270人 $\div \frac{4}{9}$ =120人——甲校女生

102人 $\div \frac{10}{17}$ =60人——乙校男生，　　102人 $\div \frac{7}{17}$ =42人——乙校女生

150人 +60人 =210人——两校男生，　　120人 +42 人 =162人——两校女生

最后的结果，和前面第一步所得出来的完全一样，看来我用不到怀疑了！

二十四

显出原形

今天所讲的是前面所说的第三类，单纯关于分数自身变化的问题，大都是在某一些条件下，找出原分数来，所以，我就给它起这么一个标题——显出原形。

"先从前面举过的例子说起。"马先生说了这么一句，就在黑板上写出：

例一：有一分数，其分母加1，则可约为 $\dfrac{3}{4}$；其分母加2，则可约为 $\dfrac{2}{3}$，求原分数。

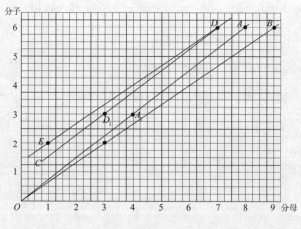

图110

"有理无理，从画线起。"马先生这样说，就叫各人把表示 $\frac{3}{4}$ 和 $\frac{2}{3}$ 的线画出来。我们只好遵命照办，画 OA 表示 $\frac{3}{4}$，OB 表示 $\frac{2}{3}$。画完后，就束手无策了。

"很简单的事情，往往会向复杂、困难的路上去想，弄得此路不通。"马先生微笑着说，"OA 表示 $\frac{3}{4}$，不错，但 $\frac{3}{4}$ 是哪儿来的呢？我替你们回答吧，是原分数的分母加上 1 来的。假使原分母不加上 1，画出来当然不是 OA 了。现在，我们来画一条和 OA 相距 1 的平行线 CD。CD 若表示分数，那么，它和 OA 上所表示的分子相同的分数，如 D_1 和 A_1（分子都是 3），它们俩的分母有怎样的关系？"

"相差 1。"我回答。

"这两直线上所有的同分子分数，它们俩的分母间的关系都一样吗？"

"都一样！"周学敏。

"可见我们要求的分数总在 CD 线上。对于 OB 来说又应当怎样呢？"

"作 ED 和 OB 平行，两者之间相距 2。"王有道。

"对的！原分数是什么？"

"$\frac{6}{7}$，就是 D 点所指示的。"大家都非常高兴。

"和它分子相同，OA 线所表示的分数是什么？"

"$\frac{6}{8}$，就是 $\frac{3}{4}$。"周学敏。

"OB 线所表示的同分子的分数呢？"

"$\frac{6}{9}$，就是 $\frac{2}{3}$。"我说。

"这两个分数的分母与原分数的分母比较有什么区别？"

"一个多 1，一个多 2。"由此可见，所求出的结果是不容怀疑的了。

这个题的计算法，马先生叫我们这样想：

"分母加上 1，分数变成了 $\frac{3}{4}$，分母是分子的多少倍？"

我想，假如分母不加 1，分数就是 $\frac{3}{4}$，那么，分母当然是分子的 $\frac{4}{3}$ 倍。由此可知，分母是比分子的 $\dfrac{4}{3}$ 差 1。对了，由第二个条件说，分母比分子的 $\dfrac{3}{2}$ 少 2。

两个条件拼凑起来，便得：分子的 $\dfrac{4}{3}$ 和 $\dfrac{3}{2}$ 相差的是 2 和 1 的差。所以：

$$(2-1)\div\left(\dfrac{3}{2}-\dfrac{4}{3}\right)=1\div\dfrac{1}{6}=6\text{——分子}$$

$$\vdots\quad\vdots\qquad\qquad\vdots$$

$$DB\ DA\qquad\qquad AB$$

$$6\times\dfrac{4}{3}-1=8-1=7\text{——分母}$$

例二：有一分数，分子加 1，则可约成 $\dfrac{2}{3}$；分母加 1，则可约 $\dfrac{1}{2}$，求原分数。

这次，又用得着依样画葫芦了。

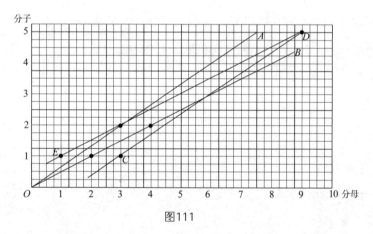

图111

先作 OA 和 OB 分别表示 $\dfrac{2}{3}$ 和 $\dfrac{1}{2}$。再在纵线 OA 的下面，和它距 1，作平行线 CD。又在 OB 的左边，和它距 1，作平行线 ED，同 CD 交于 D。

D 指出原分数是 $\dfrac{5}{9}$。分子加 1，成 $\dfrac{6}{9}$，即 $\dfrac{2}{3}$；分母加 1，成 $\dfrac{5}{10}$，即 $\dfrac{1}{2}$。

由第一个条件，知道分母比分子的 $\dfrac{3}{2}$ 倍"多" $\dfrac{3}{2}$。

由第二个条件，知道分母比分子的 2 倍"少"1。

所以：

$$\left(\frac{3}{2}+1\right)\div\left(2-\frac{3}{2}\right)=\frac{5}{2}\div\frac{1}{2}=5\text{——分子}$$

$$5\times\frac{3}{2}+\frac{3}{2}=\frac{15}{2}+\frac{3}{2}=\frac{18}{2}=9\text{——分母}$$

例三：某分数，分子减去 1，或分母加上 2，都可约成 $\frac{1}{2}$，原分数是什么？

这个题目，真有些妙！就做法上说：因为分子减去 1 或分母加上 2，都可约成 $\frac{1}{2}$。和前两题比较，表示分数的两条线 OA、OB，当然并成了一条 OA。又因为分子是"减去"1，作 OA 的平行线 CD 时，就得和前题相反，需画在 OA 的上面。然而这么一来，却使我有些迷糊了。依第二个条件所作的线，也就是 CD，方法没有错，但结果呢？

马先生看我们作好图以后，这样问："你们求出来的原分数是什么？"

我真不知道怎样回答，周学敏却回答是 $\frac{3}{4}$。这个答数当然是对的，图中的 E_2 指示的就是 $\frac{3}{4}$，并且分子减去 1，得 $\frac{2}{4}$，分母加上 2，得 $\frac{3}{6}$，约分后都是 $\frac{1}{2}$。而 E_1 所指示的 $\frac{2}{2}$，分子减去 1 得 $\frac{1}{2}$，分母加上 2 得 $\frac{2}{4}$，约分后也是 $\frac{1}{2}$。还有 E_3 所指的 $\frac{4}{6}$，E_4 所指的 $\frac{5}{8}$，都是合于题中的条件的。为什么这个题会有这么多答数呢？

马先生听了周学敏的回答，便问："还有别的答数没有？"

我们你说一个，他说一个，把 $\frac{2}{2}$、$\frac{4}{6}$ 和 $\frac{5}{8}$ 都说了出来。最奇怪的是，王有道回答一个 $\frac{11}{20}$。不错，分子减去 1 得 $\frac{10}{20}$，分母加上 2 得 $\frac{11}{22}$，约分以后，都是 $\frac{1}{2}$。我的图，画得小了一点，在上面找不出来。不过王有道的图，比我的也大不了多少，上面也没有指示 $\frac{11}{20}$ 这一点。他从什么地方得出来的呢？

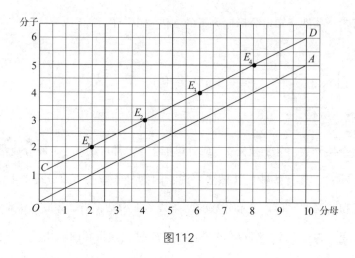

图112

马先生似乎也觉得奇怪，问王有道：

"这 $\dfrac{11}{20}$，你从什么地方得出来的？"

"偶然想到的。"他这样回答。在他也许是真情，在我却感到失望。马先生！马先生！只好静候他来解答这个谜了。

"这个题，你们已说出了五个答数。"马先生说，"其实你们要多少个都有，比如说，$\dfrac{6}{10}$、$\dfrac{7}{12}$、$\dfrac{8}{14}$、$\dfrac{9}{16}$、$\dfrac{10}{18}$……都是。你们以前没有碰到过这样的事，所以会觉得奇怪，是不是？但有这样的事，自然就应当有这样的理。这点倒用得着'见怪不怪，其怪自败'这句老话了。一切的怪事都不怪，所怪的只是我们还不曾知道它。无论多么怪的事，我们把它弄明白以后，它就变得极平常了。现在，你们先不要'大惊小怪'的。试把你们和我说过的答数，依着分母的大小，顺次排序。"

遵照马先生的话，我把这些分数排起来，得这样一串：

$\dfrac{2}{2}$，$\dfrac{3}{4}$，$\dfrac{4}{6}$，$\dfrac{5}{8}$，$\dfrac{6}{10}$，$\dfrac{7}{12}$，$\dfrac{8}{14}$，$\dfrac{9}{16}$，$\dfrac{10}{18}$，$\dfrac{11}{20}$

我马上就看出来：

第一，分母是一串连续的偶数。

第二，分子是一串连续的整数。

照这样推下去，当然 $\frac{12}{22}$、$\frac{13}{24}$、$\frac{14}{26}$……都对，真像马先生所说的"要多少个都有"。我所看出来的情形，大家一样看了出来。马先生问明白大家以后，这样说：

"现在你们可算已看到'有这样的事'了，我们应当进一步来找所以'有这样的事'的'理'。不过你们姑且把这问题先放在一旁，先讲本题的计算法。"

跟着前两个题看下来，这是很容易的。

由第一个条件，分子减去 1，可约成 $\frac{1}{2}$，可见分母等于分子的 2 倍少 2。

由第二个条件，分母加上 2，也可约成 $\frac{1}{2}$，可见分母加上 2 等于分子的 2 倍。

呵！到这一步，我才恍然大悟，感到了"拨云雾见青天"的快乐！原来半斤和八两没有两样。这两个条件，"分母等于分子的 2 倍少 2"和"分母加上 2 等于分子的 2 倍"，其实只是一个——"分子等于分母的一半加上 1"。前面所举出的一串分数，都合于这个条件。因此，那一串分数的分母都是"偶数"，而分子是一串连续的整数。这样一来，随便用一个"偶数"做分母，都可以找出一个合题的分数来。例如，用 100 做分母，它的一半是 50，加上 1，是 51，即 $\frac{51}{100}$，分子减去 1，得 $\frac{50}{100}$；分母加上 2，得 $\frac{51}{102}$。约分下来，它们都是 $\frac{1}{2}$。这是多么简单的道理！

假如，我们用"整数的 2 倍"表示"偶数"，这个题的答数，就是这样一个形式的分数：

$$\frac{\text{某整数}+1}{2 \times \text{某整数}}$$

这个情形，由图上怎样解释呢？我想起了在交差原理中有这样的话：

"两线不止一个交点会怎么样？"

"那就是这题不止一个答案……"

这里，两线合成了一条，自然可说有无穷的交点，而答案也是无数的了。

真的！"把它弄明白以后，它就变得极平常了。"

例四：从 $\dfrac{15}{23}$ 的分母和分子中减去同一个数，则可约成 $\dfrac{5}{9}$，求所减去的数。

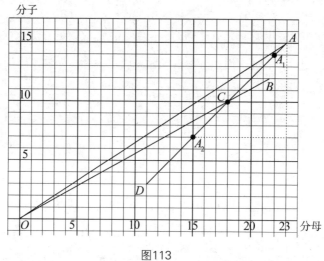

图113

因为题上说的有两个分数，我们首先就把表示它们的两条直线 OA 和 OB 画出来。A 点所指的就是 $\dfrac{15}{23}$。题目上说的是从分母和分子中减去同一个数，可约成 $\dfrac{5}{9}$，我就想到在 OA 的上、下都画一条平行线，并且它们距 OA 相等。——呵！我又走入迷魂阵了！减去的是什么数还不知道，这平行线，怎样画法呢？大家都发现了这个难点，最终还是由马先生来解决。

"这回不能依样画葫芦了。"马先生说，"假如你们已经知道了减去的数，照抄老文章，怎样画法？"

我把我所想到的说了出来。

马先生接着说：

"这条路走错了，会越走越黑的。现在你来实验一下。实验和观察，是研究一切科学的初步工作，许多发明都是从实验中产生的。假如从分母和分子中各减去 1，得什么？"

"$\frac{14}{22}$。"我回答。

"各减去 8 呢？"

"$\frac{7}{15}$。"我再答道。

"你把这两个分数在图上记出来，看它们和指示 $\frac{15}{23}$ 的 A 点，有什么关系？"

我点出 A_1 和 A_2，一看，它们都在经过小方格的对角线 AD 上。我就把它们连起来，这条直线和 OB 交于 C 点。C 所指的分数是 $\frac{10}{18}$，它的分母和分子比 $\frac{15}{23}$ 的分母和分子都差 5，而约分以后正是 $\frac{5}{9}$。原来所减去的数，当然是 5。结果得出来了，但是为什么这样一画，就可得出来呢？

关于这一点，马先生的说明是这样：

"从原分数的分母和分子中'减去'同一个的数，所得的数用'点'表示出来，如 A_1 和 A_2。就分母说，当然要在经过 A 这条纵线的'左'边；就分子说，在经过 A 这条横线的'下'面。并且，因为减去的是'同一个'数，所以这些点到这纵线和横线的距离相等。这两条线可以看成是正方形的两边。正方形对角线上的点，无论哪一点到两边的距离都一样长。反过来，到正方形的两边距离一样长的点，也都在这条对角线上，所以我们只要画 AD 这条对角线就行了。它上面的点到经过 A 的纵线和横线距离既然相等，则这点所表示的分数的分母和分子与 A 点所表示的分数的分母和分子，所差的当然相等了。"

现在转到本题的算法。分母和分子所减去的数相同，换句话说，便是它们的差是一定的。这一来，就和第八节中所讲的年龄的关系相同了。我们可以设想为：

兄年 23 岁，弟年 15 岁，若干年前，兄年是弟年的 $\frac{9}{5}$（因为弟年是兄年的 $\frac{5}{9}$）。

它的算法便是：

$$15 - (23 - 15) \div \left(\frac{9}{5} - 1\right) = 15 - 8 \div \frac{4}{5} = 15 - 10 = 5 。$$

例五：有大小两数，小数是大数的 $\frac{2}{3}$。若两数各加 10，则小数为大数的 $\frac{9}{11}$，求各数。

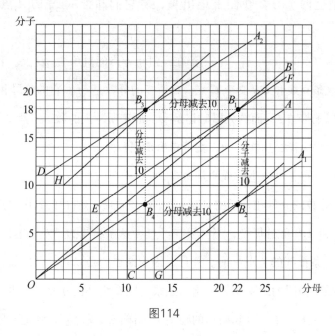

图114

"用这个容易的题目来结束分数四则问题，你们自己先画个图看。"马先生说。

容易！听到"容易"这两个字，反而使我感到有点儿莫名其妙了。我先画 OA 表示 $\frac{2}{3}$，又画 OB 表示 $\frac{9}{11}$。按照题目所说的，小数是大数的 $\frac{2}{3}$，我就把小数看成分子，大数看成分母，这个分数可约成 $\frac{2}{3}$。两数各加上 10，则小数为大数的 $\frac{9}{11}$。这就是说，原分数的分子和分母各加上 10，则可约成 $\frac{9}{11}$。再在 OA 的右边，相隔 10 作 CA_1 和它平行。又在 OA 的上面，相隔 10 作 DA_2 和它平行。我想 CA_1 表示分母加了 10，DA_2 表示分子加了 10，它们和 OB 一定有什么关系，可以用这关系找出所要求的答案。哪里知道，三条直线毫不相干！容易！我却失败了！

我硬着头皮去请教马先生。他说：

"这又是'六窍皆通'了。CA_1 既然表示分母加了 10 的分数，再把这分数的分子也加上 10，不就和 OB 所表示的分数相同了吗？"

自然，我听后还是有点儿摸不着头脑。只知道，DA_2 这条线是不必画的。另外，应当在 CA_1 的上边相隔 10 作一条平行线。我将这条线 EF 作出来，就和 OB 有了一个交点 B_1。它指的分数是 $\frac{18}{22}$，从它的分子中减去 10，得 CA_1 上的 B_2 点，它指的分数是 $\frac{8}{22}$。所以，不作 EF，而作 GB_2 平行于 OB_1，表示从 OB 所表示的分数的分子中减去 10，也是一样。GB_2 和 CA_1 交于 B_2，又从这分数的分母中减去 10，得 OA 上的 B_4 点，它指的分数是 $\frac{8}{12}$。这个分数约下来正好是 $\frac{2}{3}$。——小数 8，大数 12，就是所求的了。

其实，从图上看来，DA_2 这条线也未尝不可用。EF 也和它平行，在 EF 的左边相隔 10。DA_2 表示原分数的分子加上 10 的分数，EF 就表示这个分数的分母也加上 10 的分数。自然，这也就是 B_1 点所指的分数 $\frac{18}{22}$ 了。从 B_1 的分母中减去 10 得 DA_2 上的 B_3，它指的分数是 $\frac{18}{12}$。由 B_3 指的分数的分子中减去 10，还是得 B_4。本来若不作 EF，而在 OB 的左边相距 10，作 HB_3 和 OB 平行，交 DA_2 于 B_3 也可以。这可真算是左右逢源了。

计算法，倒是容易：

"两数各加上 10，则小数为大数的 $\frac{9}{11}$。"换句话说，便是小数加上 10 等于大数的 $\frac{9}{11}$ 加上 10 的 $\frac{9}{11}$。而小数等于大数的 $\frac{9}{11}$，加上 10 的 $\frac{9}{11}$，减去 10。但由第一个条件说，小数只是大数的 $\frac{2}{3}$。可知，大数的 $\frac{9}{11}$ 和它的 $\frac{2}{3}$ 的差，是 10 和 10 的 $\frac{9}{11}$ 的差。所以：

$$\left(10 - 10 \times \frac{9}{11}\right) \div \left(\frac{9}{11} - \frac{2}{3}\right) = \left(10 - \frac{90}{11}\right) \div \left(\frac{9}{11} - \frac{2}{3}\right)$$

$$= \frac{20}{11} \div \frac{5}{33} = 12 \ \text{——大数}$$

$$12 \times \frac{2}{3} = 8 \ \text{——小数}$$

二十五

从比到比例

"这次我们又要调换一个其他类型的题目了。"马先生进了课堂就说,"我先问你们,什么叫作'比'?"

"'比'就是'比较'。"周学敏。

"那么,王有道比你高,李大成比你胖,我比你年纪大,这些都是比较,也就都是你所说的'比'了?"马先生说。

"不是的。"王有道说,"'比'是说一个数或量是另一个数或量的多少倍或几分之几。"

"对的,这种说法是对的。不过照前面我们说过的,若把倍数的意义放宽一些,一个数的几分之几和一个数的多少倍,本质上没有什么差别。依照这种说法,我们当然可以说,一个数或量是另一数或量的多少倍,这就称为它们的比。求倍数用的是除法,现在我们将除法、分数和'比',这三项作一个比较,可得下表:

除法…被除数…除数…商数
分数… 分子 … 分母…分数的值
比 … 前项 … 后项…比值

"这样一来，'比'的许多性质和计算法，都可以从除法和分数中推出来了。"

"比例是什么？"马先生讲明了"比"的意义，停顿了一下，看看大家都没有什么疑问，接着提出这个问题。

"四个数或量，若两个两个所成的比相等，就说这四个数或量成比例。"王有道。

"那么，成比例的四个数，用图线表示是什么情形？"马先生对于王有道的回答，大概是默许了。

"一条直线。"我想着，"比"和分数相同，两个"比"相等，自然和两个分数相等一样，它们应当在一条直线上。

"不错！"马先生说，"我们还可以说，一条直线上的任意两点，到纵线和横线的长总是成比例的。虽然我们现在还没有加以普遍地证明，由前面分数中的说明，无妨在事实上承认它。"接着他又说：

"四个数或量所成的比例，我们把它叫作简比例。简比例有几种？"

"两种：正比例和反比例。"周学敏回答。

"正比例和反比例有什么不同？"马先生问。

"四个数或量所成的两个比相等的，叫它们成正比例。一个比和另外一个比的倒数相等的，叫它们成反比例。"周学敏回答。

"反比例，我们暂且放下。单看正比例，你们举一个例子出来看。"马先生。

"如一个人，每小时走六里路，两小时就走十二里，三小时就走十八里。时间和距离同时变大、变小，它们就成正比例。"王有道说。

"对不对？"马先生问。

"对！"好几个人回答。我也觉得是对的，不过因为马先生既然提了出来，我想着，一定有什么不妥当了，所以没有说话。

"对是对的，不过欠精密一点儿。"马先生批评说，"譬如，一个数和它的平方数，1 和 1，2 和 4，3 和 9，4 和 16……都是同时变大、变小，它们成正比例吗？"

"不！"周学敏，"因为 1 比 1 是 1，2 比 4 是 $\frac{1}{2}$，3 比 9 是 $\frac{1}{3}$，4 比 16 是 $\frac{1}{4}$……全不相等。"

"由此可见，四个数或量成正比例，不单是成比的两个数或量同时变大、变小，还要所变大或变小的倍数相同。这一点是一般人常常忽略了的，所以他们常常会乱用'成正比例'这个词。比如说，圆周和圆面积都是随着圆的半径一同变大、变小的，但圆周和圆半径成正比例，而圆面积和圆半径就不成正比例。"

关于正比例的计算，马先生说，因为都很简单，不再举例，他只把可以看出正比例的应用的计算法提出来。

第一，关于寒暑表的计算。

例一：摄氏寒暑表上的 20 度，是华氏寒暑表上的几度？

"这题的要点是什么？"马先生问。

"两种表上的度数成正比例。"周学敏。

"还有呢？"马先生。

"摄氏表的冰点是零度，沸点是 100 度；华氏表的冰点是 32 度，沸点是 212 度。"一个同学回答。

"那么，它们两个的关系怎样用图线表示呢？"马先生问。

这本来没有什么困难，我们想一下就都会画了。纵线表示华氏的度数，横线表示摄氏的度数。因为从冰点到沸点，它们度数的比，是：

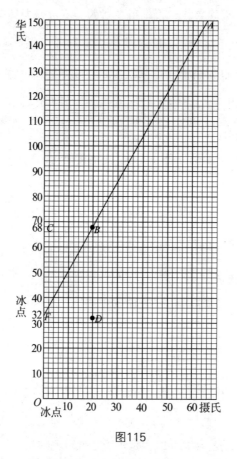

图115

（212-32）：100=180：100=9：5

所以，从华氏的冰点 F 起，依照纵9横5的比画 FA 线，表明的就是它们的关系。

从摄氏20度，往上看得 B 点，由 B 横看得华氏的68度，这就是所求度数。用比例计算是：

$$(212-32):100 = x:20$$
$$\quad\vdots\qquad\vdots\quad\vdots$$
$$\quad OF\qquad FC\ OD$$

$$\therefore x = \frac{212-32}{100}\times 20 = \frac{180}{5} = 36$$

$$36+32 = 68$$
$$\vdots\quad\vdots\quad\vdots$$
$$FC\quad OF\quad OC$$

照四则问题的算法，一般的式子是：

华氏度数 = 摄氏度数 $\times \dfrac{9}{5} + 32°$

要由华氏度数变成摄氏度数，自然是相似的了：

摄氏度数 =（华氏度数 $-32°$）$\times \dfrac{5}{9}$

第二，复名数的问题。

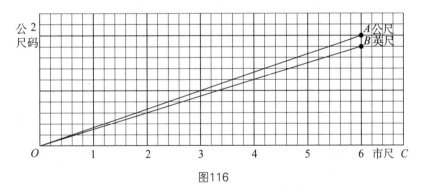

图116

对于复名数，马先生说，不同的制度互化，也只是正比例的问题。例如公尺、市尺 ① 和英尺 ② 的关系，若用图116表示出来，那真是一目了然。——图中的 OA 表示公尺，OB 表示英尺，OC 表示市尺。3 市尺等于 1 公尺，而 3 英

---

① 1市尺≈0.33米。——编者注
② 1英尺≈0.3米。——编者注

尺——1 码 ^①——比 1 公尺还差一些。

第三，百分法。

例一：通常的 20 磅 ^② 火药中，有硝石 15 磅，硫黄 2 磅，木炭 3 磅，这三种原料各占火药的百分之几？

马先生叫我们先把这三种原料各占火药的几分之几计算出来，并且画图表明。这自然是很容易的：

硝石：$\dfrac{15}{20} = \dfrac{3}{4}$；

硫黄：$\dfrac{2}{20} = \dfrac{1}{10}$；

木炭：$\dfrac{3}{20}$。

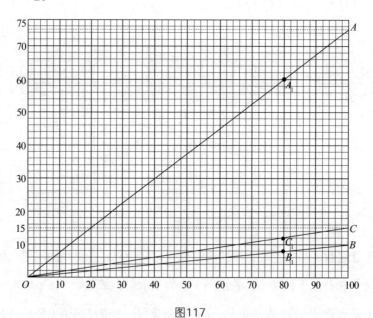

图117

----

① 1码=0.914米。——编者注

② 1磅≈0.45千克。——编者注

在图 117 上，OA 表示硝石和火药的比，OB 表示硫黄和火药的比，OC 表示木炭和火药的比。

"将这三个分数的分母都化成一百，各分数怎样？"我们将图画好以后，马先生问。这也是很容易的：

硝石：$\dfrac{3}{4} = \dfrac{75}{100}$，硫黄：$\dfrac{1}{10} = \dfrac{10}{100}$，木炭：$\dfrac{3}{20} = \dfrac{15}{100}$。

这三个分数，就是 A、B、C 三点所指示出来的。

"百分数，就是分母固定是 100 的分数，所以关于百分数的计算，和分数的以及比的计算也没有什么不同。子数就是比的前项，母数就是比的后项，百分率不过是用 100 做分母时的比值。"马先生把百分法和比这样比较，自然百分法只是比例的应用了。

例二：硫黄 80 磅可造多少火药？要掺杂多少硝石和木炭？

这是极容易的题目，只要由图上（图 117）一看就知道了。在 OB 上，B_1 表示 8 磅硫黄，从它往下看，相当于 80 磅火药；往上看，A_1 指示 60 磅硝石，C_1 指示 12 磅木炭。各数变大十倍，便是 80 磅硫黄可造 800 磅火药，要掺杂 600 磅硝石，120 磅木炭。

用比例计算，是这样：

火药：$2 : 80 = 20$ 磅 $: x$ 磅，　　　　　x 磅 $= 800$ 磅，

硝石：$2 : 80 = 15$ 磅 $: x$ 磅，　　　　　x 磅 $= 600$ 磅，

木炭：$2 : 80 = 3 : x$ 磅，　　　　　　　x 磅 $= 120$ 磅。

若用百分法，便是：

火药：80 磅 $\div 10\% = 80$ 磅 $\div \dfrac{10}{100} = 80$ 磅 $\times \dfrac{100}{10} = 800$ 磅。

这是求母数。

硝石：800 磅 $\times 75\% = 800$ 磅 $\times \dfrac{75}{100} = 600$ 磅，

木炭：800 磅 ×15%=800 磅 ×$\frac{15}{100}$=120 磅。

这都是求子数。

用比例和用百分法计算，实在没有什么两样。不过习惯了的时候，用百分法比较简单一点罢了。

例三：定价 4 元的书，若加 4 成卖，卖价多少？

这题的作图法，起先我以为很容易，但一动手，就感到困难了。OA 线表示 $\frac{40}{100}$，这，我是会作的。但是，由它只能看出卖价是 1 元加 4 角（A_1），2 元加 8 角（A_2），3 元加 1 元 2 角（A_3）和 4 元加 1 元 6 角（A）。固然，由此可以知道 1 元要卖 1 元 4 角，2 元要卖 2 元 8 角，3 元要卖 4 元 2 角，4 元要卖 5 元 6 角。但这是算出来的，图上却找不出。

我照这些卖价作成 C_1、C_2、C_3 和 C 各点，把它们连起来，得直线 OC。由 OC 上的 C_4 看，卖价是 3 元 5 角。往下看到 OA 上的 A_4，加的是 1 元。再往下看，原价是 2 元 5 角。这些都是合题的。线大概是作对了，不过对于作法，我总觉得不可靠。

周学敏和其他两个同学都和我犯同样的毛病，王有道怎样我不知道。他们拿这问题去问马先生，马先生的回答是：

"你们是想把原价加到所加的价上面去，弄得没有办法了。何妨反过来，先将原价表出，再把所加的价加上去呢？"

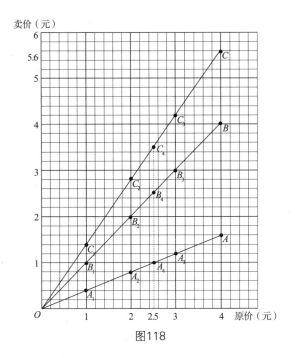

图118

原价本来已经很清楚了，在横线上表示得很清楚，怎样再来表示呢？原价！原价！我闷着头想，忽然想到了，要另外表示，是照原价卖的卖价。这便成为1就是1，2就是2，我就作了 *OB* 线。再把 *OA* 所表示的往上一加，就成了 *OC*。*OC* 仍旧是 *OC*，这作法却有了根了。

至于计算法，本题求的是母子和。由图上看得很明白，B_1、B_2、B_3……指的是母数；B_1C_1、B_2C_2、B_3C_3……指的是相应的子数；C_1、C_2、C_3……指的便是相应的母子和。即：

母子和 = 母数 + 子数

  = 母数 + 母数 × 百分率

  = 母数（1 + 百分率）

一加百分率，就是 C_1 所表示的。在本题，卖价是：

$4^{元} \times （1+0.40）=4^{元} \times 1.40=5.6^{元}$

例四：上海某公司货物，照定价加二出卖。运到某地需加运费五成，某地商店照成本再加二成出卖。上海定价五十元的货，某地的卖价是多少？

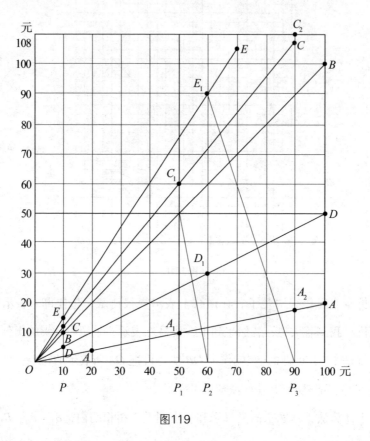

图119

本题只是前题中的条件多重复两次，可以说不难。但我动手作图的时候，就碰了一次钉子。我先作 OA 表示 20% 的百分率，OB 表示母数 1，OC 表示上海的卖价，这些和前题完全相同，当然一点儿不费力。运费是照卖价加五成，我作 OD 表示 50% 的百分率以后，却迷住了，不知怎样将这五成运费加到卖价 OC 上去。要是去请教马先生，他一定要说我"六窍皆通"了。不只我一个人，大家都一样，一边用铅笔在纸上画，一边低着头想。

母数！母数！对于运费来说，上海的卖价不就成了母数吗？"天下无难事，只怕想不通"。这一点想通了，真是再简单不过。将 OD 所表示的百分率，加到 OB 所表示的母数上去，得 OE 线，它所表示的便是成本。

把成本又作母数，再加二成，仍然由 OC 线表示，这就成了某地的卖价。

是的！50 元（OP_1），加二成 10 元（P_1A_1），上海的卖价是 60 元（P_1C_1）。

60 元作母数，OP_2 加运费五成 30 元（P_2D_1），成本是 90 元（P_2E_1）。

90 元作母数，OP_3 加二成 18 元（P_3A_2），某地的卖价是 108 元（P_3C_2）。

算法，不用说是很容易的。将它和图对照起来，真是有趣极了！

$$50元 \times (1+0.20) \times (1+0.50) \times (1+0.20) = 108$$

$$
\begin{array}{cccccccc}
\vdots & & \vdots & & \vdots & & \vdots & \vdots \\
OP_1 & PB & PA & PB & PD & PB & PA & \vdots \\
\vdots & & PC & & PE & & PC & P_3C_2 \\
& P_1C_1(OP_2) & & & & & \vdots \\
& & P_2E_1(OP_3) & & & &
\end{array}
$$

例五：某市用十年前的物价做标准，物价指数是 150%。现在定价 30 元的物品，十年前的定价是多少？

"物价指数"这是一个新鲜名词，马先生解释道：

"简单地说，一个时期的物价对于某一定时期的物价的比，叫作物价指数。不过为了方便，作为标准的某一定时期的物价，算是一百。所以，将物价指数和百分比对照：一定时期的物价，便是母数；物价指数便是（x+百分率）；现时的物价便是母子和。"

经过这样一解释，我们已懂得：本题是知道了母子和，与物价指数（1+百分率），求母数。

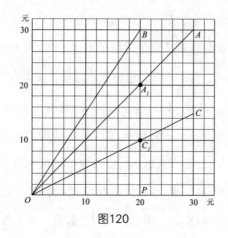

图120

先作 OB 表示 1 加百分率，即 150%。再作 OA 表示 1，即 100%。

从纵线 30 那一点，横看到 OB 线得 B 点。由 B 往下看得 20 元，就是十年前的物价。

算法是这样：

30 元 ÷150%=20 元

这是由例三的公式可推出来的：

母数 = 母子和 ÷（1+ 百分率）

例六：前题，现在的物价比十年前的涨了多少？

这自然只是求子数的问题了。在图中（图 120）OA 线表示的是 100%，就是十年前的物价。所以，A_1B 表示的 10 元就是所涨的价。因为 PB 是母子和，PA_1 是母数，PB 减去 PA_1 就是子数。求子数的公式很明白是：

子数 = 母子和 – 母子和 ÷（1+ 百分率）

例七：十年前定价 20 元的物品，现在定价 30 元，求所涨的百分率和物价指数。

这个题目，是从例五变化出来的。作图（图 120）的方法当然相同，不过顺序变换一点。先作表示现价的 OB，再作表示十年前定价的 OA，从 A_1 向下截去 A_1B 的长得 C_1。连 OC_1，得直线 OC，它表示的便是百分率：

PC_1：OP=10：20=50%

至于物价指数，就是 100% 加上 50%，等于 150%。

计算的公式是：

$$百分率 = \frac{母子和 - 母数}{母数} \times 100\%$$

例八：定价十五元的货物，按七折出售，卖价是多少？减去多少？

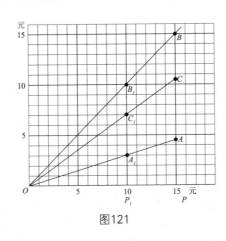

图121

大概是这些例题比较简单的缘故，没有一个人感到困难。一方面，不得不说，由于马先生详加指导，使我们一见到题目，就已经知道找寻它的要点了。一连这几道题，差不多都是我们自己作的，很少倚赖马先生。

本题和例三相似，只是这里是减，那里是加，这一点不同。先作表示百分率（30%）的线 OA，又作表示原价 1 的线 OB。由 PB 减去 PA 得 PC，联结 OC，它所表示的就是卖价。CB 和 PA 相等，都表示减去的数量。

图上表示得很清楚，卖价是 10 元 5 角（PC），减去的是 4 元 5 角（PA 或 CB）。

在百分法中，这是求母子差的问题。由前面的说明，公式很容易得出：

母子差 = 母数 ×（1－百分率）

⋮　　 ⋮　　　 ⋮　　 ⋮

PC　　OP　　P_1B_1　P_1A_1（C_1B_1）

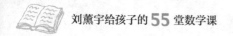
在本题，就是：

$15^{元} \times （1-30\%）=15^{元} \times 0.70=10.5^{元}$

例九：八折后再六折和双七折哪一种折去的多？

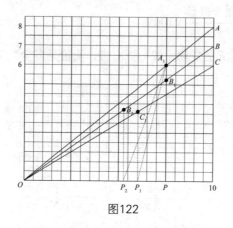

图122

图中的 OP 表示定价。OA 表示八折；OB 表示七折；OC 表示六折。

OP 八折成 PA_1。将它作母数，就是 OP_1。OP_1 六折，为 P_1C_1。

OP 七折为 PB_1。将它作母数，就是 OP_2。OP_2 再七折，为 P_2B_2。

P_1C_1 比 P_2B_2 短，所以八折后再六折比双七折折去的多。

例十：王成之照定价扣去二成买进的脚踏车，一年后折旧五成卖出，得三十二元，原定价是多少？

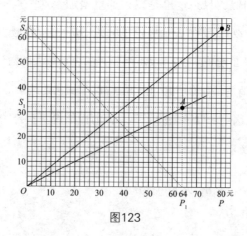

图123

这也不过是多绕一个弯儿的问题。

OS_1 表示第二次的卖价 32 元。OA 表示折去五成。OP_1，64 元，就是王成之的买价。用它作子数，即 OS_2，为原主的卖价。

OB 表示折去二成。OP，80 元就是原定价。

因为求母数的公式是：

母数 = 母子差 ÷（1− 百分率）

所以算法是：

32 元 ÷（1−50%）÷（1−20%）

$= 32 \text{元} \div \dfrac{50}{100} \div \dfrac{80}{100}$

$= 32 \text{元} \times 2 \times \dfrac{5}{4} = 80 \text{元}$

第四，单利息。

"一百元，一年付十元的利息，利息占本金的百分之几？"马先生写完了标题问。

"百分之十。"我们一起回答。

"这百分之十，叫作年利率。所谓单利息，是利息不再生利的计算法。两年的利息是多少？"马先生。

"二十元。"一个同学。

"三年的呢？"

"三十元。"周学敏。

"十年的呢？"

"一百元。"仍是周学敏。

"付利息的次数，叫作期数。你们知道求单利息的公式吗？"

"利息等于本金乘以利率再乘以期数。"王有道。

"好！这就是单利息算法的基础。它和百分法有什么不同？"

"多一个乘数，——期数。"我回答。我也想到它和百分法没有什么本质的差别：本金就是母数，利率就是百分率，利息就是子数。

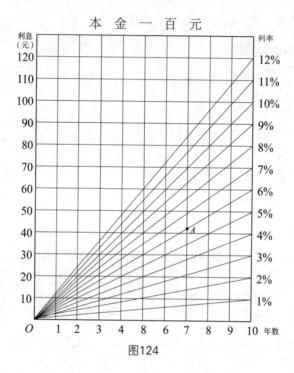

图124

"所以，对于单利息，用不着多讲，画一个图就可以了。"马先生。

图一点儿也不难画，因为无论从本金或期数说，利息对它们都是定倍数（利率）的关系。

图中，横线表示年数，从 1 到 10。

纵线表示利息，0 到 120 元。

本金都是 100 元。

表示利率的线共十二条，依次是从年利 1 厘、2 厘、3 厘……到一分、一分一厘和一分二厘。

这表的用法，马先生说，并不只限于检查本金 100 元十年间，每年照所标利率的利息。

本金不是 100 元的，也可由它推算出来。

例一：求本金 350 元，年利 6%，7 年间的利息。

本金 100 元，年利 6%，7 年间的利息是 42 元（A）。本金 350 元的利息便是：

$$42^{元} \times \frac{350}{100} = 147^{元}$$

年数不只十年的，也可由它推算出来。并且把年数看成期数，则各种单利息都可由它推算出来。

例二：求本金 400 元，月利 2%，三年的利息。

本金 100 元利率 2%，十期的利息是 20 元，六期的利息是 12 元，三十期的是 60 元，所以三年（共三十六期）的利息是 72 元。

本金 400 元的利息是：

$$72^{元} \times \frac{400}{100} = 288^{元}$$

利率是图上没有的，仍然可由它推算。

例三：本金 360 元，半年一期，利率 14%，四年的利息是多少？

利率 14% 可看成 12% 加 2%。半年一期，四年共八期。本金 100 元，利率 12%，八期的利息是 96 元，利率 2% 的是 16 元，所以利率 14% 的利息是 112 元。

本金 360 元的利息是：

$$112^{元} \times \frac{360}{100} = 403.2^{元}$$

这些例题都是很简明的，真是"运用之妙，存乎一心"了！

二十六

这要算不可能了

"从来没有碰过钉子，今天却要大碰特碰了。"马先生这一课这样开始，"在上次讲正比例时，我们曾经说过这样的例：一个数和它的平方数，1 和 1、2 和 4、3 和 9、4 和 16……都是同时变大、变小，但它们不成正比例。你们试把它画出来看看。"

真是碰钉子！我用横线表示数，纵线表示平方数，先得 A、B、C、D 四点，依次表示 1 和 1、2 和 4、3 和 9、4 和 16，它们不在一条直线上。这还有什么办法呢？我索性把表示 5 和 25、6 和 36、7 和 49、8 和 64、9 和 81，10 和 100 的点 E、F、G、H、I、J，都画了出来。真糟！简直看不出它们是在一条什么线上！

问题本来很简单，只是这些点好像是在一条弯曲的线上，是不是？成正比例的数或量，用点表示，这些点就在一条直线上。为什么不成正比例的数或量，用点表示，这些点就不在一条直线上呢？

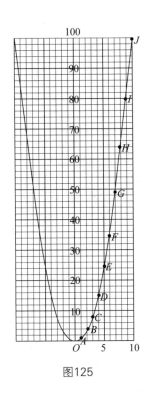

图125

对于这个问题，马先生说，这种说法是对的。他又说，本题的曲线，叫作抛物线。本来左边还有和它成线对称的一半，但在算术上用不到它。

"现在，我们谈到反比例的问题了，且来举一个例子看。"马先生。

这个例子是周学敏提出的：

三个人十六天做完的工程，六个人几天做完？

不用说，单凭心算，我也知道只要八天。

马先生叫我们画图。我用纵线表示日数，横线表示人数，得 A 和 B 两点，把它们连成一条直线。奇怪！这条纵线和横线交在 9，明明是表示 9 个人做这工程，就不要天数了！这成什么话？哪怕是很小的工程，由十万人去做，也不能不费去一点儿时间呀！又碰钉子了！我正在这样想，马先生似乎已经察觉到我正在受窘，向我这样警告：

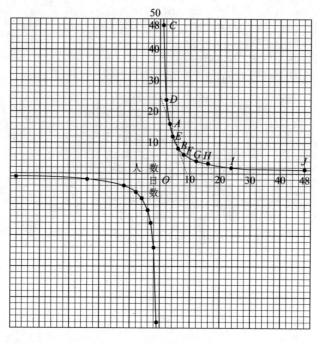

图126

"小心呀！多画出几个点来看。"

我就老老实实地，先算出下面的表，再把各个点都记出来：

人数	1	2	3	4	6	8	12	16	24	48
日数	48	24	16	12	8	6	4	3	2	1
点	C	D	A	E	B	F	G	H	I	J

还有什么可说呢？ C、D、E、F、G、H、I、J 这八个点，就没有一个点在直线 AB 上。——它们又成一条抛物线了，我想。

但是，马先生说，这和抛物线不一样，它叫双曲线。他还说，假如我们画图的纸是一个方方正正的田字形，纵线是田字中间的一竖，横线是田字中间的一横，这条曲线只在田字的右上一个方块里，那么在田字左下的一个方块里，还有和它成点对称的一条。原来抛物线只有一条，双曲线却有两条，田字左下方块里一条，也是算术里用不到的。

虽然碰了两次钉子，也多知道了两种线，倒也合算啊！

"无论是抛物线或双曲线，都不是单靠一把尺子和一个圆规能够画出来的。关于这一类问题，现在要用画图法来解决，我们只好宣告无能为力了！"马先生说。

停了两分钟，马先生又提出下面的一个题，叫我们画：

2 的平方是 4，立方是 8，四方是 16……用线表示出来。

马先生今天大概是存心捉弄我们，这个题的线，我已知道不是直线了。我画了 A、B、C、D、E、F 六点，依次表示 2 的一方 2、平方 4、立方 8、四方 16、五方 32、六方 64。果然它们不在一条直线上，但联结它们所成的曲线，既不像抛物线，又不像双曲线，不知道又是一种什么宝贝了！

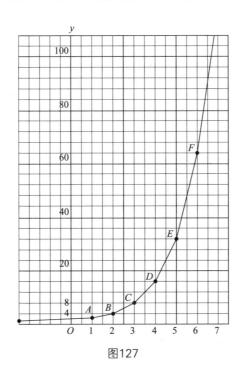

图127

我们原来都只画 OY 这条纵线右边的一段，左边拖的一节尾巴，是马先生加上去的。马先生说，这条尾巴可以无限拖长，越长越和横线相近，但无论怎样，永不会和它相交。在算术中，这条尾巴也是用不到的。

这种曲线叫指数曲线。

"要表示复利息，就用得到这种指数曲线。"马先生说，"所以，要用老方法来处理复利息的问题，也只有碰钉子了。"马先生还画了一张表示复利息的图给我们看。它表出本金 100 元，一年一期，10 年中，年利率 2 厘、3 厘、4 厘、5 厘、6 厘、7 厘、8 厘、9 厘和 1 分的各种利息。

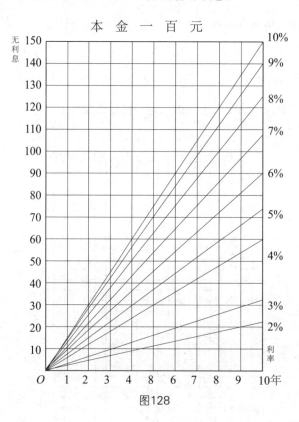

图128

二十七

大半不可能的复比例

关于这类题目，马先生说，有大半是不能用作图法解决的，这当然毫无疑问。反比例的题，既然已不免碰钉子，复比例中，含有反比例的，自然此路不通了。再说，这也是显而易见的，就是不含有反比例，复比例中总含有三个以上的量，倘若不能像第十二节中（归一法的例），化繁为简，那也就手足无措了。

不过复比例中的题目，有时，我们不大想得通，所以请求马先生不用作图法解也好，给我们一些指示。马先生答应了我们，叫我们提出问题来。以下的问题，全是我们提出的。

例一：同一件事，24 人合做，每日做 10 时，15 日可做完；60 人合做，每日少做 2 时，几日可做完？

一个同学提出这个题来的时候，马先生想了一下，说：

"我知道，你感到困难是因为这个题目转了一个小弯儿。你试将题目所给的条件，同类的一一对列起来看。"

他依马先生的话，列成下表：

人数	每日做的时数	日数
24	10	15
60	少2	？

"由这个表看来，有多少数还不知道？"马先生问。

"两个，第二次每日做的时数和日数。"他答道。

"问题的关键就在这一点。"马先生，"一般的比例题，都是只含有一个未知数的。但你们要注意，比例所处理的都是和两个数量的比有关的事项。在复比例中，只不过有关的比多几个而已。所以题目中若含有和比无关的条件，这就超出了范围，应当先将它处理好。即如本题，第二次每日做的时数，题上说的是少 2 时，就和比没有关系。第一次，每日做 10 时，第二次每日少做 2 时，做的是几时？"

"10 时少 2 时，8 时。"周学敏。

这样一来，当然毫无疑问了。

$$
\left.
\begin{array}{l}
\text{反 } 60\text{人}:24\text{人} \\
\\
\text{反 } 8\text{时}:10\text{时}
\end{array}
\right\} = 15\text{日}:x\text{日}
$$

$$\therefore x^{\text{页}} = \frac{810^{\text{页}} \times 40 \times 60}{50 \times 72} = 540^{\text{页}}$$

例二：一本书原有 810 页，每页 40 行，每行 60 字。若重印时，每页增 10

行，每行增 12 字，页数可减少多少？

这个问题，虽然表面上看起来复杂一点儿，但实际上和前例是一样的。莫怪马先生听见另一个同学说完以后，露出一点儿轻微的不愉快了。马先生叫他，先找出第二次每页的行数，——40 加 10，是 50，——和每行的字数，——60 加 12，是 72——再求第二次的页数。

$$
\left.\begin{array}{l}
反\ 50行：40行 \\[1em]
反\ 72字：60字
\end{array}\right\} = 810页：x日
$$

$$
\therefore\ x^{日} = \frac{15^{日} \times 24 \times 10}{60 \times 8} = 7\frac{1}{2}^{日}
$$

要求可减少的页数，这当然不是比例的问题，810 页改成 540 页，可减少的是 270 页。

例三：从 A 处到 B 处，一般情况下 6 时可到。现在将路程减四分之一，速度增加 $\frac{1}{2}$ 倍，什么时候可到达？

这个题，从前我不知从何下手，做完前两个例题后，现在我已懂得了。虽然我没有向马先生提出，也附记在这里。

原来的路程，就算它是 1，后来减四分之一，当然是 $\frac{3}{4}$。

原来的速度也算它是 1，后来增加 $\frac{1}{2}$ 倍，便是 $1\frac{1}{2}$。

$$
\left.\begin{array}{l}
\therefore\ 正\ 1：\frac{3}{4} \\[1em]
反\ 1\frac{1}{2}：1
\end{array}\right\} = 6时：x时
$$

$$
\therefore\ x^{时} = 3^{时}
$$

例四：狗走 2 步的时间，兔可走 3 步；狗走 3 步的长，兔需走 5 步。狗 30 分钟所走的路，兔需走多少时间？

"这题的难点。"马先生说，"只在包含时间——步子的快慢，——和空间——步子和路的长短。——但只要注意判定正反比例就行了。第一，狗走 2 步的时间，兔可走 3 步，哪一个快？"

"兔快。"一个同学说。

"那么，狗走 30 分钟的步数，让兔来走，需要多长时间？"

"少些！"周学敏。

"这是正比例还是反比例？"

"反比例！步数一定，走的快慢和时间成反比例。"王有道。

"再来看，狗走 3 步的长，兔要走 5 步。狗走 30 分钟的步数，兔走的话时间怎样？"

"要多些。"我回答。

"这是正比例还是反比例？"

"反比例！距离一定，步子的长短和步数成反比例，也就同时间成反比例。"还是王有道。

这样就可得：

$$\left.\begin{array}{l} \text{反 } 3 : 2 \\[2em] \text{反 } 3 : 5 \end{array}\right\} = 30\text{分} : x\text{分}$$

$$\therefore \ x\text{分} = \frac{30\text{分} \times 2 \times 5}{3 \times 3} = 33\frac{1}{3}\text{分}$$

例五：牛车、马车运输力量的比为 8：7，速度的比为 5：8。以前用牛车 8 辆，马车 20 辆，于 5 日内运 280 袋米到 1 里半的地方。现在用牛、马车各 10 辆，于 10 日内要运 350 袋米，求能运的距离。

这题是周学敏提出的，马先生问他：

"你觉得难点在什么地方？"

"有牛又有马，有从前运输的情形，又有现在运输的情形，关系比较复杂。"周学敏回答。

"你太执着了，为什么不分开来看呢？"马先生接着又说，"你们要记好两个基本原则：一个是不相同的量不能相加减；还有一个是不相同的量不能相比。本题就运输力量来说有牛车又有马车，既然它们不能并成一个力量，也就不能相比了。"停了一阵，他又说：

"所以这个题，应当把它分成两段看：'牛车、马车运输力量的比为8∶7，速度的比为5∶8。以前用牛车8辆，马车20辆；现在用牛、马车各10辆'这算一段。又从'以前用牛车8辆'，到最后又算一段。现在先解决第一段，变成都用牛车或马车，我们就都用牛车吧。马车20辆和10辆各合多少辆牛车？"

这比较简单，力量的大小与速度的快慢对于所用的车辆都是成反比例的。

$$\left.\begin{array}{c} 8∶7 \\ \\ 5∶8 \end{array}\right\} = 20辆∶x辆$$

∴ 20辆马车的运输力 $= \dfrac{20 \times 7 \times 8}{8 \times 5} = 28$ 辆牛车的运输力；

10辆马车的运输力 $=14$ 辆牛车的运输力。

我们得出这个答数后，马先生说："现在题目的后一段可以改个样：——以前用牛车8辆和28辆，……现在用牛车10辆和14辆，……"

当然，到这一步，又是笨法子了。

$$\left.\begin{array}{lc} 正 & （8+28）辆∶（10+14）辆 \\ 正 & 5日∶10日 \\ 反 & 350袋∶280袋 \end{array}\right\} = 1\frac{1}{2}里∶x里$$

$$x^{\text{里}} = \frac{1\frac{1}{2}^{\text{里}} \times (10+14) \times 10 \times 280}{(8+28) \times 5 \times 350} = \frac{\frac{3}{2}^{\text{里}} \times 24 \times 10 \times 280}{36 \times 5 \times 350}$$

$$= \frac{\frac{3}{2}^{\text{里}} \times 12 \times 10 \times 280}{36 \times 5 \times 350} = 1\frac{3}{5}^{\text{里}}$$

例六：大工 4 人，童工 6 人，工作 5 日，工资共 51 元 2 角。后来有童工 2 人休息，用大工一人代替，工作 6 日，工资共多少？（大工一人 2 日的工资和童工一人 5 日的工资相等。）

这个题的情形和前题一样，是马先生出给我们算的，大概是要我们重复一次前题的算法吧！

先就工资说，将童工化成大工，这是一个正比例：

$$5^{\text{日}} : 2^{\text{日}} = 6^{\text{人}} : x^{\text{人}}, \qquad x^{\text{人}} = \frac{12^{\text{人}}}{5}$$

这就是说 6 个童工，1 日的工资和 $\frac{12}{5}$ 个大工 1 日的工资相等。后来少去 2 个童工只剩 4 个童工，他们的工资和 $\frac{8}{5}$ 个大工的相等，由此得：

正 $\left(4+\frac{12}{5}\right)$大工 : $\left(4+\frac{8}{5}+1\right)$大工 $\Big\}$ $=51.2$元 : x元

正 $\qquad\qquad 5 : 6$

$$x = \frac{51.2^{\text{元}} \times \left(4+\frac{8}{5}+1\right) \times 6}{\left(4+\frac{12}{5}\right) \times 5} = \frac{51.2^{\text{元}} \times \frac{33}{5} \times 6}{\frac{32}{5} \times 5}$$

$$= \frac{51.2^{\text{元}} \times 33 \times 6}{32 \times 5} = 63.36^{\text{元}}$$

复比例一课就这样完结，我已知道好几个应注意的事项。

二十八

物物交换

例一：酒4升可换茶3斤；茶5斤可换米12升；米9升可换酒多少？

马先生写好了题，问道：

"这样的题，在算术中，属于哪一部分？"

"连比例。"王有道回答。

"连比例是怎么一回事，你能简单说明吗？"

"是由许多简比例连合起来的。"王有道。

"这也是一种说法，照这种说法，你把这个题做出来看看。"

下面就是王有道做的：

（1）简比例的算法：

12升米：9升米 = 5斤茶：x斤茶，

$$x斤茶 = \frac{5斤茶 \times 9}{12} = \frac{15斤茶}{4}$$

3斤茶：$\frac{15斤茶}{4}$ = 4升酒：x升酒

$$x\text{升酒} = \frac{4\text{升酒} \times \dfrac{15}{4}}{3} = 5\text{升酒}$$

（2）连比例的算法：

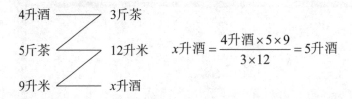

$$x\text{升酒} = \frac{4\text{升酒} \times 5 \times 9}{3 \times 12} = 5\text{升酒}$$

这两种算法，其实只有繁简和顺序不同，根本毫无差别。王有道为了说明它们相同，还把（1）中的第四式这样写：

$$x\text{升酒} = \frac{4\text{升酒} \times \dfrac{5 \times 9}{12}\left(\text{即}\dfrac{15}{4}\right)}{3} = \frac{4\text{升酒} \times 5 \times 9}{3 \times 12} = 5\text{升酒}$$

它和（2）中的第二式完全一样。

马先生对于王有道的做法很满意，但他说："连比例也可以说是两个以上的量相连续而成的比例，不过这和算法没有什么关系。"

"连比例的题，能用画图法来解吗？"我想着，因为它是一些简比例合成的，应该可以。但一方面又想到，它所含的量在三个以上，恐怕未必行，因而不能断定。我索性向马先生请教。

"可以！"马先生斩钉截铁地回答，"而且并不困难。你就用这个例题来画画看吧。"

可先依照酒 4 升茶 3 斤这个比，用纵线表示酒，横线表示茶，画出 OA 线。再……我就画不下去了。米用哪条线表示呢？其实，每个人都没有下手。马先生看看这个，又看看那个：

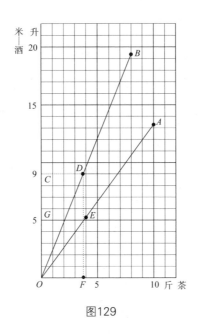

图129

"怎么又犯难了！买醋的钱，买不了酱油吗？你们个个都可以成牛顿了，大猫走大洞，小猫一定要走小洞，是吗？——纵线上，现在你们的单位是升，一只升子①量了酒就不能量米吗？"

这明明是在告诉我们，又用纵线表示米，依照茶5斤可换米12升的比，我画出了OB线。我们画完以后，马先生巡视了一周，才说：

"问题的要点倒在后面，怎样找出答数来呢？——说破了，也不难。9升米可换多少茶？"

我们从纵线上的C（表示9升米），横看到OB上的D（茶、米的比），往下看到OA上的E（茶、酒的比），再往下看到F（茶$\frac{15}{4}$斤）。

"茶的斤数，就题目说，是没用处的。"马先生说，"你们由茶和酒的关系，再看'过'去。"

"过"字说得特别响。我就由E横看到G，它指着5升，这就是所求酒的升

---

① 计量粮食的器具，容量为一升。——编者注

数了。

例二：酒 3 升的价钱等于茶 2 斤的价钱；茶 3 斤的价钱等于糖 4 斤的价钱；糖 5 斤的价钱等于米 9 升的价钱。酒 1 斗①可换米多少？

"举一反三。"马先生写了题说，"这个题，不过比前一题多一个弯儿，你们自己做吧！"

我先取纵线表示酒，横线表示茶，依酒 3 茶 2 的比，画 OA 线。又取纵线表示糖，依茶 3 糖 4 的比，画 OB 线。再取横线表示米，依糖 5 米 9 的比，画 OC 线。

最后，从纵线 10，——1 斗酒——横着看到 OA 上的 D，酒就换了茶。由 D 往下看到 OB 上的 E，茶就换了糖。由 E 横看到 OC 上的 F，糖依然一样多，但由 F 往下看到横线上的 16，糖已换了米。——酒 1 斗换米 1 斗 6 升。

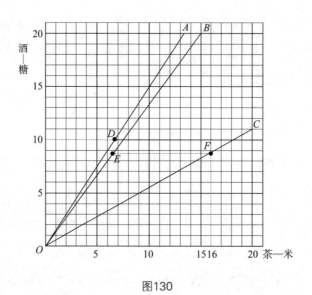

图130

---

① 1斗为10升。——编者注

照连比例的算法：

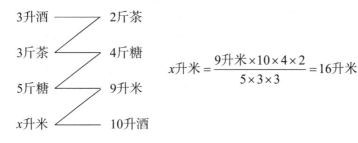

3升酒 —— 2斤茶

3斤茶 —— 4斤糖

5斤糖 —— 9升米

x升米 —— 10升酒

$$x升米 = \frac{9升米 \times 10 \times 4 \times 2}{5 \times 3 \times 3} = 16升米$$

结果当然完全相同。

例三：甲、乙、丙三人赛跑，100步内，乙负甲20步；180步内，乙胜丙15步；150步内，丙负甲多少步？

本题，也含有不是比例的条件，所以应当先改变一下。"100步内，乙负甲20步"，就是甲跑100步时，乙只跑80步；"180步内，乙胜丙15步"，就是乙跑180步时，丙只跑165步。照这两个比，取横线表示甲和丙所跑的步数，纵线表示乙所跑的步数，我画出 OA 和 OB 两条线来。

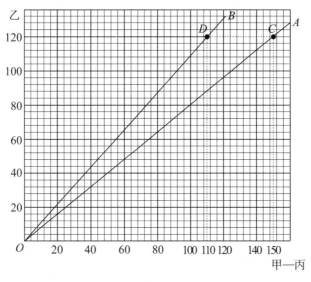

图131

由横线上 150——甲跑的步数——往上看到 OA 线上的 C——它指明，甲跑 150 步时，乙跑 120 步。——再由 C 横看到 OB 线上的 D，由 D 往下看，横线上 110，就是丙所跑的步数。从 110 到 150 相差 40，便是丙负甲的步数。

计算是这样：

100甲 —— （100−20）乙

180乙 —— （180−15）丙

x丙 —— 150甲

$$x = \frac{\left(100^{\text{步}} - 20^{\text{步}}\right) \times \left(180^{\text{步}} - 15^{\text{步}}\right) \times 150^{\text{步}}}{100^{\text{步}} \times 180^{\text{步}}} = \frac{80^{\text{步}} \times 165^{\text{步}} \times 150^{\text{步}}}{100^{\text{步}} \times 180^{\text{步}}} = 110^{\text{步}}$$

$$150^{\text{步}} - 110^{\text{步}} = 40^{\text{步}}$$

例四：甲、乙、丙三人速度的比，甲和乙是 3：4，乙和丙是 5：6。丙 20 小时所走的距离，甲需走多长时间？

"这个题目，当然很容易，但需注意走一定距离所需的时间和速度是成反比例的。"马先生警告我们。

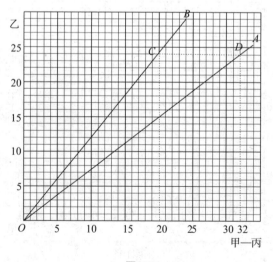

图132

因为这个警告，我们便知道，甲和乙速度的比是 3：4，则它们走相同的距离，所需的时间的比是 4：3；同样地，乙和丙走相同的距离，所需的时间的比是 6：5。至于作图的方法和前一题相同。最后由横线上的 20，就用它表示时间，直上到 OB 线的 C，由 C 横过去到 OA 上的 D，由 D 直下到横线上 32。它告诉我们，甲需走 32 小时。

计算的方法是：

4甲　　　　3乙

6乙　　　　5丙

20丙　　　　x甲

$$x = \frac{20^{时} \times 6 \times 4}{3 \times 5} = 32^{时}$$

二十九

按比分配

例一：大小两数的和为 20，小数除大数得 4，大小两数各是多少？

"马先生！这个题已经讲过了！"周学敏还不等马先生将题写完，就喊了起来。不错，第四节的例二，便是这道题。难道马先生忘了吗？不！我想他一定有别的用意，故意来这么一下。

"已经讲过的？——很好！你就照已经讲过的作出来看看。"马先生叫周学敏将图作在黑板上。

"好！图作得不错！"周学敏做完，回到座位上的时候，马先生说，"现在你们看一下，*OD* 这条线是表示什么的？"

"表示倍数一定的关系，大数是小数的 4 倍。"周学敏今天不知为什么特别高兴，比平日还喜欢说话。

"我说，它表示比一定的关系，对不对？"马先生问。

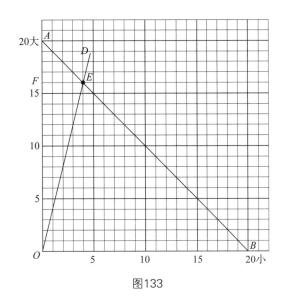

图133

"自然对！大数是小数的4倍，也可说是大数和小数的比是4∶1，或小数和大数的比是1∶4。"王有道抢着回答。

"好！那么，这个题……"马先生说着在黑板上写：

——依照4和1的比将20分成大小两个数，各是多少？

"这个题，在算术中，属于哪一部分？"

"配分比例。"周学敏又很快地回答。

"它和前一个题，在本质上是不是一样的？"

"一样的！"我说。

这一来，我们当然明白了，配分比例问题的作图法，和四则问题中的这种题的作图法，根本上是一样的。

例二：4尺长的线，依照3∶5的比，分成两段，各长多少？

现在，在我们当中，这个题，我相信无论什么人都会做了。AB 表示和一定，4尺的关系。OC 表示比一定，3∶5的关系。FD 等于 OE，等于1尺半；ED 等于 OF，等于2尺半。它们的和是4尺，比正好是：

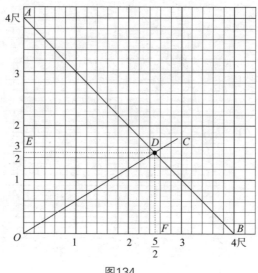

图134

$$1\frac{1}{2} : 2\frac{1}{2} = \frac{3}{2} : \frac{5}{2} = 3 : 5$$

算术上的计算法，比起作图法来，实在要复杂些：

$$(3+5) : 3 = 4^尺 : x_1^尺, \qquad x_1^尺 = \frac{4^尺 \times 3}{3+5} = \frac{12^尺}{8} = 1\frac{1}{2}^尺$$

$$(3+5) : 5 = 4^尺 : x_2^尺, \qquad x_2^尺 = \frac{4^尺 \times 5}{8} = \frac{5^尺}{2} = 2\frac{1}{2}^尺$$

"这道题的画法，还有别的吗？"马先生在大家做完以后，忽然提出这个问题。

没有人回答。

"你们还记得用几何画法中的等分线段的方法，来作除法吗？"听马先生这么一说，我们自然想起第二节所说的了。他接着又说：

"比是可以看成分数的，这我们早就讲过。分数可看成若干小单位集合成的，不是也讲过吗？把已讲过的三项合起来，我们就可得出本题的另一种做法了。

"你们无妨把横线表示被分的数量 4 尺，然后将它等分成（3+5）段。"马先生这样吩咐。

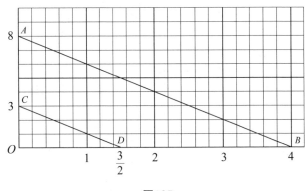

图135

但我们照第二节所说的方法，过 O 任意画一条线，马先生却说："这真是食而不化，依样画葫芦，未免小题大做。"他指示我们把纵线当要画的线，更是省事。

真的，我先在纵线上取 OC 等于3，再取 CA 等于5。联结 AB，过 C 作 CD 和它平行，这实在简捷得多。OD 正好等于1尺半，DB 正好等于2尺半。结果不但和图134相同，而且把算式比照起来看更要简单些，即如：

$$（3＋5）:3＝4尺:x尺$$

$$\begin{array}{ccccc} \vdots & \vdots & \vdots & \vdots & \vdots \\ OC & CA & OC & OB & OD \end{array}$$

例三：把96分成三份：第一份是第二份的4倍，第二份是第三份的3倍，各是多少？

这题不过比前一题复杂一点儿，照前题的方法做应当是不难的。但作图136时，我却感到了困难。表示和一定的线 AB 当然毫无疑义可以作，但表示比一定的线呢？我们所作过的，都是表示单比的，现在是连比呀！连比！连比！本题，第一、二、三各份的连比，由 4:1 和 3:1，得 12:3:1，这怎么画线表示呢？

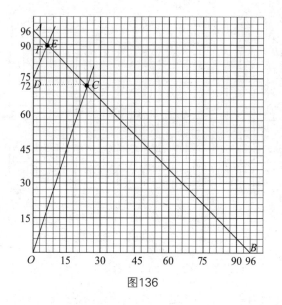

图136

马先生见我们无从下手，充满疑惑，突然笑了起来，问道：

"你们读过《三国演义》吗？它的头一句是什么？"

"话说，天下大势，分久必合，合久必分……"一个被我们称为小说家的同学说。

"运用之妙，存乎一心。现在就用得到一分一合了。先把第二、三两份合起来，第一份与它的比是什么？"

"12∶4，等于3∶1。"周学敏。

依照这个比，我画 OC 线，得出第一份 OD 是 72。以后呢？又没办法了。

"刚才是分而合，现在就当由合而分了。DA 所表示的是什么？"马先生问。

自然是第二、三份的和。为什么一下子就迷惑了呢？为什么不会想到把 A、E、C 当成独立的看，作 3∶1 来分 AC 呢？照这个比，作 DE 线，得出第二份 DF 和第三份 FA，各是 18 和 6。72 是 18 的 4 倍，18 是 6 的 3 倍，岂不是正合题吗？

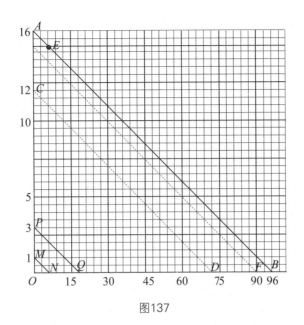

图137

本题的算法，很简单，我不写了。但用第二种方法作图（图137），更简明些，所以我把它作了出来。不过我先作的图和图135的形式是一样的：OD 表示第一份，DF 表示第二份，FB 表示第三份。后来王有道与我讨论了一番，依 1∶3∶12 的比，作 MN 和 PQ 同 CD 平行，用 ON 和 OQ 分别表示第三份和第二份，它们的数目，一眼望去就明了了。

例四：甲、乙、丙三人，合买一块地，各人应有地的比是 $1\frac{1}{2}:2\frac{1}{2}:4$。后来甲买进丙所有的 $\frac{1}{3}$，而卖1亩①给乙，甲和丙所有的地就相等了。求各人原有地多少？

虽然这个题的弯子绕得比较多，但马先生说，对付繁杂的题目，最要紧的是化整为零，把它分成几步去做。马先生叫王有道做这个分析工作。

王有道说：

"第一步，把三个人原有地的连比，化得简单些，就是：

---

① 1亩≈666.67平方米。——编者注

"$1\frac{1}{2}:2\frac{1}{2}:4=\frac{3}{2}:\frac{5}{2}:4=3:5:8$。"

接着他说：

"第二步，要求出地的总数，这就要替他们清一清账了。对于总数说，因为 $3+5+8=16$，所以甲占 $\frac{3}{16}$，乙占 $\frac{5}{16}$，丙占 $\frac{8}{16}$。

"丙卖去他的 $\frac{1}{3}$，就是卖去总数的 $\frac{8}{16}\times\frac{1}{3}=\frac{8}{48}$，

"他剩的是自己的 $\frac{2}{3}$，等于总数的 $\frac{8}{16}\times\frac{2}{3}=\frac{16}{48}$。

"甲原有总数的 $\frac{3}{16}$，再买进丙卖出的总数的 $\frac{8}{48}$，就是总数的：

"$\frac{3}{16}+\frac{8}{48}=\frac{9}{48}+\frac{8}{48}=\frac{17}{48}$。

"甲卖去 1 亩便和丙的相等，这就等于说，甲若不卖这 1 亩的时候，比丙多 1 亩。

"好，这一来我们就知道，总数的 $\frac{17}{48}$ 比它的 $\frac{16}{48}$ 多 1 亩。所以总数是：

"$1^{亩}\div\left(\frac{17}{48}-\frac{16}{48}\right)=1^{亩}\div\frac{1}{48}=48^{亩}$。"

这以后，就算王有道不说，我也知道了：

$$16:5=48^{亩}:\begin{matrix}3\\x_1^{亩}\\x_2^{亩}\\8\quad x_3^{亩}\end{matrix}$$

$$x_1亩=\frac{48^{亩}\times3}{16}=9^{亩}（甲）$$

$$x_2亩=\frac{48^{亩}\times5}{16}=15^{亩}（乙）$$

$$x_3亩=\frac{48^{亩}\times8}{16}=24^{亩}（丙）$$

虽然结果已经算了出来，马先生还叫我们用作图法来做一次。

我对于作图，决定用前面王有道同我讨论所得的形式。

横线表示地亩。

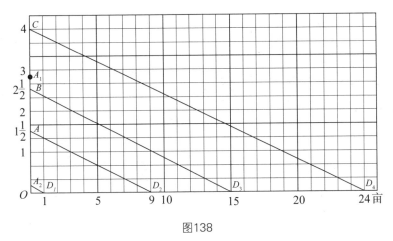

图138

纵线：OA 表示甲的，$1\frac{1}{2}$。OB 表示乙的，$2\frac{1}{2}$。OC 表示丙的，4。在 OA 上加 OC 的 $\frac{1}{3}$（4小段）得 OA_1。从 A_1 减去 OC 的 $\frac{2}{3}$（8小段）得 OA_2，这就是后来甲卖给乙的。

连 A_2D_1（OD_1 表示1亩），作 AD_2，BD_3 和 CD_4 与 A_2D_1 平行。

OD_2 指9亩，OD_3 指15亩，OD_4 指24亩，它们的连比，正是：

$$9 : 15 : 24 = 3 : 5 : 8 = 1\frac{1}{2} : 2\frac{1}{2} : 4。$$

这样看起来，作图法还要简捷些。

例五：甲工作6日；乙工作7日；丙工作8日；丁工作9日，其工价相等。现在甲工作3日；乙工作5日；丙工作12日；丁工作7日，共得工资24元6角4分，求每个人应得多少？

自然，这个题，只要先找出四个人各应得工资的连比就容易了。

我想，这是说得过去的，假设他们相等的工价都是1，则他们各人一天所得的工价，便是 $\frac{1}{6}$、$\frac{1}{7}$、$\frac{1}{8}$、$\frac{1}{9}$。而他们应得的工价的比，是：

甲：乙：丙：丁 $= \frac{3}{6} : \frac{5}{7} : \frac{12}{8} : \frac{7}{9} = 63 : 90 : 189 : 98$

63+90+189+98=440

24.64 元 $\times \dfrac{1}{440} = 0.056$ 元

0.056 元 ×63=3.528 元（甲的）

0.056 元 ×90=5.04 元（乙的）

0.056 元 ×189=10.584 元（丙的）

0.056 元 ×98=5.488 元（丁的）

本题若用作图法解，理论上当然毫无困难，但事实上要表示出三位小数来，是难能可贵的啊！

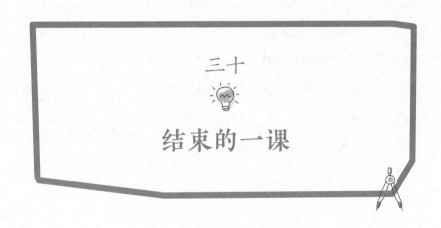

三十

结束的一课

暑假已快完结，马先生的讲述，这已是第三十次。全部算术中的重要题目，可以说，十分之九都提到了。还有许多要点，是一般的教科书上不曾讲到的。这个暑假，我过得算最有意义了。

今天，马先生来结束全部的讲授。他提出混合比例的问题，照一般算术教科书上的说法，将混合比例的问题分成四类，马先生就按照这种顺序讲。

第一，求平均价。

例一：上等酒二斤，每斤三角五分；中等酒三斤，每斤三角；下等酒五斤，每斤二角。三种相混，每斤值多少钱？

这又是已经讲过的——第十三节——老题目，但周学敏这次却不开腔了，他大概和我一样，正期待着马先生的花样翻新吧。

"这个题目，第十三节已讲过，你们还记得吗？"马先生问。

"记得！"好几个人回答。

"现在，我们已有了比例的概念和它的表示法，无妨变一个花样。"果然马先生要调换一种方法了，"你们用纵线表示价钱，横线表示斤数，先画出正好表示上等酒二斤一共的价钱的线段。"

当然，这是非常容易的，我们画了 *OA* 线段。

"再从 *A* 起画表示中等酒三斤一共的价钱的线段。"

我们又作 *AB*。

"又从 *B* 起画表示下等酒五斤一共的价钱的线段。"

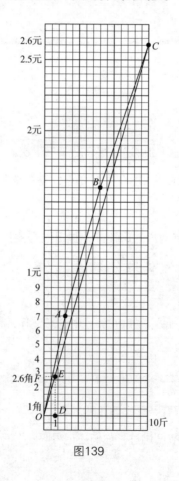

图139

这就是 BC。

"联结 OC。"我们照办了。

马先生问："由 OC 看来,三种酒一共值多少钱?"

"二元六角。"我说。

"一共几斤?"

"十斤。"周学敏。

"怎样找出一斤的价钱呢?"

"由指示一斤的 D 点。"王有道说,"画纵线和 OC 交于 E,由 E 横看得 F,它指出 2 角 6 分来。"

"对的!这种作法并不比第十三节所用的简单,不过对于以后的题目来说,却比较适用。"马先生这样做一个小小的结束。

第二,求混合比。

例二:上茶每斤价值 1 元 2 角,下茶每斤价值 8 角。现在要混成每斤价值 9 角 5 分的茶,应依照怎样的比配合?

依了前面马先生所给的暗示,我先作好表示每斤 1 元 2 角、每斤 8 角和每斤 9 角 5 分的三条线 OA、OB 和 OC。再将它和图 139 比较一下,我就想到将 OB 搬到 OC 的上面去,便是由 C 作 CD 平行于 OB。它和 OA 交于 D,由 D 往下到横线上得 E。

上茶:下茶 $=OE$:$EF=9$:$15=3$:5。

上茶 3 斤价值 3 元 6 角,下茶 5 斤价值 4 元,一共 8 斤价值 7 元 6 角,每斤正好价值 9 角 5 分。

自然,将 OA 搬到 OC 的下面,也是一样的。即过 C 作 CH 平行于 OA,它和 OB 交于 H。由 H 往下到横线上,得 K。

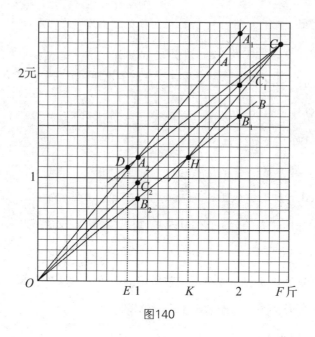

图140

下茶：上茶 =OK：KF=15：9=5：3。

结果完全一样，不过顺序不同罢了。

其实这个比由 A_1、C_1、B_1 和 A_2、C_2、B_2 的关系就可看出来的：

$A_1C_1：C_1B_1=5：3$

$A_2C_2：C_2B_2=2\frac{1}{2}：1\frac{1}{2}=\frac{5}{2}：\frac{3}{2}=5：3$

把这种情形，和算术上的计算法比较，更是有趣。

平均价0.95元 （OC）	原价	损益	混合比	
	上1.20元（OA）	-0.25%（A_2C_2）	15（EF）	5（A_1C_1或A_2C_2）
	下0.80元（OB）	+0.15元（B_2C_2）	9（OE）	3（C_1B_1或C_2B_2）

例三：有四种酒，每斤的价为：A，5角；B，7角；C，1元2角；D，1元4角。怎样混合，可成每斤价9角的酒？

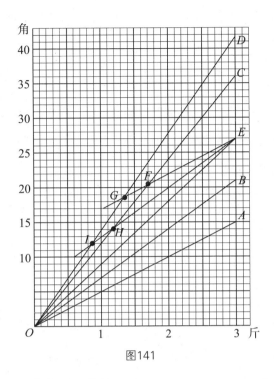

图141

作图是容易的，依每斤的价钱，画 OA、OB、OC、OD 和 OE 五条线。再过 E 作 OA 的平行线，和 OC、OD 交于 F、G。又过 E 作 OB 的平行线，和 OC、OD 交于 H、I。由 F、G、H、I 各点，相应地便可得出 A 和 C、A 和 D、B 和 C，同着 B 和 D 的混合比来。配合这些比，就可得出所求的数。因为配合的方法不同，形式也就各别了。

马先生说，本题由 F、G、H、I 各点去找 A 和 C、A 和 D、B 和 C，同着 B 和 D 的比，反不如就 AE、BE、CE、DE 看来得简明。依照这个看法：

$AE=12$，$BE=6$，

$CE=9$，$DE=15$。

因为只用到它们的比，所以可变成：

$AE=4$，$BE=2$，

CE=3，*DE*=5。

再注意把它们的损益相消，就可以配合成了。

配合的方式，本题可有七种。马先生叫我们共同考察，将算术上的算法，和图对照起来看，这实在是又切实又有趣的工作。本来，我们照呆法子计算的时候，方法虽懂得，结果虽不差，但心里面总是模糊的。现在，经过这一番探讨，才算一点儿不含糊地明了了。

配合的方式，可归结成三种，就依照这样，分别写在下面：

（一）损益各取一个相配的，在图上就是 *OE* 线的上（损）和下（益）各取一个相配。

（1）*A* 和 *D*、*B* 和 *C* 配。

	原价	损益	混合比
平均价9角（*OE*）	*A* 5角（*OA*）	+4角（*AE*下）	5（*DE*）
	B 7角（*OB*）	+2角（*BE*下）	3（*CE*）
	C 12角（*OC*）	−3角（*CE*上）	2（*BE*）
	D 14角（*OD*）	−5角（*DE*上）	4（*AE*）

（2）*A* 和 *C*、*B* 和 *D* 配。

	原价	损益	混合比
平均价9角（*OE*）	*A* 5角（*OA*）	+4角（*AE*下）	3（*CE*）
	B 7角（*OB*）	+2角（*BE*下）	5（*DE*）
	C 12角（*OC*）	−3角（*CE*上）	4（*AE*）
	D 14角（*OD*）	−5角（*DE*上）	2（*BE*）

（二）取损或益中的一个和益或损中的两个分别相配，其他一个损或益和一

个益或损相配：

（3）D 和 A、B 各相配，C 和 A 配。

平均价9角	原价	损益	混合比			
	A 5角	+4角	5（DE）		3（CE）	8
	B 7角	+2角		5（DE）		5
	C 12角	−3角			4（AE）	4
	D 14角	−5角	4（AE）	2（BE）		6

（4）D 和 A、B 各相配，C 和 B 相配。

平均价9角	原价	损益	混合比			
	A 5角	+4角	5（DE）			5
	B 7角	+2角		5（DE）	3（CE）	8
	C 12角	−3角			2（BE）	2
	D 14角	−5角	4（AE）	2（BE）		6

（5）C 和 A、B 各相配，D 和 A 相配。

平均价9角	原价	损益	混合比			
	A 5角	+4角	3（CE）		5（DE）	8
	B 7角	+2角		3（CE）		3
	C 12角	−3角	4（AE）	2（BE）		6
	D 14角	−5角			4（AE）	4

（6）C 和 A、B 相配，D 和 B 相配。

	原价	损益	混合比			
平均价9角	A 5角	+4角	3（CE）			3
	B 7角	+2角		3（CE）	5（DE）	8
	C 12角	−3角	4（AE）	2（BE）		6
	D 14角	−5角			2（BE）	2

（三）取损或益中的每一个，都和益或损中的两个相配：

（7）D 和 C 各都同 A 和 B 相配。

	原价	损益	混合比					
平均价9角	A 5角	+4角	5（DE）		3（CE）		8	4
	B 7角	+2角		5（DE）		3（CE）	8	4
	C 12角	−3角			4（AE）	2（BE）	6	3
	D 14角	−5角	4（AE）	2（BE）			6	3

第三，求混合量，——知道了全量。

例四：鸡、兔同一笼，共十九个头，五十二只脚，求各有几只？

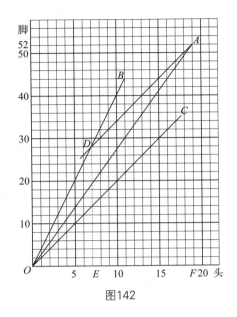

图142

这原是马先生说过，——第十节——在混合比例中还要讲的。到了现在，平心而论，我已掌握它的算法了：先求混合比，再依按比分配的方法，把总数分开就行。

且先画图吧。用纵线表示脚数，横线表示头数，*A* 就指出十九个头同五十二只脚。

连 *OA* 表示平均的脚数，作 *OB* 和 *OC* 表示兔和鸡的数目。又过 *A* 作 *AD* 平行于 *OC*，和 *OB* 交于 *D*。

由 *D* 往下看到横线上，得 *E*。*OE* 指示 7，是兔的只数；*EF* 指出 12，是鸡的只数。

计算的方法，虽然很简单，却不如作图法的简明：

	每只脚数	相差	混合比		
平均脚数 $\frac{52}{19}$（OA）	鸡2（OC）	少 $\frac{14}{19}$（下）	$\frac{24}{19}$	24	12
	兔4（OB）	多 $\frac{24}{19}$（上）	$\frac{14}{19}$	14	7

在这里，因为混合比的两项 12 同 7 的和正是 19，所以用不着再计算一次按比分配了。

例五：上、中、下三种酒，每斤的价是 3 角 5 分、3 角和 2 角。要混合成每斤 2 角 5 分的酒 100 斤，每种需多少？

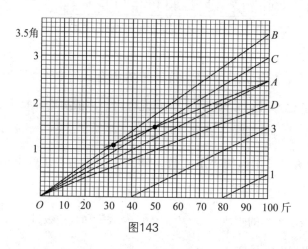

图143

作 OA、OB、OC 和 OD 分别表示每斤价 2 角 5 分、3 角 5 分、3 角和 2 角的酒。这个图正好表出：上种酒损 1 角，BA；中种酒损 5 分，CA；而下种酒益 5 分，DA。因而混合比是：

$$\left.\begin{array}{l} \text{上} : \text{中} \quad \text{下} \\ 5 : \quad\quad 10 \\ 5 : 5 \end{array}\right\} 即 \left.\begin{array}{l} \text{上} \ \text{中} \ \text{下} \\ 1 : \quad 2 \\ 1 : 1 \end{array}\right\} 即 1:1:3$$

依这个比，在右边纵线上取 1 和 3，过 1 和 3 作线平行于 OA，交横线于 80

和40。从80到100是20，从40到100是60。即上酒20斤、中酒20斤、下酒60斤。

算法和前面一样，不过最后需按1：1：3的比分配100斤罢了。所以，本不想把式子写出来。

但是，马先生却问："这个结果自然是对的了，还有别的分配法没有呢？"

为了回答这个问题，只得将式子写出来。

	原价	损益	混合比			
平均价2.5角（OA）	上3.5角（OB）	−1.0角（BA上）	5（OA）		5	1
	中3.0角（OC）	−0.5角（CA上）		5（CA）	5	1
	下2.0角（OD）	+0.5角（DA下）	10（BA）	5（CA）	15	3

混合比仍是1：1：3，把100斤分配下来，自然仍是20斤、20斤和60斤了，还有什么疑问呢？

不！但是不！马先生说："比是活动的，在这里，上比下和中比下，各为5：10和5：5，也就是1：2和1：1。从根本上讲，只要按照这两个比，分别取出各种酒相混合损益都正好相抵消而合于平均价，所以：

混合比		（1）			（2）			（3）			（4）			（5）			（6）			（7）		
	上	5		5	1		1	1		1	2		2	3		3	6		6	7		7
	中		5	5		1	1		11	11		7	7		8	8		1	1		2	2
	下	10	5	15	2	1	3	2	11	13	4	7	11	6	8	14	12	1	13	14	2	16

（1）和（2）是已用过的，（3）（4）（5）（6）和（7）都可得出答数来。"

是的，由（4），2、7、11的和是20，所以：

上 100 斤 $\times\dfrac{2}{20}$ =10 斤，中 100 斤 $\times\dfrac{7}{20}$ =35 斤，下 100 斤 $\times\dfrac{11}{20}$ =55 斤。

由（5），3、8、14 的和是 25，所以：

上 100 斤 $\times\dfrac{3}{25}$ =12 斤，中 100 斤 $\times\dfrac{8}{25}$ =32 斤，下 100 斤 $\times\dfrac{14}{25}$ =56 斤。

由（6），6、1、13 的和是 20，所以：

上 100 斤 $\times\dfrac{6}{20}$ =30 斤，中 100 斤 $\times\dfrac{1}{20}$ =5 斤，下 100 斤 $\times\dfrac{13}{20}$ =65 斤。

由（7），7、2、16 的和是 25，所以：

上 100 斤 $\times\dfrac{7}{25}$ =28 斤，中 100 斤 $\times\dfrac{2}{25}$ =8 斤，下 100 斤 $\times\dfrac{16}{25}$ =64 斤。

"除了这几种，还有没有呢？"我正怀着这个疑问，马先生却问了出来，但是没有什么人回答。后来，他说，还有，但还有更根本的问题要先解决。

又是什么问题呢？

马先生问："你们就这几个例看，能得出什么结果呢？"

"各个连比三次的和，是 5（2）、20［（4）和（6）］、25［（1）（3）和（5）（7）］，都是 100 的约数。"王有道。

"这就是根本问题。"马先生，"因为我们要的是整数的答数，所以这些数就得除得尽 100。"

"那么，能够配来合用的比，只有这么多了吗？"周学敏问。

"不只这些，不过配成各项的和是 5 或 20 或 25 的，只有这么多了。"马先生回答。

"怎么知道的呢？"周学敏追问。

"那是一步一步推算的结果。"马先生说，"现在你仔细看前面的六个连比。把（2）做基本，因为它是最简单的一个。在（2）中，我们又用上和下的比，1：2 做基本，将它的形式改变。再把中和下的比，1：1 也跟着改变，来凑成三项的和是 5，或 20 或 25。例如，用 2 去乘这两项，得 2：4，它们的和是 6。20 减去 6 剩 14，折半是 7，就用 7 乘第二个比的两项，这样就是（4）。"

"用 2 乘第一个比的两项，得 2：4，它们的和是 6。第二个比的两项，也用 2 去乘，得 2：2，它们的和是 4。连比变成 2：2：6，三项的和是 10，也能除尽 100。为什么不用这一个连比呢？"王有道问。

"不是不用，是可以不用。因为 2：2：6 和（1）的 5：5：15 同着（2）的 1：1：3 是相同的。由此可以看出，乘第一个比的两项所用的数，必须和乘第二比的两项所用的数不同，结果才不同。"

马先生回答后，王有道又说："你们索性再进一步探究。第一个比，1：2，两项的和是 3，是一个奇数。第二个比，1：1，两项的和是 2，是一个偶数。所以，第一个比的两项，无论用什么数（整数）去乘，它们的和总是 3 的倍数。并且，乘数是奇数，这个和也是奇数；乘数是偶数，它也是偶数。再说奇数加偶数是奇数，偶数加偶数仍然是偶数。

"跟着这几个法则，我们来检查上面的（3）（5）（6）（7）四种混合比。（3）的第一个比的两项没有变，就算是用 1 去乘，结果两项的和是奇数，所以连比三项的和也只能是奇数，它就只能是 25。[如果是 5 就变成了（2）。]（5）的第一个比的两项，是用 3 去乘的，结果两项的和是奇数，所以连比三项的和也只能是奇数，它就只能是 25。在这里，要注意，若用 4 去乘第一个比的两项，结果它们的和是 12，只能也用 4 去乘第二个比的两项，使它成 4：4，而连比成为 4：4：12，这和（1）同（2）一样。若用 5 去乘第一个比的两项，不用说，得出来的就是（1）了。所以（6）的第一个比的两项是用 6 去乘的，结果它们的和是 18，偶数，所以连比三项的和只能是 20。20 减去 18 剩 2，正是第二个比两项的和。用 7 去乘第一个比的两项，结果，它们的和是 21，奇数，所以连比三项的和只能是 25。25 减去 21 剩 4，折半得 2，所以第二个比，应该变成 2：2，这就是（7）。

"假如用 8 以上的数去乘第一个比的两项，结果它们的和已在 24 以上，连比三项的和当然超过 25。——这就说明了配成连比三项的和是 5 或 20 或 25 的，只有（2）（3）（4）（5）（6）（7）六种。"

"那么，这个题，也就只有这六种答数了？"一个同学问。

"不！我已回答过周学敏。周学敏！连比三项的和，合用的，还有什么？"马先生问。

"50 和 100。"周学敏。

"对的！那么，还有几种方法可配合呢？"马先生。

"……"

"没有人能回答上来吗？这不是很便当吗？"马先生，"其实也是很呆板的。第一个比变化后，两项的和总是'3'的倍数，这是第一点。（7）的第一个比两项的和已是 21，这是第二点。50 和 100 都是偶数，所以变化下来的结果，第一个比两项的和必须是'3'的倍数，而又是偶数，这是第三点。由这三点去想吧！先从 50 起。"

"由第一、二点想，21 以上 50 以下的数，有几个数是 3 的倍数？"马先生问。

"50 减去 21 剩 29，3 除 29 可得 9，一共有 9 个。"周学敏。

"再由第三点看，只能用偶数，9 个数中有几个可用？"

"21 以后，第一个 3 的倍数是偶数。50 前面，第一个 3 的倍数，也是偶数。所以有 5 个可用。"王有道说。

"不错。24、30、36、42 和 48，正好 5 个。"我一个一个地想了出来。

"那么，连比三项的和，配成这五个数，都合用吗？"马先生问。

大概这中间又有什么问题了。我就把五个连比都做了出来。结果，真是有问题。

第一：用 10 乘第一个比的两项，得 10：20，它们的和是 30。50 减去 30

剩 20，折半得 10，连比便成了 10 : 10 : 30，等于 1 : 1 : 3，同（2）是一样的。

第二：用 14 乘第一个比的两项，得 14 : 28，它们的和是 42。50 减去 42 剩 8，折半得 4，连比便成了 14 : 4 : 32，等于 7 : 2 : 16，同（7）一样。

我将这个结果告诉了马先生，他便说：

"可见得，只有三种方法可配合了。连同上面的六种，——（1）和（2）只是一种——一共不过九种。此外，就没有了？"

我觉得，这倒很有意思。把九种比写出来一看，除前面的（2），它是作基本的以外，都是用一个数去乘（2）的第一个比的两项得出来的。这些乘数，依次是 1、2、3、6、7、8、12 和 16。用 5、10 或 14 做乘数的结果，都与这九种中的一种重复。用 9、11、13 或 15 去乘是不合用的。我正在玩味这些情况，突然周学敏大声说：

"马先生，不对！"

"怎么？你发现了什么？"马先生很诧异。

"前面的（4）和（6），第一个比两项的和都是偶数，不是也可以将连比配成三项的和是 50 吗？"周学敏得意地说。

"好！你试试看。"马先生，"这个漏洞，你算捉到了。"

我觉得很奇怪，为什么马先生早没有注意到呢？

"（4）的第一个比，两项的和是 6。50 减去 6 剩 44，折半是 22，所以第二个比可变成 22 : 22，连比是 2 : 22 : 26。"周学敏。

"用 2 去约来看。"马先生。

"是 1 : 11 : 13。"周学敏。

"这不是和（3）一样了吗？"马先生说。周学敏却窘了。

接着，马先生又说："本来，这也应当探究的，再把那一个试试看。"我知道，这是他在安慰周学敏了。其实周学敏的这点精神，我也觉得佩服。

"（6）的第一个比，两项的和，是 18。50 减去 18 剩 32，折半得 16，所以连比是 6：16：28。——还是可用 2 去约，约下来是 3：8：14，正和（5）一样。"周学敏连不合用的理由也说了出来。

"好！我们总算把这个问题，解析得很透彻了。周学敏的疑问虽是对的，可惜他没抓住最紧要的地方。他只看到前面的七种，不曾想到七种以外。这一点我本来就要提醒你们的。假如用 4 去乘（2）的第一个比的两项，得的是 4：8，它们的和便是 12。50 减去 12 剩 38，折半是 19。第二比是 19：19。连比便是 4：19：27。加上前面的九种一共有十种配合法。这种探究，不过等于一种游戏。假如没有总数 100 的限制，混合的方法本来是无穷的。"

对于这样的探究，我觉得很有趣，就把各种结果抄在后面。

（1）

混合比					混合量
	上	1		1	20斤
	中		1	1	20斤
	下	2	1	3	60斤

（2）

混合比					混合量
	上	1		1	4斤
	中		11	11	44斤
	下	2	11	13	52斤

（3）

混合比					混合量
	上	2		2	10斤
	中		7	7	35斤
	下	4	7	11	55斤

（4）

混合比					混合量
	上	4		4	8斤
	中		19	19	38斤
	下	8	19	27	54斤

（5）

混合比	上	3		3	12斤	混
合	中		8	8	32斤	合
比	下	6 8		14	56斤	量

（6）

混合比	上	6		6	30斤	混
合	中		1	1	5斤	合
比	下	12 1		13	65斤	量

（7）

混合比	上	7		7	28斤	混
合	中		2	2	8斤	合
比	下	14 2		16	64斤	量

（8）

混合比	上	8		8	16斤	混
合	中		13	13	26斤	合
比	下	16 13		29	58斤	量

（9）

混合比	上	12		12	24斤	混
合	中		7	7	14斤	合
比	下	24 7		31	62斤	量

（10）

混合比	上	16		16	32斤	混
合	中		1	1	2斤	合
比	下	32 1		33	66斤	量

"但是，连比三项的和是100的呢？"一个同学问马先生。

他说："这也应该探究一番，一不做二不休，干脆尽兴吧！从哪里下手呢？"

"就和刚才一样，先找100以内的3的倍数，而且又是偶数的。3除100可得33，就是一共有三十三个3的倍数。第一个3和末一个99都是奇数。所以，100以内，只有16个3的倍数是偶数。"周学敏回答得清楚极了。

"那么，混合的方法，是不是就有十六种呢？"马先生又提出了问题。

"只好一个一个地做出来看了。"我说。

"那倒不必这么老实。例如第一个比两项的和是3的倍数又是偶数，还是4的倍数的，大半就不必要。"马先生提出的这个条件，我还不明白是什么原因。

我便追问：

"为什么？"

"王有道，你试着解释看。"马先生叫王有道。

"因为：第一，100 本是 4 的倍数。第二，第二个比总是由 100 减去第一个比的两项的和，折半得出来的，所以至少第二比的两项都是 2 的倍数。第三，这样合成的连比，三项都是 2 的倍数。用 2 去约，结果三项的和就在 50 以内，与前面用过的便重复了。例如 24，若第一个比为 8：16。100 减去 24，剩 76，折半是 38，第二个比是 38：38。连比便是 8：38：54，等于 4：19：27。"王有道的解释我明白了。

"照这样说起来，十六个数中，有几个不必要的呢？"马先生。

"3 的倍数又是 4 的倍数的，就是 12 的倍数。100 用 12 去除可得 8。所以有 8 个是不必要的。"王有道想得真周到。

"剩下的八个数中，还有不合用的吗？"这个问题又把大家难住了。还是马先生来提示：

"30 的倍数，也是不必要的。"

这很容易考察，100 以内 30 的倍数，只有 30、60 和 90 这三个。60 又是 12 的倍数，依前面的说法，已不必要了，只剩 30 和 90。它们同着 100 都是 5 和 10 的倍数。100 和它们的差，当然是 10 的倍数，折半后便是 5 的倍数。两个比的各项同是 5 的倍数，它们合成的连比的三项，自然都可用 5 去约。结果这两个连比三项的和都成了 20，也重复了。

所以八个当中又只有六个可用，那就是：

（11）

混合比						混合量
混	上	2		2	2斤	混
合	中		47	47	47斤	合
比	下	4	47	51	51斤	量

（12）

混合比						混合量
混	上	6		6	6斤	混
合	中		41	41	41斤	合
比	下	12	41	53	53斤	量

（13）

混合比						混合量
混	上	14		14	14斤	混
合	中		29	29	29斤	合
比	下	28	29	57	57斤	量

（14）

混合比						混合量
混	上	18		18	18斤	混
合	中		23	23	23斤	合
比	下	36	23	59	59斤	量

（15）

混合比						混合量
混	上	22		22	22斤	混
合	中		17	17	17斤	合
比	下	44	17	61	61斤	量

（16）

混合比						混合量
混	上	26		26	26斤	混
合	中		11	11	11斤	合
比	下	52	11	63	63斤	量

对于这一个例题，寻根究底地，弄得够多的了。接着马先生就讲第四类。

第四，求混合量，——知道了一部分的量。

例六：每斤价 8 角、6 角、5 角的三种酒，混合成每斤价 7 角的酒。所用每斤价 8 角和 6 角的斤数的比为 3∶1，怎样配合法？

这很简单。先作 OA 表示每斤 7 角。次作 OB 表示每斤 8 角，B 正在纵线 3 上。从 B 作 BC，表示每斤 6 角。C 正在纵线 4 上。——这样一来，两种斤数的比便是 3∶1——从 C 再作 CD 表示每斤 5 角。CD 和 OA 交在纵线 5 上的 D。所以，三种的比，是：

$OB_1∶B_1C_1∶C_1D_1=3∶1∶1$

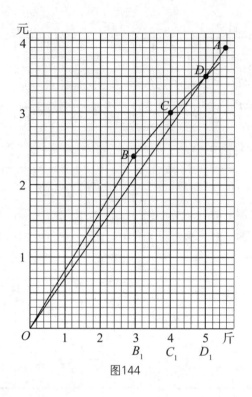

图144

试把计算法和它对照：

	原价	损益	混合比		
平均价7角 （OA）	8角（OB）	−1角	2	1	3（OB$_1$）
	6角（BC）	+1角		1	1（B$_1$C$_1$）
	5角（CD）	+2角	1		1（C$_1$D$_1$）

例七：每斤价 5 角、4 角、3 角的酒，混合成每斤价 4 角 5 分的，5 角的用 11 斤，4 角的用 5 斤，3 角的要用多少斤？

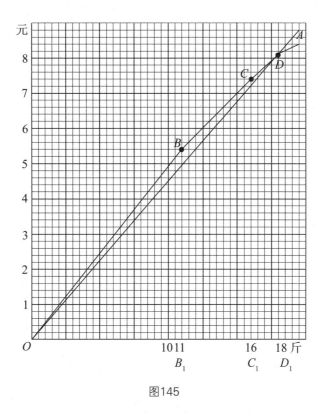

图145

本题的作图法，和前一题的，除所表的数目外，完全相同。由图上一望可知，OB_1 是 11 斤，B_1C_1 是 5 斤，C_1D_1 是 2 斤。和计算法比较，算起来还是麻烦些。

	原价	损益	混合比					混合量		
平均价4.5角（OA）	5角（OB）	−0.5角	1.5	0.5	3	1	3	5	6斤 5斤	11斤
	4角（BC）	+0.5角		0.5		1		5	5斤	5斤
	3角（CD）	+1.5角	0.5			1	1		2斤	2斤

由混合比得混合量，这一步比较麻烦，远不如画图法来得直接、痛快。先要依题目上所给的数量来观察，4 角的酒是 5 斤，就用 5 去乘第二个比的两项。

5角的酒是 11 斤，但有 5 斤已确定了，11 减去 5 剩 6，它是第一个比第一项的 2 倍，所以用 2 去乘第一个比的两项。这就得混合量中的第一栏。结果，三种酒，依次是 11 斤、5 斤、2 斤。

例八：将三种酒混合，其中两种的总价是 9 元，合占 1 斗 5 升。第三种酒每升价 3 角，混成的酒，每升价 4 角 5 分，求第三种酒的升数。

"这是弄点儿小聪明的题目，两种酒既然有了总价 9 元和总量 1 斗 5 升，这就等于一种了。"马先生说。

明白了这一点，还有什么难呢？

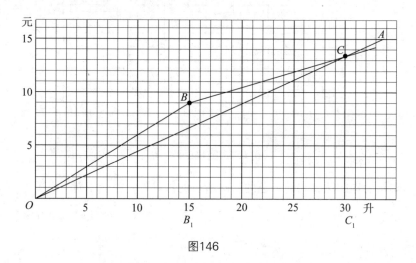

图146

作 OA 表示每升价 4 角 5 分的。OB 表示 1 斗 5 升价 9 元的。从 B 作 BC，表示每升价 3 角的。它和 OA 交于 C。图上，OB_1 指 1 斗 5 升，OC_1 指 3 斗。OC_1 减去 OB_1 剩 B_1C，指 1 斗 5 升，这就是所求的。

照这作法来计算，便是：

平均价4.5角（OA）	原价	损益	混合比
	$\frac{90}{15}$角（OB）	−1.5角	15（OB_1）
	3角（BC）	+1.5角	15（B_1C_1）

这题算完以后，马先生在讲台上，对着我们静静地站了两分钟：

"李大成，你近来对算学的兴趣怎样？"

"觉得很浓厚。"我不由自主地很恭敬地回答。

"这就好了，你可以相信，算学也是人人能领受的了。暑假已快完了，你们也应当把各种功课都整理一下。我们的谈话，就到这一次为止。我希望你们不要偏爱算学，也不要怕它。无论对于什么功课，都不要怕！你们不怕它，它就怕你们。对于做一个现代人不可缺少的常识，以及初中各科所教的，别人能学，自己也就能学，用不着客气。勇敢和决心，是打破一切困难的武器。求知识，要紧！精神的修养，更要紧！"

马先生的话停住了，静静地听他讲话的我们都睁着一双贪得无厌的馋眼望着他。

刘薰宇　著

刘薰宇给孩子的
55堂数学课

数学趣味

北京联合出版公司
Beijing United Publishing Co.,Ltd.

图书在版编目（CIP）数据

数学趣味 / 刘薰宇著. -- 北京：北京联合出版公司, 2020.8

（刘薰宇给孩子的55堂数学课）

ISBN 978-7-5596-4283-7

Ⅰ.①数… Ⅱ.①刘… Ⅲ.①数学—青少年读物
Ⅳ.①O1-49

中国版本图书馆CIP数据核字(2020)第093683号

数学趣味

作　　者：刘薰宇
出 品 人：赵红仕
责任编辑：高霁月
封面设计：小徐书装

北京联合出版公司出版
（北京市西城区德外大街83号楼9层　100088）
北京联合天畅文化传播公司发行
北京美图印务有限公司印刷　新华书店经销
总字数330千字　710毫米×1000毫米　1/16　34.25总印张
2020年8月第1版　2020年8月第1次印刷
ISBN 978-7-5596-4283-7
定价：98.00元（全三册）

序

我中学时代最不欢喜数学,最欢喜图画,常常为了图画而抛荒数学课。看见某画理书上说:"学数学与学图画,头脑的用法相反,故长于数学者往往不善图画,长于图画者往往不善数学。"我得了这句话的辩护,便放心地抛荒数学课,仿佛数学越坏,图画会越好起来似的。现在回想觉得可笑又可惜,放弃了青年时代应修的一种功课。我一直没有尝过数学的兴味,一直没有游览过数学的世界,到底是损失!

最近给我稍稍补偿这损失的,便是这册书里的几篇文章。我与薰宇相识后,他便做这些文章。他每次发表,我都读,诱我读的,是它们的富有趣味的题材。我常不知不觉地被诱进数学的世界里去。每次想:假如从前有这样的数学书,也许我不会抛荒数学,因而不会相信那画理书上的话。我曾鼓励薰宇续作,将来结集成书。现在书就将出版了,薰宇要我作序。数学的书,叫我这从小抛荒数学的人作序,也是奇事。而我居然作了,更属异闻!序,似乎应该是对于全书的内容有所品评或阐发的,然而我的序没有,只表示我是每篇的爱读者而已。——唯其中"韩信点兵"一篇给我的回想很不好:这篇发表时,我正患眼疾,医生叮嘱我灯下不可看书,而我接到杂志,竟在灯下一口气读完了。次日眼睛很痛,又去看医生。

一九三三年耶稣诞节

子恺

致 读 者

　　我有一个怪癖——胡思乱想。闲来无事，独自一个人坐着，不用说，只是胡思乱想。就是吃饭、走路的当儿，仍然胡思乱想。甚至许多人在一起谈得兴会淋漓的时候，我也会突然默默地不顾一切地发呆。

　　我的胡思乱想也有一点儿奇怪，并非天南地北、海阔天空地毫无边际，只是由一个什么诱因一直线地连续下去，有时竟连续两三天，全在这条线上循环往复。

　　我胡思乱想的路不过两条：一条非数学的，一条数学的。我会想到一个没有鼻子的人，怎样生活下去；也会想到一个长着翅膀的人怎样在天空中翱翔，怎样快活或怎样倒霉。这些属于非数学的一类。自然说它们是文学的似乎更恰当些，但我的笔太笨了，不能将它们写成童话，所以不敢"掠美"用"文学的"这一个词。

　　数学的胡思乱想，占据我的时间差不多有三分之一以上。我是不喜欢孤独的，然而我的命运常常使我困在孤独里面。我有许多朋友，很奇怪的是，这些被我热心、诚敬称为朋友的人，没有一个把我登记在他的朋友录里。我不出去找人，永远不会有人光临寒舍。我去找朋友时，总使他们心里不高兴。因为我怕孤寂，找到了朋友，就舍不得离开。我常常觉得这损人利己的勾当不是办法，于是鼓起勇气孤零零地坐在屋里，这时，陪伴我的大半是数学的胡思乱想。在生活上，遇到坎坷，走投无路，我总是读数学，或用数学的胡思乱想来使自己镇静。数学是我的朋友，是唯一肯给我慰藉的朋友，然而我却没有想成数学家的野心。

我的数学的胡思乱想，站在数学的立场说，全是上天下地地跑野马。有时我想到极深奥的问题，有时我想的却只是小学生的问题。我走上电车、公共汽车，或火车，总要看那张车票的号头，将它来分因子，将各因子两两三三地乘乘除除。比如车票的号头是6552，凭我的力量一眼就知道它含有一个因子8和一个因子9，再看又知道还含有一个因子7。八九七十二，7乘72得504，我便用504去除6552得到13，它是个质数，分解因子的想法才就此停止。以后便用12，24，14，28，56，26，39……一切2，4，8，3，9，7，13中两个数以上的乘积，去除6552。这样的胡思乱想，使我忘掉同车没有朋友的寂寞。假如车票的号头是一个一眼望去就可知道的质数，这一次的乘车经历对我来说就很痛苦。

我最怕一个人步行，走路得当心，不便胡思乱想，然而我在一个人走路的时候，一样怕寂寞，唯一驱赶寂寞的方法便是数步数。

无论分因子、数步数或胡思乱想到别的深深浅浅的问题，都只是把它当作排遣孤寂的方式，并不追求什么结果。我的住室在楼下，每次上下的梯子，总数过好几百次，但是若要问这梯子有几级，我还需去数了才回答得上来。

这本小册子里所结集的十来篇东西，有两个来源：一是被逼得无可奈何时的文债，一是胡思乱想的结果。本来，这些不成什么器皿的东西，将它们发表已属多事；发表过了，还要结集起来，成单行本，更是多事中的多事。既然知道这样，为什么还要自讨苦吃呢？这也有点儿小小的原因：自从发表过四五篇后，书店和我便常常接到一些爱读青年的信，一是要我多写，一是要我将它们结集起来出单行本。其中有两封最使我感动，它们都是"一·二八"以后的。那信上说，他们在《中学生》上很喜欢读《数学讲话》，一直是保存起来的，因为他们住在闸北，"一·二八"逃难竟失去了，补也补不齐，望我出单行本给他们以便有机会再读。不过那时才只有五六篇，在量上未免单薄一些，所以拖延到现在才来报答这些喜欢它们的朋友的雅意。

至于写，我很抱歉，久已不动笔了，更说不到多。其原因是个人生活的忙碌。在忙碌中虽然一样地胡思乱想，但这胡思乱想的直线都很短，写不成什么东西。此后我希望能有更多胡思乱想的时间，写出一点儿东西。孤寂呢，因生活的忙碌不但没有减少，有时反而增加深度。无论如何只希望胡思乱想的直线，能有拉得较长的机会。

　　因为这十来篇东西只是胡思乱想的结果，所以它们彼此之间没有较多的关联，不过有两点似乎是相同的：许多人以为数学是枯燥、繁杂、令人头痛、不切实用的学科，因而望而却步。打破这种观念，这是第一个共同的企图。

　　许多人以为学习数学，只要呆记书本上的法则、公式、定理等等，再将练习题做完，这就算全部掌握了。其实书本上的知识不但有限，而且也太固定了，我们所能遇见的更鲜活的材料不知有多少。将死板的方法用到这些活泼的材料上去，使它俩相得益彰，这是一条学习的正轨。学习不但要收集一些材料，还要掌握一些方法。掌握方法比收集材料更有效果。比如说，鸡兔同笼这一类题，什么算术课本里都有，掌握它的算法固然重要，而学习怎样思索出那算法来更重要，不是吗？它的算法是从假设全体是鸡或兔起步的，知道第一步以后便容易了。对于这类题怎样才能想出这第一步的假设法来，便是思索的方法和问题。暗示处理材料和思索问题的方法，这是第二个共同的企图。

　　自然，这小册子并不会完全达到这两个企图，这是我的力量的问题，深感抱歉！

目　录

一

数学是什么

这里所要说明的"数学"这一个词，包含着算术、代数、几何、三角等等在内。用英文名词来说，那就是 Mathematics。它的定义，照平常的想法，非常简单、明了，几乎用不到再说明。若真要说明，问题却有很多。且先举罗素（Russell），在他所著的《数理哲学》提出的定义，真是叫人莫名其妙，好像在开玩笑一样。他说：

"Mathematics is the subject in which we never know what we are talking about nor whether what we are saying is true."

将这句话粗疏地翻译出来，就是：

"数学是这样一回事，研究它这种玩意儿的人也不知道自己究竟在干些什么。"

这样的定义，它的惝恍迷离，它的神奇莫测，真是"不说还明白，一说反糊涂"。然而，要将已经发展到现在的数学的领域统括得完全，要将它繁复、灿烂的内容表示得活跃，好像除了这样也没有别的更好的话可说了。所以伯比里慈（Papperitz）、伊特耳生（Itelson）和路易·古度拉特（Louis Couturat）几位先生对于数学所下的定义也是和这个气味相同。

对于一般的数学读者，这定义，恐怕反而使大家坠入五里雾中，因此拨云雾见青天的工作似乎少不了。罗素所下的定义，它的价值在什么地方呢？它所指示的是什么呢？要回答这些问题，还是用数学的其他定义来相比较更容易明白。

在希腊，亚里士多德（Aristotle）那个时代，不用说，数学的发展还很幼稚，领域也极狭小，所以只需说数学的定义是一种"计量的科学"，便可使人心满意足了。可不是吗？这个定义，初学数学的人是极容易明白、满足的。他们解四则问题、学复名数的计算，再进到比例、利息，无一件不是在计算量。就是学到代数、几何、三角，也还不容易发现这个定义的破绽。然而仔细一想，它实在有些不妥帖。第一，什么叫作量，虽然我们可以用一般的知识来解释，但真要将它的内涵弄明白，也不容易。因此用它来解释别的名词，依然不能将那名词的概念明了地表示出来。第二，就是用一般的知识来解释量，所谓计量的科学这个谓语也不能够明确地划定数学的领域。像测量、统计这些学科，虽然它们各有特殊的目的，但也只是一种计量。由此可知，仅仅用"计量的科学"这一个谓语联系到数学而成一个数学的定义，未免广泛了一点。

若进一步去探究，这个定义的欠缺还不止这两点，所以孔德（Comte）就加以修改而说："数学是间接测量的科学。"照前面的定义，数学是计量的科学，那么必定要有量才有可计算的，但它所计的量是用什么手段得来的呢？用一把尺子就可以量一块布有几尺几寸宽、几丈几尺长；用一杆秤就可以量一袋米有几斤几两重，这自然是可以直接办到的。但若是测量行星轨道的广狭、行星的体积，或是很小的分子的体积，这些就不是人力所能直接测定的，然而由

数学的方法可以间接将它们计算出来。因此，孔德所下的这个定义，虽然不能将前一个定义的缺点完全补正，但总是较进一步了。

孔德究竟是十九世纪前半期的人物，虽然他是一个不可多得的哲学家和数学家，但在他的时代，数学的领域远不及现在广阔，如群论、位置解析、投影几何、数论以及逻辑的代数等，这些数学的支流的发展，都是他以后的事。而这些支流和量或测量实在没什么关系。即如笛沙格（Desargues）所证明的一个极有兴味的定理："两三角形的顶点若在集交于一点的三直线上，则它们的相应边的交点就在一条直线上。"

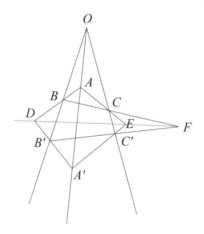

这个定理的证明，就只用到位置的关系，和量毫不相干。数学的这种进展，自然是轻巧地将孔德所给的定义攻破了。

到了 1970 年，皮尔士（Peirce）就另外给数学下了一个这样的定义：

"数学是产生'必要的'结论的科学。"

不用说，这个定义比以前的都广泛得多，它已离开了数、量、测量等这些名词。我们知道，数学的基础是建筑在几个所谓公理上面的。从方法上说，不过由这几个公理出发，逐渐演绎出去而组成一个秩序井然的系统。所谓公式、定理，只是这演绎所得的结论。

照这般说法，皮尔士的定义可以说是完整无缺吗？

不！依了几个基本的公理，照逻辑的法则演绎出的结论，只是"必然的"。若说是"必要"，那就很可怀疑。我们若要问怎样的结论才是必要的，这岂不是很难回答吗？

更进一步说，现在的数学领域里面，固然大部分还是采用着老方法，但像皮亚诺（Peano）、布尔（Boole）和罗素这些先生们，却又走着一条相反的途径，对于数学的基础的研究他们要掉一个方向去下寻根问底的功夫。

于是，这个新鲜的定义又免不了摇动。

关于这定义的改正，我们可以举出康伯（Kempe）的来看，他说：

"数学是一种这样的科学，我们用它来研究思想的题材的性质的。而这里所说的思想，是归依到含着相异和相同，个别和复合的一个数的概念上面。"

这个定义，实在太严肃、太文气了，而且意味也有点儿含混。在康伯以后，布契（Bôcher）把它改变一下，便这样说：

"倘若有某一群的事件与某一群的关系，而我们所要研究的问题，又单只是这些事件是否适合于这些关系，这种研究便称为数学。"

在这个定义中，有一点最值得注意，布契提出了"关系"这一个词来解释数学，它并不用数唰、量唰这些家伙，因此很巧妙地将数学的范围扩张到"计算"以外。

假如我们只照惯用的意义来解释"计算"，那么，到了现在，数学中有些部分确实和计算没有什么因缘。

也就因为这个缘故，我喜欢用"数学"这个词来译 Mathematics，而不喜欢用"算学"。虽然"数"字也还不免有些语病，但似乎比"算"字来得轻些。

倘使我们再追寻一番，我们还可以发现布契的定义也并不是"悬诸国门不能增损一字"的。不过这种功夫越来越细微，也不容易理解。而我这篇东西不

过想给一般的数学读者一点儿数学的概念，所以不再往里面穷追了。

将这个定义来和罗素所下的比较，虽然距离较近，但总还是旨趣悬殊。那么，罗素的定义果真是开玩笑吗？

我是很愿意接受罗素的定义的，为了要将它说得明白些，也就是要将数学的定义——性质——说得明白些，我想这样说：

"数学只是一种符号的游戏。"

假如，有人觉得这样太轻佻了一点儿，严严正正的科学怎么能说它是"游戏"呢？那么，这般说也可以：

"数学是使用符号来研究'关系'的科学。"

对于数学这种东西，读者大都有过这样的疑问，这有什么意思呢？这有什么用呢？本来它不过让你知道一些关系，以及从某种关系中推演出别的关系来，而关系的表出大部分又只靠着符号，这自然不能具体地给出什么用场和意义了。

为了解释明白上面提出的定义，我想从数学中举些例子来讲，更方便些。

一开头我们就看"一加二等于三"。

在这一个短短的句子里，照句子法上的说法，总共是五个词："一""二""三""加""等于"。这五个词，前三个是一类，后两个又是一类。什么叫"一"？什么叫"二"？什么叫"三"？这实在不容易解答。它们都是数，数是抽象的，不是吗？我们能够拿一个铜板、一支铅笔、一个墨水瓶给人家看，但我们拿不出"一"来，"一"是一个铜板、一支铅笔、一个墨水瓶。一个这样，一个那样，这些的共相。从这些东西我们认识出这共相，要自己保存，又要传给别人，不得不给它起一个称呼，于是就叫它是"一"。我为什么叫"薰宇"，倘若你要问我，我也回答不上来，我只能说，这只是一个符号，有了它方便你们称呼我，让你们在茶余酒后要和朋友们批评我、骂我时，说起来方便些，所以"薰宇"两个字是我的符号。同样地，"一"就是一个铜板、一支铅笔、一个墨水瓶……这些东西的共相的符号。这么一说，自然"二"和"三"也一样只是符号。

至于"加"和"等于"在根源上要说它们只是符号，一样也可以，不过从表面上说，它们表示一种关系。所谓"一加二"是表示"一"和"二"这两个符号在这里的关系是相合；所谓"等于"是表示在它前后的两件东西在量上相同。所以归根到底"一加二等于三"只是三个符号和两个关系的连缀。

单只这么一个例子，似乎还不能够说明白。再举别的例子吧，假定你是将代数学完了的，我们就可以从数的范围的逐渐扩大来说明。

在算术里我们用的只是 1，2，3，4……这些数，最初跨进代数的门槛，遇到 a，b，c，x，y，z，总有些不习惯。你对于二加三等于五，并不惊奇，并不怀疑；对于二个加三个等于五个，也不惊奇，也不怀疑；但对于 $2a+3a=5a$ 你却怔住了，常常觉得不安心，不知道你在干什么。其实呢，$2a+3a=5a$ 和 $2+3=5$ 对于你的习惯来说，后者不过更像符号而已。有了这一个使用符号的进步，许多关系来得更简单、更普遍，不是吗？若是将 $2a+3a=5a$ 具体化，认为 a 是一只狗的符号，那么这关系所表示的便是两只狗碰到了三只狗成为五只狗；若 a 是一个鼻头的符号，那么，这关系所表示的便是两个鼻头添上三个鼻头总共就成了五个鼻头。

再掉转一个方向来看，在算术中除法常有除不尽的时候，比如 $2÷3$。遇见这样的场合，我们便有几种方法表示：

（1）$2÷3≈0.667$

（2）$2÷3=0.6\cdots0.2$

（3）$2÷3=0.\dot{6}$

（4）$2÷3=\dfrac{2}{3}$

第一种只是一个近似的表示法；第二种表示得虽正确，但用起来不方便；

第三种是循环小数，关于循环小数的计算，那种苦头你总尝到过；第四种是分数，$\frac{2}{3}$ 是什么？你已知道就是 3 除 2 的意思。对了，只是"意思"，毕竟没有除。这和 3 除 6 得 2 的意味终是不同的。所谓"意思"便是"符号"。因为除法有除不尽的时候，所以我们使用"分数"这种符号。有了这种符号，于是我们就可以推究出分数中的各种关系。

在算术里你知道 5-3=2，但要碰到 3-5 你就没办法，只好说一句"不能够"。"不能够"？这是什么意思？我替你解释便是没有办法表示这个关系。但是到了代数里面，为了探究一些更普遍的关系，不能不想一个方法来突破这个困难。于是有些人便这样想，3-5 为什么不能够呢？他们异口同声地回答，因为还差 2 的缘故。这一回答，关系就成立了，"从 3 减去 5 差 2"。在这个当儿又用一个符号"-2"来表示"差 2"，于是这关系就成为 3-5=-2。这一来，真是"功不在禹下"。有了负数，我们一则可探讨它自身所包含的一些关系，二则可以将我们已得到的一些关系更普遍化。

又如在乘法中，有时只是一些相同的数在相乘，便给它一种符号，譬如 $a \times a \times a \times a \times a$ 写成 a^5。这么一来，关于这一类的东西又有许多关系可以发现了，例如：

$$a^n \cdot a^m = a^{n+m}$$

$$(a^n)^m = a^{nm}$$

$$\left(\frac{a}{b}\right)^n = \frac{a^n}{b^n}$$

…

不但这样，这里的 n 和 m 还只是正整数，后来却扩张到负数和分数去而得出下面的符号：

$$a^{\frac{p}{q}} = \sqrt[q]{a^p}$$

$$a^{-m} = \frac{1}{a^m}$$

这些符号的使用，是代数所给的便利，学过代数的人都已经知道了，我也不用再说了。

由整数到分数，由正数到负数，由乘方到使用指数，我们可以看出许多符号的创立和许多关系的产生、繁殖。要将乘方还原，用的是开方，但开方常常会碰钉子，因此就有了无理数，如 $\sqrt{2}$，$\sqrt{3}$，$\sqrt[3]{9}$，$\sqrt[4]{8}$，……这不过是一些符号，这些符号经过一番探索，便和乘方所用的指数符号结了很亲密的关系。

总结这些例子来看，除了使用符号和发现关系以外，数学实在没有什么别的花头。倘若你已学过平面三角，那么，我相信你更容易承认这句话。所谓平面三角，不就是只靠着几个什么正弦、余弦这类的符号来表示几个比，然后去研究这些比的关系和三角形中的其他关系吗？

我说"数学是使用符号来研究'关系'的科学"，你应该不至于再怀疑了吧？

在数学中，你会碰到一些实际的问题要你计算，譬如三个十两五钱总共是多少斤。但这只是我们所得的关系的具体化，换句话说，不过是一种应用。

也许你还有一个疑问，数学中的公式和定理固然只是一些"关系"的表现形式，但像定义那类的东西又是什么呢？我的回答是这样，那只是符号的规定。"到一个定点距离相等的一个完全的曲线叫圆。"这是一个定义，但也只是"圆"这个符号的规定。

正正经经地说，数学只是这么一回事，但我仍然高兴地说它是符号的游戏。所谓"游戏"自然不是开玩笑的意思。两个要好的朋友拿着球拍在球场上打网球，并没有什么争胜的要求，然而兴致淋漓，不忍释手，在这时他们得到一种满足，这就是使他们忘却一切的原因，这叫游戏。小孩子独自拿着两块石子在地上造房子，尽管满头大汗，气喘不止，但仍然拼尽全身力气去做，这是游戏。

至于为银盾而赛球，为锦标而练习赛跑，这便不是游戏了。还有为了排遣寂寞，约几个人打麻将、喝老酒，这也算不来游戏。就在这意味上，我说"数学是符号的游戏"。

自然，从这游戏中可有些收获——发现一些可以供人使用的关系。但符号使用得越多，所得的关系越不容易具体化。踏到数学的领域的后部，真的，你只见到符号和关系，那些符号、那些关系要说你个明白，就是马马虎虎地说，你也无从下手。

到这一步，好了，罗素便说：

"数学是这样一回事，研究它这种玩意儿的人也不知道自己究竟在干些什么。"

数学所给予人们的

二

我想在这篇短文中答复许多人对于我所提出的"数学有什么用"的问题。我希望这一篇简略的述说能引起人们对于数学的伟大功绩的注意，不要低估了它的价值——虽然这对它来说没有任何损伤。

只要人的生活不是全然在懵懂混沌中，就没有一个时候——无论多么短——能够脱离数学的关系。张三比李四高一点儿；同样的树，远处的看上去低，近处的看上去高；今天的风比昨天大……这许多的比较都是人心在受到数学的锻炼以后才能获得的。从白马湖要到上海去，就比到宁波去需多备路费，多带零用物品，多留出几天的空闲；准备一月的粮食比备一天的粮食要多储几斗米；没有事到山上去跑的时候，看见太阳已发了红快掉下去，就得放快一点儿脚步才免了黑夜的奔走……这一类的事，也不是从有生以来就不曾受过数学的锻炼的人所能及的。

一百页的书打算五天念完，平均每天应当念多少？雇一个人做了三天的

工，要给他多少工钱？想缝一件大布长衫要买多少布才不至于不足，也不至于多出剩余。这些自然都是很浅、很明白的，没有一个人能否认数学所给予人的"用"。但数学对于人的贡献若只有这一点，也就不值得去学，纵然不得不学，也是一件极轻而易举的事。中国的旧式商人，通了"小九九"①便可受用不尽，若还知道点儿"飞归"②的就要被人称颂，实在是一个呱呱叫的人物了。对于这点，没有人还怀疑数学的"用"，但因此来赞美数学，它虽未必叫屈，也绝不会安心。一般人对于数学，反而觉着越学越没有用，这是它所引以为憾的，虽然它的目的不全在给人以"用"。

人们若不想返回到数千年以前的生活，不愿穴居野处，钻燧取火，茹毛饮血，和别人老死不相往来，现在的物质文明，一切科学的、工艺的、机械的贡献在某种限度以内，它的价值是不能抹杀的。物理学家、化学家、生物学家和天文学家支配世界的力量，艺术家以及思想家原是难分轩轾。人们与别的一切生物不同，能够享受较满足、较愉快的生活，全倚仗他们的思想。数学就是思想的最重要的工具，在20世纪以后，找一种不受数学的影响的思想界的产物，恐怕是不可能的吧？

抱残守缺的中国式的旧工艺，已经渐渐地失去了满足人的需要的力量了。而公输子之巧，不以规矩，也不能成方圆；师旷之聪，不以六律，仍然不能正五音。没有他们的巧或聪的人怎能不墨守成规呢？可怜的中国啊！要想建筑一所卫生的、美丽的、高大的房屋，就不得不到洋人或读过洋书的人的面前去屈尊求教了！

在空闲的时间到剧院里去听戏或音乐会里听音乐，为增长一点儿知识到演讲会中去听讲演，都有一件使人感到苦痛的事实发现，不是力量大，腿长或钱

---

① 乘法口诀，也叫九九歌。——编者注
② 珠算中的一种简捷的运算方法，将归合并，作成口诀，归后不用商除，以简化运算程序。参阅宋·杨辉《乘除通变算宝》。——编者注

多的人，必定被挤到人群的后面，到了一个听而不闻的位置，乘兴而去败兴而回。哪儿能想到一个能容五六千人，没有一个人坐着听讲的讲堂，已在美国筑了起来，供给不少的人享乐呢？更何况这样伟大、适用的讲堂只凭了一个极简单的代数式 $Y^2=70 \cdot 02X$ 就可以筑起来呢？凭借这样一个极简单的式子，工程师坐在屋里，吸着雪茄，把一切墙的形式、台的长、天花板的高，不费多大力气就从容地决定出来，而且不差分毫。这不是什么神奇的事，仅仅依声浪直线行进和投射角相等的角折回的性质和一个代数式的几何的曲线的性质，便受用不尽了！对于更大、更美的建筑，数学也有同样的贡献啊！除了丁字尺、三角板、圆规，还有什么方法可以取方就圆、切长补短呢？基本的帮助，就是不少的帮助吧！

$(a+b)^2=a^2+2ab+b^2$

$(a+b)^3=a^3+3a^2b+3ab^2+b^3$

$(a+b)^4=a^4+4a^3b+6a^2b^2+4ab^3+b^4$

这样的式子，不曾和铜圆、钞票一样地明白地显示它的"用"，哪儿知道经济学上也和它很亲善呢？债券的价格、拆换、生命保险、火灾保险，都要以它为根据的。

虽依上面的说法，把数学所给予人的，讲得比一般人所能想到的大了一点儿，但仍然不能得到它真实、伟大的贡献。若从天文学上考察，可以使人们更惊异，从而相信它的力量了。

太阳已落到西边去，月亮也唤不起的夜里，在我们眼里所看到的美，不是挂了满天的星星吗？有闪缩的，有飞舞的，没有一个人不是用"无数"两个字来表示它们的繁多。数学对于人不能数的星星，却用了几个简单的式子，就能统括起它们运行的轨迹，依着式子就可决定它们在某时的相关位置，比用人眼所看的还精准。在海王星没有被发现的时期，因研究关于星的扰动，许多天文

学家和亚当斯（Adams）就从数学上决定了它的轨道。当它行到望远镜可以看见的位置的时候，亚当斯和他的朋友依计算所得的位置将望远镜移转，这被数学所决定的海王星果然无所逃避，被他们看见了，这在以前是不可能的。

这样的例证虽然多，都是理科上的运用，一般以数学为理科的基础的朋友们当然不否认，别的人难免仍有微词。以数学为理科的基础，虽没有什么错，却小看了数学的力量。

数学在哲学的领域占有相当的势力，这是从人类的文化略有基础的时候就是这样的。柏拉图（Plato）教他的弟子学哲学，要他们先学几何锻炼思想。毕达哥拉斯（Pythagoras）的哲学和数学更分不了家。其实很难找出不受数学的洗礼的哲学家，读过哲学史的人对于这话总不至于以为武断吧？

逻辑算是哲学的基础了，数理逻辑（Mathematical Logic）的创建，使哲学的研究得到了较大的助力。虽然这种研究还处于萌芽状态，但"它可以使我们易于研究，比'言辞的推论所能得出的'更抽象的观念，它可以指示'用别的方法想不到'的有效的假定，它可以帮助我们立刻看出建筑一个逻辑的或科学的理论至少需要的材料是什么"。也就功不可没了。

数学上对于"连续"和"无限"的研究，得到了美满的结果以后，哲学上的疑问，不少也就可以得到解答了。数学和哲学在某些方面是很难分出界限来的，因此数学不只是理科的基础。假使哲学在人的思想界能显出更大的权威来，数学的功效也就值得称为伟大了，何况它所加惠于人的还不止这些呢！

以求善为目的的人们很容易将数学轻视，有时更认为数学是会使人习于深刻的，应当反对。但真正的善本没有深刻与否的问题，后一层没有答辩的必要。数学是以求真为主的，和善有关系吗？数学对于人既然有绝大的贡献，本身当然是善的。以数学为基础的科学，也是以有助于人的幸福为目的，数学也是没有罪的。至于因科学受了利用而产生不少的罪恶——机械供资本家使用，使得一班操手工业的人不得不忍辱含垢地到工厂里去讨苦痛的生活，军国主义者利用科学制造杀人的猛烈的器具，这不是科学的罪恶，更不是为科学的基础的数学的罪恶。

"善"不是在区别是非吗？"善"不是要寻求道德的真正意义吗？要满足这样的企图，恐怕不能不借助数学吧？

很容易与数学发生冲突，或无关系的，要算艺术了。艺术自然是从情感出发的，但纯粹不加入点儿理智的成分的情感，人也是不容易有的吧？"真"和"美"也不是绝对可以分开的啊！秩序咧、和谐咧，不是美的必要条件吗？音阶的组成，不也要倚赖数学将各音的振动的关系表明吗？一张画有各种物件的关系位置的图，各部分的大、小、长、短不也是数学所支配的吗？

数学本身也能将美贡献于人。我们和外界接触的时候，森罗万象，倘若在心里不能将它们弄得井然有序，自然界的可憎恐怕使人一个早上都坐不稳了！这种综合能力，从数学出发比较简要、可靠，并非别的所能比拟的。就是表现一种图形的变化，也以数学为简单明了。数中间的奇妙变化，给人的美感也是不可解说的啊！从一到无穷的整数中，整数是无穷的；从一到二之间的数也是无穷的；从一到二分之一，或二十分之一，二百分之一……以至于二亿分之一间的数仍然是无穷的。这样的想象只能使人们感到枯燥没有一点儿美感吗？崇高和伟大是兴起美感的，使人们感到大而又大，大之外还有大，无论如何可以超出我们的想象力以外，从什么地方还可以得到这样的美感呢？大，大至无穷；小，小至无穷；变幻，变幻至无穷；极纷繁不可计的，可以综合到极简单；极简单的可以推演到无数。这样的能动的美感不值得赞颂吗？

说过的话已经不少了，或者表现出数学所给与我们的不算小吧。我们从中得到的只有这些吗？还有更大的没有呢？我想，从精神层面将我们居住的世界扩延出去，使人们不局限在现实的空间内，才是数学最大的恩惠。要说到这一

层，较详的叙述实在无法免去。

我们想象有种在直线上生活的人——说他是人——他的行动只有前进和后退，不能改变方向——无论上下、左右。倘若我们在他行进的直线上前后都加上了极薄、极短的阻隔——只要有阻隔，无论多么薄多么短——如果不允许他冲破那阻隔，他只有困死在里面了。在我们看来，这是何等的可笑呢？脚一提或由左右一移动就得到生路了。但这是我们这些没有在直线方向活动的人替他想到的，他绝不能领会。

比他更进步的人——假定说——他不但能在直线上活动，在平面内部也能活动。这个世界上的人，自然不至于有前一种人的厄运，因为他可以在平面内部活动——虽然不能上下活动——得到生路。但是，只要在他所在的平面上，围着他画一个小圈，虽然这圈是用墨笔画的，看不出它的厚来，只要不允许他冲破，也就可以限制他的活动，围困他了。我们用我们的智慧可以指示他，叫他不用力地跳下就可以出来。但"跳"是上下的活动，是他不能理会的，所以这样的指示就和对牛弹琴一样，不能给他微小的帮助，这也是我们作为旁观者认为可笑的。

我们笑他们，他们固然只能忍受了，或者他们和我们一样，不但不能领受别人的指示，而且永远想不到那样的指示是有的。这句话似乎很惊异。但是我要提出一个问题：假如有人将我们用一张极薄的纸做成的箱子封闭在里面，不许我们扯破箱子，我们能出来吗？不会在里面困死吗？直线世界的人不打破他前后的阻碍不能出来，我们笑他；平面世界的人不打破他四周——前后左右的围圈不能出来，我们笑他。我们自己呢，不过多一条出路——上下——把这条多的出路一同封住，也就只有坐以待毙了，这不应当受讥笑吗？这是不应当的，因为我们和他们有一点不同。他们的困难是我们所能战胜的，我们的困难是不能战胜的。因为除了前后、左右、上下三条路，没有第四条路。这样的解释，不过聊以自慰罢了。我们在立体世界想不出第四条路和他们在直线世界想不出第二条路，在平面世界想不到第三条路不是一样的吗？不是只凭各自的生活环境设想吗？直线世界的人不能因他们的想象所不能及而否认平面世界的人的第二条路，平面世界的人不能因他们的想象所不能及而否认我们的第三条路，我们有什么权利因我们的想象不能及而否认第四条路呢？不将第四条路否认掉，第五、第六条路也就同样地难于否认。有了三条路以外的路，不打破薄纸做成的纸箱，立体世界里除了笨伯还有谁出不来呢？这样的说法，执着在物质的现实界的人们除了惊异摇头外，只有用实际的生活作武器来反对。在立体世界的实际方面，第四条路是找不出的。但这样由合理的推论得到的理想的世界——这里只是比喻，数学上自有根于理论的证明——使我们的精神生活不局限在时空以内，这是何等伟大的成就！愚蠢的人们劳心、焦心地统领着一般富于兽性的人，杀戮了许多善良的朋友，才争得尺寸的地盘。不费一矢，不伤一人，不和任何人相角逐，在立体世界以外，开拓了第四、第五……条路来。不占有而享受，精神界的领域何等广漠！这就是数学所给与人们的！

三

数的启示

　　因为避去城市喧嚣的缘故，搬到了乡间住。住屋的窗外横着一大片荒芜的草地，当我初进屋时，它所给我的除了凄寂感外，再没有什么了。太阳将灰黄色的网覆盖着它，风又不时地从它的上面拂过，使它露出好像透不过气来的神色。于是，生命的微弱，生活的紧张，我同时感受到了。一个下午便在这样的心境中过去。夜来了，上弦的月挂在窗户的左角，那草地静默地休息着，将我的迫促感也涤荡了去，而引导我的母亲的灵魂步进我的心里，已十七八年不能见到的她的面影，浮现在我的眼前，虽免不了怅惘，同时却尝到些甜蜜。呵！多么甜蜜呀！被母亲的灵魂的抚慰！

　　那时，我不过六岁吧，也是一个月夜，四岁的小妹妹和我傍着母亲坐在院子里，她教我们将手指屈伸着数一、二、三、四、五……妹妹数不到三十就要倒回去，我也不过数到五十六七便也缠不清。我们的愚笨先是使得母亲笑，后来无论她怎样引导我们，还是没有一点儿进步。她似乎有些着急了，开始责备我们："这样笨，还数不到一百。"从那时候起，我就有这样一个牢不可破的观念，不能把数目数清的人就是笨汉。笨汉这个名词，从我们一家人的口中说出来，含有不少令人难堪之意，觉得十分可耻。我于是有些惶恐，总怕我永远不会数到一百个数，一百个数就是数的全体了，能将它数清的便是聪明人而非笨汉，我总是这样想。

也不知经过多少日月，一百个数，我总算数清了，然而并不曾感到可以免当笨汉的快乐，多么不幸呀！刚将一百个数勉强数得清，一百以上还有一千，这个模糊的印象又钻进我的脑海里，不过对于它已没有像以前对于一百那样恐惧，因为一千这个数是从两条草绳穿着的铜钱指示我的。在那上面，左右两行，每行五节，每节便是一百。我不曾从一百零一顺数到二百零一、三百零一以达到一千，但我却知道所谓一千是十个一百。这个发现，我当时注意过好多钱串子，居然没有一次失败，我很高兴。有一天，我便倒在母亲的怀里这样问她："妈妈，十个一百是不是一千？"她笑着回答我一个"是"字，摸摸我的头。我真欢喜极了，一连好几天，走进走出，坐着睡着，一想到这个发现，就感到十分快活。

可惜得很！这快活不久就被驱逐开了！原来，我已七岁，祖父正在每天教我读十多句《三字经》，终于读到一而十，十而百，百而千，千而万，还有什么亿、兆、京、垓、秭、穰、沟……都是十倍十倍地上去的，完全将我的头脑弄昏了。从此觉得只有永远当笨汉！这个恐惧虽然不是很严重地压迫着我，但确实有很多次在我的心上涂染一些黑点。一直到我进小学学数学，知道了什么加、减、乘、除，才将这个不能把数完全数清的恐怖的念头埋深下去。

这些回忆，今夜将我缠绕得很紧，祖父和母亲的慈蔼的容颜，因为这回忆，使我感到温暖、愉悦。同时对于数的不能理解，使我感到超过了恐怖以上的烦扰，无论怎样，我只想到一些数所给我的困恼！说实话，这时，我对于数这个奇怪的东西，比起那被母亲说我笨的时候，总是多知道一点儿了。然而，这对我有什么用呢？正因为多知道了这一点儿，越把自己不知道的反照得更明白，这对我有什么用呢？那居然能将一百个数数清时的快乐，那发现一千便是十个一百时候的喜悦，以后将不会再来亲近我了吧！它们正和我的祖父、我的母亲一般，只能在我的梦幻或回忆中来慰藉我了吧！再来说段关于数的话。

平时，把数写到十位二十位，不但念起来不大便当，就是真要计算和它们有关的数也会觉得麻烦。在我们的脑海里，常常想到的数顶多十位左右。超过这一个限度，在我们的感知上，和无穷大没有什么差别，这真是无可奈何的。有些数我们可以用各种方法去研究它，但我们却永远不能看见它的面目，这是多么奇特啊！随便举一个例子吧。

M.Morehead 在 1906 年发现了这么一个数 $2^{273}+1$，它是可以被 $5·2^{75}+1$ 除尽的，就是说它不是一个质数，我们总算知道它的一点儿性质了。但是，它究竟是一个什么数呢？能用 1，2，3，4……九个字排列成普通的数一般的形式吗？随便想想，这不过是乘法的计算，凭借我们已知的法则，一定可以将它弄出来，但实际上却做不到。先说它的位数，就很惊人了，它应当有 $0.3 \times 9444 \times 10^{18}$ 位，比 2700×10^{18} 个数字排成的数还要大得多。

让我们来看 2700×10^{18}（就是 27 后面有 20 个 0）这个数，比如说，一个数字只有一毫米宽，这在平常算很小了，但这个数排列起来，就得有 2700×10^{12} 公里[①]长，把地球的赤道围 60×10^9 圈，甚至还要更长，我们怎么有这么长的绳呢！

再说我们真正将它写出来（假如已知道它），每秒钟写一个数字，每天足足写十个小时，一年三百六十五天不间断，要写多长时间呢？这很容易计算的，$(2700 \times 10^{18}) \div (60 \times 60 \times 10 \times 360) \approx 2 \times 10^{14}$ 年。呵！人寿几何！就是全世界

① 1公里=1000米。——编者注

的人（约 15×10^9 个）同时都来写（假定这数是可分段写的），那也得要十三万年才能写完。这是多么大的工程啊！号称历史悠久的中国，马马虎虎说，也还只有过四五千年的寿命。呵！十三万年，多么长久啊！

像这般大的数，除了对它惊异，我们还能做点儿什么呢？但数，这个珍奇的东西，不只本身可使人们惊异，就是它的变化也能令我们吃惊。关于这一类的例子，要写也是十三万年不能完成的，随便举一个忽然闯进我脑海里来的例子吧！

有一天，什么时候已记不清了，那时我还在学校念书，八个同学围坐在一张八仙桌上吃中饭，因两个同学选择座位，便起了争论。后来虽然这件事解决了，但他们总是不平。我在吃饭的当儿，因为座位问题，便联想起了八个人排列的变化，现在将它来作为一个讨论的问题。八个人围着一张八仙桌调换着次序坐，究竟有多少坐法呢？甲说十六，乙说三十二，丙说六十四……说来说去没有一个人敢说到一百以上。这样地回答，与真实的数相差甚远！最终我们便呆算起来，两个人有 2 种排法，这很容易明白，三个人有 6 种，就是 $1 \times 2 \times 3$，推上去，四个人有 24 种，$1 \times 2 \times 3 \times 4$，五个人有 120 种，$1 \times 2 \times 3 \times 4 \times 5$……八个人便有 40320 种。这样的数，虽然是按照理法算出来的，然而没有一个人肯相信实际上真是这样，我们不期而然地都有这样的意见。我们八个人可以在那个学校的时间只有四年，就是一年三百六十五天都不离开，四年中再加上有一年是闰年应多一天，总共也不过一千四百六十一天。每天三餐饭，大家不过围那八仙桌四千三百八十三次。每次变着排法坐，所能变化出来的花头，还不及那真实的数的九分之一。我们是何等的渺小呀！然而我们要争，所争的是什么呢？

数，它的本身，它的变化，使我们不可穷究的天地在我们的眼前闪烁，反照出我们多么渺小，多么微弱！"以有尽逐无已殆矣"，我们只好垂头丧气地，

灰白了脸，抖颤着跪在它的脚下了！

然而，古往今来，有几个大彻大悟的人甘心这样地屈膝跪下呢？黄老思想支配着的高人雅士，他们丢下荣华富贵，甚至抛开妻室儿女，这总算够聪明了。但是，他们只是想逃避，为了吃饭而不得不劳身劳神的那种苦痛。饭，他们还是要吃的。他们知道了生也有涯，他们就想秉烛夜游。他们觉得在烦扰忧思中活几十年不值得，他们就想在清闲淡雅中延年益寿。看吧，他们有的狂放，以天地为一朝，万期为须臾，自己整天喝酒，叫人扛着锄头跟在后面。他们有的恬静，梦游桃花源，享受那"不知有汉，无论魏晋"怡然自乐的生活。那位舍去宫廷，跑到深山去的释迦牟尼，他知道人间有生老病死苦，便告诫众生要除去一切贪嗔痴的妄念。然而，他一心一意却想要普度众生，这不是比众生更贪、更嗔、更痴吗？站在庸俗人的头上，赏玩清风明月，发发自己的牢骚，这就是高人雅士了。

会数了一百还有一千，会数了一千还有一万，总数不完，于是，连一百也不去数了。因为全世界的人，十三万年也不能将那一个数写出，所以索性将它放在一边，装着痴呆。几个人排来排去，很难将所有的花头排完，所以干脆死板地坐着一动不动。这样，不但可以遮盖自己的愚笨，还可以嘲笑别人的愚笨。呵！高人雅士，我们常常在被嘲笑之中崇敬他们，欣羡他们！

数，指出我们的渺小，高人雅士的嘲笑，并不能使我看出他们的伟大，反而使我感到莫名的烦苦！烦苦！烦苦！然而烦苦是从贪生出来的，我总是贪生的，我能得到另一条生路吗？

我曾经从一起，一个一个地数到一百，但我对于一千却是从一百一百地数而知道它是十个一百的。Morehead 不知道 $2^{273}+1$ 究竟是一个怎么样的数，但他却找出了它的一个因数。八个人围坐在一张八仙桌的四周吃饭，用四年的光阴，虽然变不完所有的花头，但我们坐过几次，就会得到一个大家相安的坐法。从这上面，我得到了另一种启示。

人是理性的动物，这是一句老话，是一句不少人常常挂在嘴边的老话。说到理性，很自然地容易想到计较、打算。人的生活，好像就受命于这计较、打算。既然要打算、要计较，那自然越打算得清楚、越计较得精明，便越好。那么，怎样才能打算得清楚、计较得精明呢？我想最好是乞灵于数了。不过这么一来，话又得说回来。要是真能用数打算、计较得一点儿不含糊，那结果也许就会叫人吃惊，叫人咂舌，叫人觉得更没有办法。八个人坐八仙桌，有 40320 种坐法。在这 40320 种坐法当中，要想找出一种最中意的来，有什么方法呢？我们能够一种一种地排了来看，再比较，再选择，最后才照那最中意的去坐吗？这是极聪明、可靠的方法！然而同时也是极笨拙、极难做到的方法。不只笨拙、难做到而已，恐怕简直是不可能的吧！菜哪、肉哪、酒哪、饭哪，热烘烘的、香腾腾的，排满了一桌子，诱惑力有多大，有谁能不对着它们垂涎三尺呢？要慢慢地排，谁愿意等待呢？然而就因为迫不及待，便胡乱坐下吗？不，无论哪个人都要经过一番选择才能安心。

在数的纷繁的变化中，在它广阔的领域里，人们喜欢选择使自己安适的，而且居然可以选择到，这是奇迹了。固然，我们可以用怀疑的态度来批评它，也许那个人所选择的并不是他所期望的最好的。然而这样的批评，只好用在谈空话的时候。人真正在走着自己的路时，何等急迫、紧张、狂热，哪儿管得了这些？平时，我们可以看到一些闲散的阔人，无论他们想到什么地方去，即使明明听到时钟上的针已在告诉他，时间来不及了，他依然还能够悠然地吸着雪茄，等候那车夫替他安排汽车。然而他的悠然只是他的不紧张的结果。要是有人在他的背后用手枪逼着，除了到什么地方去，便无法逃命，他还能那般悠然吗？纵然，在他的眼前只是一片泥水塘，他也只好狂奔过去了。不过，这虽然是在紧迫的状态中，我们留心去看，他也还在选择，在当时他也总是照他觉得

最好的一条路走。

　　人们，所有的人们，谁踏在自己前进的路上，真是悠悠然的呢？在这样不悠然之中，竟有人想凭借所谓的理性去打算、计较，想找一条真正适当的路走，这是何等的可怜呀！生命之神，并不容许什么人停住脚步，冷静地辨清路才走。从这层意义上讲，人的生活，即使不能完全免掉选择，那选择所凭借的力，恐怕不是我们所赞颂的所谓的理性吧！

　　我们可有一见如故的朋友，会面就倾倒的恋人，这样的朋友，这样的恋人，才是真的朋友，真的恋人，他们才是真能使我们的生活温暖的。然而我们之所以认识他们，正是在我们的急迫的生活中凭借一种不可名的力量选择的结果。这选择和一般的所谓打算、计较有着不同的意味，可惜它极容易受到所谓的理性的冷气僵冻。我们要想过上丰润的生活，不得不让它温暖、自由地活动。

　　数是这样启示我，要支离破碎地去追逐它，对它是无法理解的，真要理解，另有一条路。在我们的生活上，好像也正有这样的明朗的星光照耀着！

四

从数学问题说到我们的思想

　　是在什么时候，已记不清楚了。大概说来，约在十六七年前吧，从一部旧小说上，也许是《镜花缘》，看到一个数学题的算法，觉得很巧妙，至今仍没有忘记。那是一个关于鸡兔同笼的问题，题上的数字现在已有点儿模糊，假使总共十二个头，三十只脚，要求的便是那笼子里边究竟有几只鸡、几只兔。

　　那书上的算法很简便，将总共的脚的数目三十折半，得十五，从这十五中减去总共的头的数目十二，剩的是三，这就是那笼子里面的兔的只数；再从总共的头数减去兔的头数三，剩的是九，便是要求的鸡的数目。真是一点儿不差，三只兔和九只鸡，总共恰是十二个头，三十只脚。

　　这个算法，不但简便，仔细想一想，还很有趣味。把三十折半，无异于将每只兔和每只鸡都顺着它们的脊背分成两半，而每只只留一半在笼里。这么一来，笼里每半只死兔都只有两只脚，而死鸡每半只都只有一只脚了。至于头，鸡也许已被砍去一半，但既是头，无妨就算它是一个。这就变成这么一个情景

了，每半只死鸡有一个头、一只脚，每半只死兔有一个头、两只脚，因此总共的数目脚的还是比头的多。之所以多的原因，显而易见，全是从死兔的身上出来的，死鸡一点儿功劳没有。所以从十五减去十二余的三就是每半只死兔留下一只脚，还多出来的脚的数目。然而每半只死兔只能多出一只脚来，多了三只脚就证明笼里面有三个死的半只兔。原来，就应当有三只活的整兔。十二只里面去了三只，还剩九只，这既不是兔，当然是鸡了。

这个题目是很常见的，几乎无论哪一本数学教科书只要一讲到四则问题，就离不了它。但数学教科书上的算法，比起小说上的来，实在笨得多。为了便当，这里也写了出来。头数一十二用二去乘，得二十四，从三十里减去它，得六。因为兔是四只脚，鸡是两只，所以每只兔比每只鸡多出来的脚的数目是四减二，也就是二。用这二去除上面所得的六，恰好商三，这就是兔的只数。有了兔的只数，要求鸡的，那就和小说上的方法没有两样。

这方法真有点儿呆！我记得，在小学读数学的时候，为了要用二去除六，明明是脚除脚，忽然就变成头，想了三天三夜都不曾想明白！现在，多吃了一二十年的饭，总算明白了。这个题目的算法，总算懂得了。脚除脚，不过纸上谈兵，并不是真的将一只脚去弄别的一只，所以变成头，变化整个兔或鸡都没关系。正和上面所说，将每只兔或鸡劈成两半一样，并非真用刀去劈，不过心里想想而已，所以劈了过后还活得过来，一点儿不伤畜道！

我一直都觉得，这样的题目总是小说上来得有趣，来得便当。近来，因为一些别的机缘，再将它俩比较一看，结果却有些不同了。不但不同而已，简直是恰好全然相反了。从这里面还得到一个教训，那就是贪便宜，最终得不到便宜。

所谓便宜，照经济的说法，就是劳力小而成功大，所以一本万利，即如一块钱买张彩票中了头彩，轻轻巧巧地就拿一万元，这是人人都欢喜的。说得高雅些，堂皇些，那就是科学上的所谓法则。向着这条路走，越是可以应用得宽的法则越受人崇拜。爱因斯坦的相对论，非欧几里得派的几何，也都是为了它们能够统领更大的范围，所以价值更高。科学上永远是喊"帝国主义万岁"，弱小民族无法翻身的！说得明白点儿，那就是人类生来就有些贪心，而又有些懒惰。实际呢？精力也有限得可怜，所以常常自己给自己碰钉子。无论看见什么，都想知道它，都想用一种什么方法对付它，然而多用力气，却又不大愿意。于是，便整天想要找出一些推之四海而皆准的法则，总想有一天真能达到"纳须弥于芥子"的境界。这就是人类对于一切事物都希望从根底上寻出它们的一个基本的、普遍的法则来的理由。因此学术一天一天地向前进展，人类所能了解的东西也就一天多似一天，但这是从外形上讲。若就内在说，那支配这些繁复的事象的法则为人所了解的，却一天一天地简单，换言之，就是日见其抽象。

回到前面所举的数学上的题目去，我们可以看出那两个法则的不同，随着就可以判别它们的价值，究竟孰高孰低。

第一，我们先将题目分析一下，它总共含四个条件：（一）兔有四只脚；（二）鸡有两只脚；（三）总共十二个头；（四）总共三十只脚。这四个条件，无论其中有一个或几个变化，所求得的数就不相同，尽管题目的外形全不变。再进一步，我们还可以将题目的外形也变更，但骨子里面却没有两样。举个例子说："一百馒头，一百僧，大僧一人吃三个，小僧一个馒头三人分，问你大僧、小僧各几人？"这样的题，一眼看去，大僧、小僧和兔子、鸡风马牛不相及，但若追寻它的计算的基本原理，放到大算盘上去却毫无二致。

为了一劳永逸的缘故，我们需要一个在骨子里可以支配这类题目，无论它们外形怎样不同的方法。那么，我们现在就要问了，前面的两个方法，一个小说上的，巧妙的。一个教科书上的，呆笨的，是不是都有这般的力量呢？所得的回答，却只有否定了。用小说上的方法，此路不通，就得碰壁。至于教科书

上的方法，却还可以迎刃而解，虽然笨拙一些。我们再将这个怪题算出来，假定一百个都是大僧，每人吃三个馒头，那就要三百个（三乘一百），不是明明差了两百个吗（三百减去一百）？这如何是好呢？只得在小僧的头上去揩油了。一个大僧调换成一个小僧，有多少油可揩呢？不多不少恰好三分之八个（大僧每个吃三个，小僧每人吃三分之一，三减去三分之一余三分之八）。若要问，需要揩上多少小僧的油，其余的大僧才可以每人吃到三个馒头？那么用三分之八去除二百，得七十五，这便是小僧的数目。一百里面减去七十五剩二十五，这就是每人有三个馒头吃的大僧的数目了。

将前面的题目的计算顺序，和这里的比较，即刻可看出一点儿差别都没有，除了数量不相同。由此可知，数学教科书上的法则，含有一般性，可以应用得宽广些。小说上的法则既然那么巧妙，为什么不能用到这个外形不同的题目上呢？这就因为它缺乏一般性，我们试来对它下一番检查。

这个法则的成立，有三个基本条件：第一，总共的脚数和两种的脚数，都要是可以折半的；第二，两种有脚的数目恰好差两只，或者说，折半以后差一只；第三，折半以后，有一种每个只有一只脚了。这三个条件，第一个是随了第二、第三个就可以成立的。至于第二、第三个条件并在一起，无异是说，必须一种是两只脚，一种是四只脚。这就判定了这个方法的力量，永远只有和兔子、鸡这类题目打交道。

我们另外举一个条件略改变一点儿的例子，仿照这方法计算，更可以看出它不方便的地方。由此也就可以知道，这方法虽然在特殊情形当中，有着意外的便宜，但它非常硬性，推到一般的情形上去，反倒觉得笨重。八方桌和六方桌，总共八张，总共有五十二个角，试求每种各有几张。这个题目具备了前面所举的三个条件中的第一个和第二个，只缺第三个，所以不能完全用相同的方法计算。先将五十二折半得二十六，八方和六方折半以后，它们的角的数目相差虽只有一，但六方的折半还有三个角，八方的还有四个。所以，在三十六个角里面，必须将每张桌折半以后的脚数三只三只地都减去。总共减去三乘八得出来的二十四个角，所剩的才是每张八方桌比每张六方桌所多出的角数的一半。所以二十六减去二十四剩二，这便是八方桌有两张，八张减去二张剩六张，这就是六方桌的数目。将原来的方法用到这道题上，步骤就复杂了，但教科书上所说的方法，用到那些形式相差很远的例子上并不繁重，这就可以证明两种方法使用范围的广狭了。

越是普遍的法则，用来对付特殊的事例，往往容易显出不灵巧，但它的效用并不在使人得到小花招，而是要给大家一种可靠的能够一以当百的方法。这种方法的发展性比较大，它是建筑在一类事象所共有的原理上面的。像上面所举出的小说上所载的方法，它的成立所需的条件比较多，因此就把它可运用的范围画小了。

暂且丢开这些例子，另举一个别的来看。中国很老的数学书，如《周髀算经》上面，就载有一个关于直角三角形的定理，所谓"勾三股四弦五"。这正和希腊数学家毕达哥拉斯（Pythagoras）的定理："直角三角形的斜边的平方等于它两边的平方的和。"本质上没有区别。但由于表出的方法不同，它们的进展就大相悬殊。从时间上看，毕达哥拉斯是纪元前六世纪的人，《周髀算经》出世的时代虽已不能确定，但总不止二千六百年。从这儿，我们中国人也可以自傲了，这样的定理，我们老早就有的。这似乎比把墨子的木鸢当作飞行机的始祖来得大方些。然而为什么毕达哥拉斯的定理在数学史上有着很大的发展，而"勾三股四弦五"的说法，却没有新的突破呢？

坦白讲，这是后人努力不努力的缘故。是，我赞同这个理由，但我想即使有同样的努力，它们的发展也不会一样，因为它们所含的一般性已不相等了。所谓"勾三股四弦五"究竟所表示的意义是什么？还是说三边有这样的差呢？

还是说三边有这样的比呢？固然已经学了这个定理，是会知道它真实的意义的。但这个意义没有本质地存在于我们的脑海里，却用几个特殊的数字硬化了，这不能不算是思想发展的一个大障碍。在思想上，尽管让一大堆特殊的认识不相关联地存在，那么，普遍的法则是无从下手去追寻的。不能擒到一些事象的法则，就不能将事象整理得秩然有序，因而要想对它们有更丰富、更广阔、更深邃的认识，也就不可能。

有人说中国没有系统的科学，没有系统的哲学，是由于中国人太贪小利，只顾眼前的实用，还有些别的社会上的原因，我都不否认。不过，我近来却感到，我们思想的前进的道路有些不同，这也是原因之一，也许还是本原的，较大的。在中国的老数学书上，我们很可以看出这些值得我们崇敬的成绩，但它发展得非常缓慢、非常狭窄。这就是因为那些已发现的定理大都是用特殊的几个数表出，使它的本质不能明晰地显现，不便于扩张、深究的缘故。我们从"勾三股四弦五"这一种形式的定理，要去研究出钝角三角形或锐角三角形的三边的关系，那就非常困难。所以现在我们还不知道，钝角三角形或锐角三角形的三边究竟有怎样的三个简单的数字的关系存在，也许压根儿就没有这回事吧！

至于毕达哥拉斯的定理，在几何上、在数论上都有不少的发展。详细地说，当然不可能，喜欢数学的人，很容易知道，现在只大略叙述一点。

在几何上，有三个定理平列着：

（一）直角三角形，斜边的平方等于它两边的平方的和。

（二）钝角三角形，对钝角的一边的平方等于它两边的平方的和，加上，这两边中的一边和另一边在它的上面的射影的乘积的二倍。

（三）锐角三角形，对锐角的一边的平方等于它两边的平方的和，减去这两边中的一边和另一边在它的上面的射影的乘积的二倍。

单只这样说，也许不清楚，我们再用图和算式来表明它们。

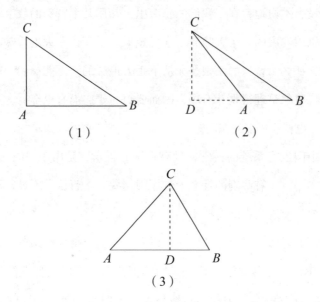

（1）

（2）

（3）

（1）是直角三角形，A 是直角，BC 是斜边，上面的定理用式子来表示是：

$$BC^2=AB^2+AC^2$$

（2）是钝角三角形，A 是钝角，上面的定理用式子表示是这样：

$$BC^2=AB^2+AC^2+2AB \times DA$$

（3）是锐角三角形，A 是锐角，上面的定理可以用下式表示：

$$BC^2=AB^2+AC^2-2AB \times DA$$

三条直线围成一个三角形，由角的形式上说，只有直角、钝角和锐角三种，所以既然有了这三个定理，三角形三边的长度的关系，已经全然明白了。但分成三个定理，记起来未免麻烦，还是有些不适于我们的懒脾气。能够想一个方法，将这三个定理合并成一个，岂不是奇妙无比吗？

人，一方面固然懒，然而所以容许懒因为有些人高兴而且能够替懒人想方法的缘故。我们想把这三个定理合并成一个，结果真有人替我们想出方法来了，

他对我们这样说：

"你记好两件事：第一件，在图上，从 C 画垂线到 AB，若这条垂线正好和 CA 重在一块，那么 D 和 A 也就分不开，两点并成了一点，DA 的长是零。第二件，若从 C 画垂线到 AB，这垂线是落在三角形的外面，那么，C 点也就在 AB 的外边，DA 的长算是'正'的；若垂线是落在三角形的里面，那么，D 点就在 AB 的之间，DA 在上面是从外向里，在这里却是从里向外，恰好相反，这就算它是'负的'。"

记好这两件事，上面的三个定理，就只有一个了，那便是：

三角形一边的平方等于它两边的平方的和，加上，这两边中的一边和另一边在它上面的射影的乘积的二倍。

若用式子表示，那就是前面的第二个：

$BC^2 = AB^2 + AC^2 + 2AB \times DA$

照上面别人的吩咐，若 A 是直角，DA 等于零，所以式子右边的第三项没有了；若 A 是钝角，DA 是正的，第三项也是正的，便要加上前面两项的和；若 A 是锐角，DA 是负的，第三项也是负的，便只好减去前面两项的和。

到了这一步，毕达哥拉斯的定理算是很普遍、很单纯了。记起来便当，用起来简单，依据它要往前进展自然容易得多。

上面只是讲到几何方面的进展，以下再来讲数论方面的，这和图没有关系，所以我们先将它用简单的式子写出来，就是：

$x^2 + y^2 = z^2$

从这个式子，可以发现许多有趣味的问题，比如 x、y、z 若是相连的整数，能够合于这个式子的条件的，究竟有多少呢？所谓相连的整数就是后一个比前一个只大一的，假如我们设 y 的数值是 n，x 比它小 1，就应当是 n 减 1，z 比它大 1，就应当是 n 加 1，因为它们合于这个式子的条件，所以：

$$(n-1)^2+n^2=(n+1)^2$$

将这个方程式解出来，我们知道 n 只能等于 0 或 4，而 y 等于 0，x 是负 1，z 是正 1，这不是三个正整数。所以 y 只有等于 4，x 只有等于 3，z 只有等于 5。真巧极了，这便是中国的老数学书上的"勾三股四弦五"的说法！我们的老祖宗真比我们聪明得多！

由别的方面，若 x、y、z 都是整数，也还有许多性质可以研究，而且都是很有趣的，但这里不是编数学讲义，所以暂且不谈。

掉过方向，不管 x、y、z，来看它们的指数，若那指数不是 2 而是 n，那式子就是：

$$x^n+y^n=z^n$$

n 若是比 2 大的整数，x、y、z 就不能全都是整数而且还没有一个等于零。

这是数学上很有名的费马的最后定理（Le dernier théorème de Femat）。这个定理是在十七世纪就说出来的，可惜他自己没有将它证明。一直到了现在，研究数学的人，既举不出反证来将它推翻，也还是找不出一般的证明法。现在只做到了这一步，n 在一百以内，有了一些特殊的证法。

关于数学的话，说起来总是使看的人头痛，不知不觉就写了这一大段，实在很抱歉，就此不再说它，转过话头吧！我的本意只想找点儿例子来说明，我们的思想若只向着特殊的范围去找精明、巧妙的法则，不向普遍的、开阔的方面发展，结果就不会有好的、多的收获。前面所举的例子，将我们自己去和别人比较，就可以看出来，由于思想前进的方向不同，我们实在吃亏不小。现在有些人提着嗓子高喊提倡科学，说到提倡科学，当然不是别人有了飞机，我们也有几个人会架着兜几个小圈子就算完事的，也并不是跟着别人学造牙刷、牙膏就可算数的。真正要提倡科学，不但别人现在已经知道的，我们都应该有人知道，而且还要能够和别人排着队向前走，这才没有一点儿惭愧！然而谈何容易！

照我的蠢想法，倒觉得大炮、毒瓦斯那些杀人的家伙，我们永世不会造也好，多有些人会造，其结果自然是棺材铺打牙祭，要的是人死。我们不会造，借此也可以少作些孽。就是牙膏、牙刷、汽车、电灯，暂时造不好，反正别人造出来总会争着卖给我们用的，所以也没有什么。请不要误会，以为我是不顾什么国计民生，甘心替什么帝国主义、资本主义当奴隶！真喜欢当奴隶，会造牙膏、造牙刷，也好去当，也许当起来更便当些！你只要看所谓奴隶、走狗之流总是新人物比旧人物来得多，就可以恍然大悟了！

究竟，西洋人现在闹得声势浩大的所谓文明，所谓科学，也不过二百来年努力的结果。现在谢谢他们，地球总算因为他们而缩小了。所以他们有点什么花头，也瞒不了我们。可以说一句乐观的话，西洋人毕竟只有那么多，我中国人马马虎虎说也有四亿，从现在就努力，客气点儿，五十年，不怕不会翻筋斗。然而所谓努力者，从哪里起手呢？提倡科学！提倡科学！这是不容怀疑的！所谓提倡科学，究竟是怎么一回事呢？第一要紧的是要培养科学的头脑！

什么是科学的头脑？呀！要回答吗？一两句话固然说不完，十百句话又何尝一定说得完呢？若只就我所及来回答，第一步就是思想的进展的抽象的能力。有了这抽象的能力，在百千纷纭繁杂的事象中，自然可以找出它们的普遍的法则来支配它们，叫它们想逃也逃不了。但是这样的能力我们多么缺乏啊！

有人说，中国人的抽象能力，实在够充足了。所以十二三岁的小学毕业生，就会想到人生观、宇宙观，那些大问题上面去，而且不用一两年，就会颓废、消极、悲观……这个事实，本是很明显地摆在人们眼前的，我一点儿没有忘了它。不过这样的抽象，假如算抽象的话，那么我这里所说的抽象，字面上虽没有两样，本质却有些不同。怎样地不同，大概应略加以说明了吧！

这里所说的抽象，是依据了许多特殊的事例去发现它们的共同点。比如说，先有了一个鸡兔同笼那样的题目，我们居然找出了一个法则来计算它。我们固然很高兴、很满足了，我们却不可到此止步，我们应当找一些和它相类似的题目来把我们所找出的法则推究一番。我们用了那八方桌和六方桌的例子检查出我们从小说上得来的方法，需要加些条件进去，才能解决我们的新问题。最初一折半后，一减就可得到答数，后来，却没有这么简单。这是为什么呢？那就是因为最初碰到的一个例子，具有一个特殊的条件，我们就是将计算的步骤忽略了一段也没有什么关系，所以原来的可以简单。对于一般的例子来说，只好算是偶然的。偶然的机会，在特殊的事象中，都包含在内，所以要除掉它，只有多收集一些特殊事实来比较。有一个鸡兔同笼的题目，有一个八方桌和六方桌的题目，又有一个一百和尚吃馒头的题目，若再去寻，比如还有一个题目是：十元钞票和五元钞票混在一只袋里，总共是十张，值八十块钱，求每种几张。将这四个题目并在一起，我们再去研究所要求的方法，一定可以得出一个较普遍的法则来。这不过是用来做例，我们所要求的方法，并不是只要能对付一类的题目就可以满足的。有了这种方法以后，我们还得将题目改变一下，弄复杂些，进一步再求出更普遍的法则。说到这里，关于鸡兔同笼这一类的题目，数学教科书上四则问题中所给我们的也就不是真正的普遍，假如在笼子里的不只兔子和鸡，还有别的三只脚、五只脚的东西，它一样不够用，于是我们又有了混合比例的法则。实实在在，这一类的题目，混合比例的说明才是普遍的、根本的。

平常我们很喜欢想大题目，同时又不愿注意到一个一个的特殊的事实，其结果只是让我们闭着眼睛去摸索、去武断。大家既丢开了事实不提，又可以说出一些无法对证的道理来。然而，真是无法对证吗？绝不是这样，遇到了脚踏实地的人，就逃不过他的手。倘使我们整天只关在屋子里，那么你说地球是方的也好，你说它是圆的也好，就算你说它是三角的、五角的，也没有什么不好。

但若是有一天你居然走出了大门，而且走得还很远，竟走到了前面就是汪洋大海的地方，你又看到有些船开到远处去，有些船从远处开来，你就会觉得说地球是三角的、五角的、方的都不对，你不得不承认它是圆的。这，就和真相接近了。走出大门和关在屋子里极大的不同，就是接触的事象一个很复杂，一个却很简单。

真正的抽象是要根据事实的，根据的事实越多，所去掉的特殊性也随之更多，那么留存下来的共通性自然越是普遍了。所谓科学精神就是耐心去搜寻材料，静下心来去发现它们的普遍法则。所谓科学的头脑，就是充满精神的头脑！可惜我们很缺乏它！

指南针是中国人发明的，不错，中国人很早就知道了它的用场！但若要问：它为什么老是指着南方？① 我们有什么理由可以相信它，绝不会和我们开玩笑，来骗我们一两回？究竟有几个回答得出来。

中国的瓷器呱呱叫，这也不错，中国的瓷器成色不错，而且历史也很悠久！但若要问，瓷器的釉是哪几种原素？"原素"这个名字，已够新鲜了，还要说有多少种？

这些都是知其然而不知其所以然，大概批评得很对。但是，我们得小心了！凡事都只知其然，而不知其所以然，那所知的也就很不可靠！即或居然可以措置裕如，也只好算是托天之福！要想使它进步、发展，都不是靠知其然就行的。

有一次，我生点儿小毛病，去找了一个西医看，他跟我说，没有什么要紧，叫我去买点儿大黄吃。我买了大黄回到家里，碰巧一位儒医朋友来了。他和我很要好，见我拿着大黄回去，他就问我为什么要吃大黄，又问我是找什么人看的。我一一告诉了他，他那时还我的一副脸孔，我现在记得还很清楚，无异于

① 现今指南针多指向北。

向我说："西医也用中国药！"他一面好像感到骄傲，一面就更看轻西医。然而我总有这样的偏见，就是中国药，儒医叫我吃，我十之八九不敢去试。我很懂得中国医生用的药，有些对于病是具有特殊的效力的。然而它为什么有那样的效力？和它治的病有什么关系？吃到肚里为什么能将病治好？这总没有人能够规规矩矩地用人话回答得上来。我哪里肯用我的生命去尝试呢？

人家也常常这样说，中国医生是靠经验，几代祖传儒医之所以可靠，就是因为他不但有自己的经验，还延续了祖宗的。所谓经验，不过是一些特殊事实的堆集。无论它堆得怎样高大，总没有什么一贯的联系，要普遍地将它运用，哪儿能不危险呢？倘使中国的儒医具有一种抽象的能力，对于它们所使用的灵方，能够找出它的所以然来，不但对于治病真有把握，而且随时可以得到新的发展！

像数学那样缺少一般的所谓实用价值的东西，像指南针、瓷器那样的最切实用的东西，又像那医药人命攸关的东西，无论哪一样，我们中国几千年来，凭借的只是祖传和各自的零碎的经验，老实说，真有些费力不讨好了！这些哪一件不是科学的很好的对象？自然，我们尽管叫喊着提倡科学，提倡科学，科学最终没有提倡起来，这不能不说是我们的脑子有一点儿什么缺陷吧！

话说得有点儿语病了，也许要得罪人了，必须补足几句。所谓脑子有一点儿什么缺陷，不是说中国人的脑子先天就不如人，不过是说，后天的使用法。换句话，就是思想前进的方向有些两样。假如大家能够掉转方向，那么，我们的局面也就会大大改变了！

因为我们缺乏抽象力，不但系统的科学、系统的哲学不能产生，就在日常生活中，我们也吃尽苦头！最显而易见的，就是在生活上，我们很少能从事实中得到教训，让我们有一两条直路走。别的姑且不谈，单看我们这十几年来过的日子，和我们在这日子中的态度。甲军阀当道，我们焦头烂额地怨恨，天天盼望他倒下来。趁这机会，乙军阀就取而代之，我们先是高兴，但不到几天乙就变成甲的老样子。我们不免又焦头烂额地怨恨他，天天盼望他倒下来。趁这机会，丙军阀又取而代之，老把戏换几个角色又来一套。这样一套又一套，只管重演，我们得到了什么出路了吗？

多么有趣味的把戏呀！啊！多么有趣味的把戏呀！乙军阀、丙军阀，难道他们真的那么蠢，全不知道甲军阀、乙军阀所以会倒的原因吗？我们为什么又这样呆，靠甲不行，想靠乙，靠乙不行，又想靠丙呢？原来乙、丙是这样想的，他不行，我和他不一样，所以他会倒我总不会倒。我们对于乙、丙，也是这样想的，甲、乙不行，乙、丙总比他好一点儿。行！好一点儿！从哪儿看来的？为什么我们不想一想，军阀有一个共通性格，这性格对于他们自身是叫他们没有长久的寿命，对于我们就叫我们焦头烂额！无论什么人只要戴上军阀的帽子，那共通性就像紧箍咒一般套在他的头上，就会叫人焦头烂额，叫自己倒下来。

我们没有充分的抽象力量，不能将一些事实聚在一块，发现它们真正的因果关系。因而我们也找不出一条真正趋吉避凶的路！于是我们只好踉踉跄跄地彷徨！我们只好吃苦头，一直吃下去！

苦头若是已经吃够了，那么，好，我们就应当找出之所以吃苦头的真实的、根本的原因。然而要发现这个，全要凭借我们的思想当中的抽象力！这是多么不幸！偏偏我们很缺少它！

五

恨点不到头

新年到了，各位也许在做"掷状元红"的游戏吧。好，我的话就从"掷状元红"开始。

一把六颗骰子掷到碗里，它们叮当叮当地乱转，转到气困力竭，碰巧出现五个六和一个五，这叫作"恨点不到头"。真是可恨，这个名堂不过只能到手一个状元，若那一点到了头，六颗骰子都是六，便算全色，就不只到手一只三十二注的状元签了。所以全六比"恨点不到头"高贵得多。再说，若别人家跟着掷出一个名堂叫什么火烧梅花，——五个红一个五——他就有权利把你已经到手的状元夺去，让你不过得到几分钟的空欢喜而已，所以红又比六高贵一些。

玩骰子的朋友们，哪怕赌的不过是香签棍，不过是小石子，输赢也是与各人的体面有关，所以谁都不想输，也就谁都希望红多，希望全六，然而它们是多么难出现啊!

不是吗?掷出一个红可以到手一个秀才,掷出两个红可以到手一个举人,然而偏偏总是一颗幺、两颗幺滚出来的时候多。玩骰子的朋友,都有过这样的经验吧!

是什么缘故呢?

骰子的构造就有些不可靠吗?故意做得叫红不容易出现吗?

不是,不是,你想,做骰子的人,并不是靠玩骰子赢钱过活的,他何苦替别人多费这样的心,难道还真有谁会感谢他吗?

那么,有神吧!

对,在咱们中国人看来,一定是这样的:想发财,敬财神;想生儿子,敬送子观音;想打胜仗,敬关二爷;想什么就敬管什么的神。玩骰子想赢,哪儿能没有神!果真有位骰子神吗?玩骰子的朋友,运气不好的时候,总掷不出名堂,两手捧着骰子拜揖,向着骰子呵气,这都是在求神助呀!

读中学生的朋友们,大约都念过一点儿洋八股,虽然不一定相信洋上帝和红毛耶稣,虽然深夜走到黑洞洞的坟场里,还不免毛骨悚然,但总不愿意相信什么神鬼了。那么,上面的回答或许是不值一笑的。但是,不相信神固然好,事实一样存在。若回答不出一个别的理由,硬叫别人不相信,谁肯服你!

这篇就是要离开了神权来说明这个事实。

先来一个极简单的例子,那最好就是猜钱。

一个人在桌子上把钱旋转起来,随手按下去,叫你猜那钱的上面是"麻的"还是"秃的"?这是一个小玩意儿,但也一样可赌输赢。

一个钱只有两面,一面麻的和一面秃的。所以任它乱转,结果出现麻的机会和出现秃的机会,同是偶然。在这偶然中若是只希望麻的或只希望秃的,那么,达到这希望的机会都只有一半。照数学上的说法,就是二分之一。二分之一这个数，在数学上称为转一个钱出现麻的面或秃的面的概率。

一个钱是两面，所以它转动的结果，"可能"出现的不同的样子有两个。你指定要麻的面或秃的面，那么就只有一面能给你"成功"。所以概率的基本原理是：

一件事，在机会均等的场合，"成功数"对于"可能数"的"比"就是它的"概率"。

这个原理，有两点应当注意：第一，就是要在机会均等的场合。有些人常说，专门放赌的人，他的骰子里面灌有铅，所以赢的一面不容易滚出，这就是机会不均等。严格地说，事实上的机会均等是没有的。这正如事实上没有真正的圆，没有真正的直线，没有真正的平面一般，但这和我们讨论原理、法则没有关系。

第二点应当注意的，也可说是概率的基本性质，概率总是比 1 小。若等于 1，那就成为必然的了，比如你将一个钱两面都涂上红，要转出红的面，那必然可以转出来。

除此之外，还有一点也很重要，就是概率，我们按照理论计算出来，要在数目很大的时候才能和事实相近，实验的次数越多，相近的程度也就越大。用一个钱转两三次，转出来的也许全是麻的面，或全是秃的面，但若转到一千次、一万次、十万次，你可就以看出麻的面或秃的面出现的次数，渐渐近于二分之一。赌场中有句俗话说："久赌必输。"这就是因为成功的概率天生就比 1 小，赌的次数越多，这概率越准。（这只是大概的说法，真要讨论赌业的问题，这还不够。）

成功的概率比 1 小，反过来，失败的概率也比 1 小，但它俩的和却恰好等于 1，这很容易想明白，用不着再说明了。

照转钱的例子来看掷骰子：一颗骰子有 1、2、3、4、5、6 六面，所以掷到碗里"可能"出现的样子有 6 种。若你指定要的是红（4），那么成功的数只是 1，所以它的概率便是 1 对 6 的比，只有六分之一；而失败的数，却是六分之五。两个相加等于六分之六，恰好是 1。你若老和别人赌红，久赌你当然输。你要想赢也可以，只要你的钱多到用不尽。那么，比如你第一次赌一个钱，你也只想赢个对本，失败了；第二次你就赌两个，再失败；第三次赌四个……总之，把以前输的加上一倍去赌，保证有一天能把钱赢到手。然而，朋友！要紧的是你有那么多钱，不然别人的概率是六分之五，你的只是六分之一，结果总是要你脱了衣服押在那里的。

譬如我们的骰子是特制的，有一面是 2，两面是 3，三面是 4，那么，掷到碗里可能出现的数仍然是 6，出现 2 的概率便是六分之一；出现 3 的，是六分之二——三分之一——出现 4 的是六分之三——二分之一。

再举一个例子：譬如一只口袋里面只有黑白两种棋子，黑的数目是 p，白的是 q，那么随手摸一颗出来，这颗棋子是黑的，它的概率是 $\frac{p}{p+q}$。反过来它要是白的，这概率便是 $\frac{q}{p+q}$。两个相加恰好是 $\frac{p+q}{p+q}$ 等于 1。

看了这几个例子，概率的概念和基本原理大概可以明了了吧！但是凭这一点简单的原理，还不能说明我们所提出的问题，原来上面的例子，说到钱只有一个，说到骰子也只讲的是一颗，就是最后的例子，口袋里棋的数目虽没有什么明确的规定，这只相当于一颗骰子所有的面数，而我们所说到的还只是摸出一颗黑棋子，或一颗白棋子的概率。现在，我们进一步来看较复杂的例子，比如用两个钱转，要计算出现一个麻和一个秃的概率；又比如把两颗骰子掷到碗里，要计算它出现全红的概率，以及由上面的口袋中连摸两颗棋子若要全是白的，我们来计算它的概率，这都较为复杂了。

暂且将这三个问题丢下，我们先来看另外的一个例题。比如，一只口袋里有红、白、黑、绿四种颜色的棋子，红的 3 颗、白的 5 颗、黑的 6 颗、绿的 8

颗，我们伸手在袋里任意摸出一颗来，要它是红的或黑的，这样，它的概率是多少呢？

第一步，我们知道，这只口袋里面所有的棋子总共是：

3+5+6+8=22

所以随手摸一颗可能出现的样子是 22 种。

在这 22 颗棋子当中只有 3 颗是红的，所以摸一颗红的出来的概率是二十二分之三。

同样的道理，摸一颗黑的出来的概率是二十二分之六。

无论红的出现或黑的出现，我们的目的都算达到了，所以我们成功的概率，应当是它们俩各自的概率的和，就是：

$$\frac{3}{22}+\frac{6}{22}=\frac{9}{22}$$

一般来说，比如那口袋里有 A_1，A_2，A_3……种棋子，各种的数目是 a_1，a_2，a_3……，那么，摸一颗棋子出来是 A_1 的概率便是 $\dfrac{a_1}{a_1+a_2+a_3+……}$，或是 A_2，A_3……的概率是：$\dfrac{a_2}{a_1+a_2+a_3+……}$，$\dfrac{a_3}{a_1+a_2+a_3+……}$……若我们所要的是某几种中的一种出现，那么，成功的概率就是这几种各自出现的概率的和。

另举一个例子，比如一只口袋里只有白棋子 5 颗，黑棋子 8 颗，我们连摸两次，第一颗要是白的，第二颗要是黑的（假如第一颗摸出仍然放回去），这个成功的概率有多少呢？

这个问题，乍看去好像和前一个没有什么分别，但是仔细一想，完全不同。口袋中的棋子是 5 加 8 总共 13 颗，所以第一次摸出白棋子的概率是十三分之五，第二次摸出黑棋子的概率是十三分之八，这都很容易明白。但现在的问题是：我们成功的概率是不是十三分之五和十三分之八的和呢？它们两个的和恰好是 1，前面已经说过，概率总比 1 小，若等于那 1 就成为必然的了。事实上，我们的成功不是必然的，可见照前例将这两个概率相加，是谬误。那么，怎样

求出我们成功的概率呢？

仔细思索一下，这两个例子，我们成功的条件虽然都是两个，但在这两个例子中，两个条件的关系却大不相同。前一个例，两个条件——出现红的，和出现黑的，——无论哪个条件成立，我们都成功。换句话说，就是"只需"有一个条件成立就行；在这第二个例中却"必须"两个条件——第一颗白的，第二颗黑的——都成立。而第一次摸出的是白子，第二次摸出的还不一定是黑子，因此，在第一个条件成功的希望当中还只有一部分是完全成功的希望。按照上例的数字说，第一个条件的成功概率是十三分之五，而第二个条件的成功的概率是十三分之八。所在我们全部成功的概率，在十三分之五当中还只有十三分之八，就是：

$$\frac{5}{13} \text{之} \frac{8}{13} = \frac{5}{13} \times \frac{8}{13} = \frac{40}{169}$$

因为这两种概率的性质决然不同，在数学上就给它们各起一个名字，前一种叫"总和的概率"，后一种叫"构成的概率"。前一种是将各个概率相加，后一种是将各个概率相乘。前一种的性质是各个概率只需有一个成功就是最后的成功；后一种的性质是各个概率必须全都成功，才是最后的成功。

事实上，我们所遇见的问题，有些时候，两种性质都有，那就得同时将两种方法都用到。假如第二个例子，不是限定要第一次是白的，第二次是黑的，只需两次中的颜色不同就可以。那么，第一次是白的，第二次是黑的，它概率是 $\frac{5}{13} \times \frac{8}{13}$；而第一次是黑的，第二次是白的，它的概率是 $\frac{8}{13} \times \frac{5}{13}$。这都属于构成的概率的计算。但无论是先白后黑，或先黑后白，我们都算成功。所以我们成功的概率，就这两种情况说，是属于总合的概率的计算，而我们所求的数是：

$$\frac{5}{13} \times \frac{8}{13} + \frac{8}{13} \times \frac{5}{13} = \frac{40}{169} + \frac{40}{169} = \frac{80}{169}$$

概率的计算是极有趣味而又最需要小心的，对于题目上的条件不能掉以轻心，但这里不是专门讲它，所以我们就回到开始的问题上去吧！

第一，六颗骰子掷到碗里，滚来滚去，究竟会出现多少花头呢？关于这个问题，先得假定一个条件，就是我们能够将六颗骰子辨别得清楚。照平常的情形，只要掷出一颗红，就是秀才，无论这颗红是六颗骰子当中的哪一颗滚出来的，这样，数目就简单了。

依了这个假定，照排列法计算，我们总共可以掷出的花头，应当是 6 的 6 次方，就是 46656 种；但若六颗骰子完全一样，不能分辨出来，那就只有 7776 种了（$6^6 \div 6$）。

在这 46656 种花样当中，出现一颗幺的概率有多少呢？我们既假定了六颗骰子是可以辨得清楚的，那么无妨先从某一个骰子出现幺的概率来讨论，因为我们只要一颗幺，所以除了这一颗指定要它出现幺以外，都必须滚出其他的五面来才可以成功。换句话说，就是其余的五颗骰子必须不出现幺，照概率的基本原理，指定的骰子出现幺的概率是六分之一，其他五颗骰子不出现幺的概率每个都是六分之五。又因为最后成功需要这些条件都同时存在才行，所以这应当是构成的概率和计算法，它的概率便是：

$$\frac{1}{6} \times \frac{5}{6} \times \frac{5}{6} \times \frac{5}{6} \times \frac{5}{6} \times \frac{5}{6} = \frac{3125}{46656}$$

但是，无论六颗骰子当中的哪一颗滚出幺来，都合于我们的要求，所以我们所求的概率，应当是这六颗骰子每一个出现幺的概率和总和。那就等于 6 个 46656 分之 3125 相加，即是：

$$\frac{3125}{46656} \times 6 = \frac{3125}{7776}$$

我们一看这数字差不多接近二分之一，所以这概率算是比较大的。这不足为奇，事实上我们掷六颗骰子到碗里，总常看见有幺。

依照这个计算法，我们可以掷出两个幺来的概率是：

$$\left(\frac{1}{6} \times \frac{1}{6} \times \frac{5}{6} \times \frac{5}{6} \times \frac{5}{6} \times \frac{5}{6} \right) \times 15 = \frac{3125}{15552}$$

照推下去，可以掷出 3、4、5、6 个幺的概率是：

$$\left(\frac{1}{6}\times\frac{1}{6}\times\frac{1}{6}\times\frac{5}{6}\times\frac{5}{6}\times\frac{5}{6}\right)\times 20 = \frac{625}{11664}$$

$$\left(\frac{1}{6}\times\frac{1}{6}\times\frac{1}{6}\times\frac{1}{6}\times\frac{5}{6}\times\frac{5}{6}\right)\times 15 = \frac{125}{15552}$$

$$\left(\frac{1}{6}\times\frac{1}{6}\times\frac{1}{6}\times\frac{1}{6}\times\frac{1}{6}\times\frac{5}{6}\right)\times 6 = \frac{5}{7776}$$

$$\frac{1}{6}\times\frac{1}{6}\times\frac{1}{6}\times\frac{1}{6}\times\frac{1}{6}\times\frac{1}{6} = \frac{1}{46656}（注意这里不用 6 去乘了）$$

将这六个概率一比较，可以清楚地看出来，概率依次减少，而六颗幺的概率比五颗幺的只有 $\frac{1}{30}$，比一颗幺的不过 $\frac{1}{18750}$。所以事实上六颗骰子掷到碗里滚出全色的幺来是极少有的。

在理论上，一颗骰子出现 1、2、3、4、5、6 的机会是均等的，所以出现一颗红的概率也是 $\frac{3125}{7776}$，并不比出现一颗幺难。同样的理由，出现五颗 6 或五颗红的概率也和出现五颗幺的一样，仍是 $\frac{5}{7776}$，而全六或全红的概率也只有 $\frac{1}{46656}$。

这就可以再进一步来看"恨点不到头"和"火烧梅花"的概率了。它不但要五颗出现 6 或红，而且还要剩下的一颗出现的是 5。照通常的道理来看，这第二个条件的概率当然是 $\frac{1}{6}$。但在这里却有一点要注意，$\frac{1}{6}$ 这个概率是由一颗骰子有六面来的。然而就第一个条件讲，已经限定是五颗 6 或红，这颗就绝不能再是 6 或红。因此六面中得有一面需先除掉，只有五面是合条件的，所以第二个条件的概率应当是 $\frac{1}{5}$，而那两个名堂各自出现的概率便是：

$$\frac{5}{7776}\times\frac{1}{5} = \frac{1}{7776}$$

从这计算的结果，我们可以知道全色比五子出现的概率小，我们觉得它难出现，这很合理。至于把红看得比幺高贵些，只是一种人为的约束，并不是它比幺难出现，到此我们的问题就算解决了。

也许，还有人不满足，因为我们所得出的只是客观的理论，和主观的经验好像不大一致。我们将骰子掷到碗里时，满心不愿意幺出现，而偏偏常常见到的都是它。要解释这疑团倒很容易，你只需去试验几次，改过来，出现一个幺得一个秀才，出现两颗幺得一个举人。你就可以看出来，红又会比幺容易出现了，这是不是因为骰子也和我们人一样有意志，而且习惯为难我们呢？

说骰子也有意志，而且还习惯为难我们，这似乎太玄妙了，比有鬼神在赌场上做主宰还更玄妙些。那么，只好说是我们的经验错了！

经验怎么会错呢？其实说它没有错，也不是不可以，这个经验纯属主观的罢了。我们一进赌场，哪怕是逢场作戏，并非真赌什么输赢，但我们总想比别人都得意。因此，我们的注意力当然只集中到红上面去，它的出现就使我们感到欣喜。幺的出现是我们不希望的，所以在我们心里，对它的感情恰好相反，因为厌恶它，仇人相见分外眼明，就觉得它常常都滚出来了。

归结起来，我们的经验是生根在感情上的。倘若我们能够耐下心来，把各个数每次出现的数目都记下来，一直记到几百千万次，再将它们统计一下，这才是纯理性的、客观的。这个经验一定和我们平常所得到的大相悬殊，而和我们计算的结果相近。所以科学的方法第一步是观察和实验，要想结果可靠，观察者和实验者的头脑必须保持冷静。如果只根据客观的事实记录，毫不掺杂一点儿主观的情感或偏见，这是极难的。许多大科学家，也常常因为自己的情感和偏见耽误他们的事业！

在我们的日常生活中，又不能真是冷冷静静地过日子，每次遇见一件事都先看明白，打算清楚，再按部就班地去做。季文子要三思而后行，孔老先生已觉得他太过分了，只说再思就可以。由此可见，我们的生活靠理性的成分少，靠直觉和情感的时候多。我们一天一天地这么生活下来，不知不觉中已养成一个容易动感情和不能排除偏见的习惯，一旦踏进科学的领域，怎么能不失

败呢?

像掷骰子这类玩意儿,我们可以借数字将它的变化计算出来,使我们得到一个明确的认识。但别的现象,因为它本身的繁复,以及数学和其他的科学还并没有达到充分进步的境界,我们就没法去得到明确的认识。因而在研究的时候,要除去情感和偏见就更不容易了。

类似于玩骰子的事,我们要举起例来,真是俯拾即是,不胜枚举,这里再来随便说几个,以证明我们的日常生活是多么不理性。

比如你家里有人生了病,你正着急万分,有一位朋友好心来看望你,他给你介绍医生,他给你说单方。你听他满口说出的都是那医生医好了人的例和那单方的神效的奇迹。然而你信了他的话,你也许不免要倒一次大霉。你将讨厌他吗?他是好心,他和你说的也都不是欺骗的话,只怪你不会问他那医生,会有多少人上过那单方的当!其实,你真的去问他,他也回答不上来,他不是有意来骗你,只是他不会注意到。

又比如前几年,上海彩票很风行的时候,你听那些买彩票的人,他们口里所讲的都是哪一个穷困的读书人东拼西凑地买了一张,就中了头彩。不然就是某个人也得了大奖,但你绝不会听到他们说出一个因买彩票倒霉的人来。他们一点儿不知道吗?不是的,也许他们自己就连买了好几次不曾中过,但是这种事实不利于他们,所以不高兴留意,也就不容易想起来。即使想起来了,他们总还想着即将到来的一次不会就和以前一样。

确实,在我们的日常生活中,我们喜欢保留在记忆里的,总是有利于我们的事实。因为这样,我们永远就只会打如意算盘。会有例外吗?那就是经过不知多少次失败的人,简直丧了胆,他的记忆里,又全都是失败的事实了。然而无论哪一种人,相同的都只是偏见。

我们的生活是否应当完全受冷静的、理性的支配?即使应当,究竟有没有这样的可能？这都是另外的问题，姑且存而不论。只是现在已经有许多人都觉得科学重要，竭力地在鼓吹着，那么科学的方法当然是根本的问题。别人的科学发达，并不是从地上捡来的，也没有什么神奇奥妙，不过是他们能够应用科学方法去整理每天呈现在他们眼前的事象而已。

要想整理事象，第一步就必须先将那事象看得明了、透彻。偏见和感情好比一副着色的眼镜，这副眼镜架在鼻梁上面，两眼就没法把外面的真实色相看得清楚。所以踏进科学的领域的第一步，是观察和实验。在开始观察和实验之前，必须得先从鼻梁上将那副着色的眼镜扯下来。这自然不是一件容易的勾当，但既然需要它，不容易也得干！

观察和实验说来很简单，只要去看、去实验就好了，但真能做得好，简直可以说已踏到了科学的领域一半。即使我们真能尽量地除去主观的成见和情感，有时因为所观察和所实验的范围太窄了，也一样得不出普遍的、近于真实的结果，容我再来跑一次野马说一段笑话吧！

从前，有一户人家小少爷生了病，要去请医生，因为他们家的丫头的眼睛能够看得见冤鬼，主人便差了她出去。临出门时，嘱咐她看见那医生的后面跟着的冤鬼最少的，便请来。她到街上走来走去果然看见了一位背后只跟着一个冤鬼的医生，便请了回家，并且将她看见的情形背着医生告诉了主人。主人非常高兴，对那位医生十二分地尊敬，和医生谈了不少的话，最终问他行了几年医，他的回答是："今天上午刚开始，只医过一个人。"

朋友！这笑话有趣吗？我们研究科学的时候，最痛苦的是没有可以看清冤鬼的眼睛，但即使有，就不会错吗？

写这篇的意思，原不过是想说明在日常生活中，我们容易被眼前的事实欺骗，将真实的事象掩盖。因为说起来一时觉得方便，就借了掷骰子来举例。写到这里觉得这有个大缺点，就是前面说的，都不是观察和实验的结果，只是一

种原理的演绎。倘使真有人肯将六个骰子丢在碗里掷，掷过几十万次，每次的情形都记录下来，在研究上，那个材料比这单从理论推演而来的更有意义些。

　　自然，我不是说前面的推论还有什么可怀疑的地方，必须要有观察和实验的结果来客串镖师！倘若我们真要研究别的问题的时候，最好还是先从观察和实验的功夫做起。依靠现成的理论来演绎，一不小心，我们所依靠的理论，就先统治着我们，成为我们的着色的眼镜，不是吗？在科学的研究中，归纳法比演绎法更重要啊！

　　什么是归纳法，下次再谈吧！

六

堆罗汉

堆罗汉这种游戏，在学校中很常见，这里用不到再来说明，只不过举它做个例：从最下排起数上去，每排次第少一个人，直到顶上只有一个人为止。像这类依序相差同样的数的一群数，在数学上我们叫它们是等差级数。关于等差极数的计算，其实并不难懂，小学的数学课本里面也都有讲到，所以这里也将它放在一边，只讲从 1 起到某一数为止的若干个连续整数的和，用式子表示出来，就是：

（1）1+2+3+4+5+6+7+…

和这个性质相类似的，还有从 1 起到某数为止的各整数的平方和、立方和，就是：

（2）$1^2+2^2+3^2+4^2+5^2+6^2+7^2+$…

（3）$1^3+2^3+3^3+4^3+5^3+6^3+7^3+$…

从第一图看去，这个长方形由 A、B 两块组成，而 B 恰好是 A 的倒置，所以：

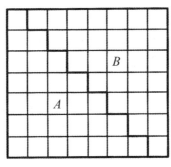

第一图

A=1+2+3+4+5+6+7

B=7+6+5+4+3+2+1

A、B 的总和是相同的，各等于整个矩形的面积的一半。至于这个矩形的面积，只要将它的长和宽相乘就可得出了，它的长是 7，宽是 7+1，因此面积便是：

$7×(7+1)=7×8=56$

而 A 的总和正是这 56 的 2 分之 1，由此我们就得出一个式子：

$$1+2+3+4+5+6+7=\frac{7×(7+1)}{2}=\frac{7×8}{2}=28$$

这个式子推到一般的情形去，就变成了：

$$1+2+3+4+\cdots+n=\frac{n(n+1)}{2}$$

第二、第三个例，我们也可以用图形来研究它们的结果，不过比较繁杂，但也更有趣味，现在还是分开来讨论吧。

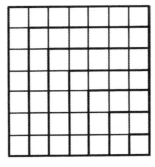

第二图

从第二图，我们注意小方块的数目和大方块的关系，很明白地可以看出来：

$1^2=1$

$2^2=1+3$

$3^2=1+3+5$

$4^2=1+3+5+7$

…

$7^2=1+3+5+7+9+11+13$

若用话来说明，就是 2 的平方恰好等于从 1 起的 2 个连续奇数的和；3 的平方恰等于从 1 起的 3 个连续奇数的和，一直推下去，7 的平方就是从 1 起的 7 个连续奇数的和。所以若要求从 1 到 7 的 7 个数的平方和，只需将上列七个式子的右边相加就可以了。虽然这个法子没有什么不合理的地方，毕竟不简便，而且从中要找出一般的式子也不容易，因此我们得另找一条路。

试将各式的右边表示的和，照堆罗汉的形式堆起来，我们就得出第三图的形式：（为了简便，只用 1、2、3、4 四个数。）

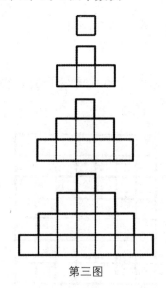

第三图

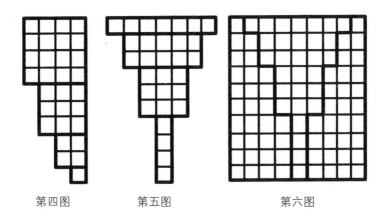

第四图　　　　第五图　　　　　　第六图

　　从这几个图，可以看出这样的结果，$1^2+2^2+3^2+4^2$ 这个总和当中有 4 个 1，3 个 3，2 个 5，一个 7。所以我们要求的总和，依前一个形式可以排成第四图，依后一个形式可以排成第五图。将它们比较一下，我们马上就知道若将第四图倒置，拼到第五图，那么右边就没有缺口了；若将第四图不但倒置而且还翻一个身，拼成第六图，那么，左边也就直了。所以用两个第四图和一个第五图刚好能够拼成第六图那样的一个矩形。由它，我们就可知道所求的和正是它的面积的三分之一。

　　至于这个矩形：它的长是 $1+2+3+4=\dfrac{4\times(4+1)}{2}=10$，宽却是 $4+1+4=9$。因此，它的面积应当是 $10\times9=90$，而我们所要求的 $1^2+2^2+3^2+4^2$ 的总和应当等于 90 的三分之一，那就是 30。按照实际去计算 $1^2+2^2+3^2+4^2=1+4+9+16$，也仍然是 30。由此可知，这个观察没有一丝错误。

　　若要推到一般的情形去，那么，第六图这个矩形的长是：

$1+2+3+4+\cdots+n=\dfrac{n(n+1)}{2}$

而它的宽却是：

$n+1+n=2n+1$

所以它的面积就应当是：

$$(1+2+3+4+\cdots+n)(n+1+n) = \frac{n(n+1)(2n+1)}{2}$$

这就可证明：

$$1^2+2^2+3^2+4^2+\cdots n^2 = \frac{n(n+1)(2n+1)}{6}$$

比如，我们要求的是从 1 到 10 十个整数的平方和，n 就等于 10，这个和便是：

$$\frac{10\times(10+1)\times(2\times10+1)}{6} = \frac{10\times11\times21}{6} = 385$$

说到第三个例子，因为是数的立方的关系，照通常的想法，只能用立体图形来表示，但若将乘法的意义加以注意，用平面图形来表示一个立方，也不是完全不可能。先从 2^3 说起，照原来的意思本是 3 个 2 相乘，若用式子写出，那就是 $2\times2\times2$。这个式子我们也可以想象成 $(2\times2)\times2$，这就可以认为它所表示的是 2 个 2 的平方的意思，可以画成第七图的 A，再将形式变化一下，可得出第七图的 B。

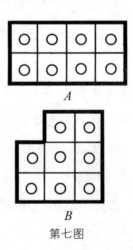

A

B

第七图

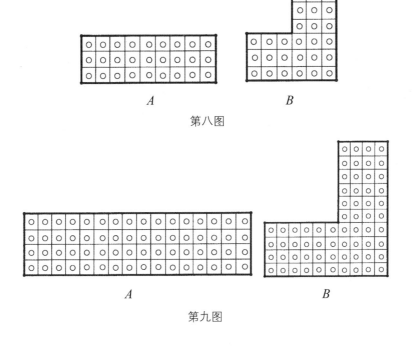

A　　*B*

第八图

A　　*B*

第九图

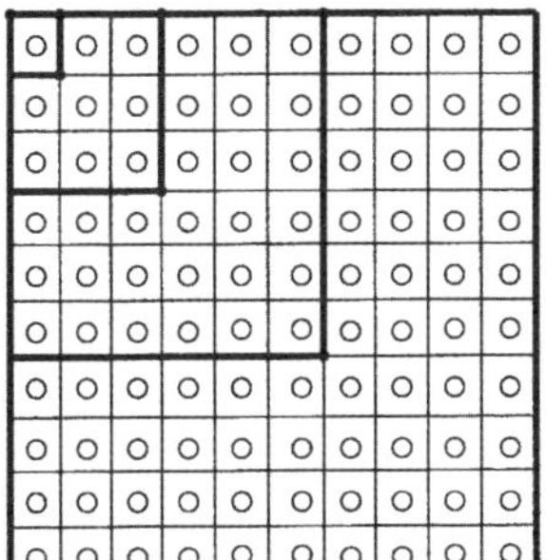

第十图

同样地，3^3 可以用第八图的 *A* 或 *B* 表示，而 4^3 可以用第九图的 *A* 或 *B* 表示。

仔细观察一下第七、八、九图的 *B*，我们得出下面的关系：

第七图的 B 的缺口恰好是 1^2，但 1^3 和 1^2，我们用同一形式表示，在意义上没有很大的差别，所以 1^3 刚好可以填 2^3 的缺口。

第八图 B 的缺口，每边都是 3，这和第七图 B 的外边相等，可知 1^3 和 2^3 一起，又正好可将它填满。

最后，第九图的 B 的缺口每边都是 6，又恰等于第八图的 B 的外边。因此 1^3、2^3 和 3^3 并在一起，也能将它填好。按照这个填法，我们便得第十图，它恰巧是 $1^3+2^3+3^3+4^3$ 的总和。

从另一方面来说，第十图只是一个正方形，每边的长都等于：

1+2+3+4

所以它的面积应当是（1+2+3+4）的平方，因此我们就证明了下面的式子：

$1^3+2^3+3^3+4^3=（1+2+3+4）^2$

但这式子右边括弧里的数，照第一个例应当等于：

$1+2+3+4=\dfrac{4\times（4+1）}{2}=10$

因此：

$1^3+2^3+3^3+4^3=（1+2+3+4）^2=\left[\dfrac{4\times（4+1）}{2}\right]^2=10^2=100$

推到一般的情形去：

$1^3+2^3+3^3+4^3+\cdots n^3=（1+2+3+4+\cdots+n）^2=\left[\dfrac{n\times（n+1）}{2}\right]^2$

上面的三个例子，我们都只凭了几个很小的数字的观察，便推到一般的情形去，而得出一个含有 n 的公式。n 代表任何整数，这个推证究竟可不可靠呢？换句话说，就是我们的推证有没有别的根据呢？按照实际的情形说，我们已得出的三个公式都是对的。但它对不对是一个问题，我们的推证法可不可靠又是一个问题。

我来另举一个例子，比如 11，它的平方是 121，立方是 1331，四次方 14641。从这几个数，我们可以看出三个法则：第一，这些数排列起来，对于中

间数说，都是对称的；第二，第一位和末一位都是 1；第三，第二位和倒数第二位都等于乘方的次数。依这个观察的结果，我们可不可以说 11 的 n 次方便是 $1n\cdots\cdots n1$ 呢？要下这个判断，我们无妨再举出一个次数比 4 还高的乘方来看，最简便的自然就是 5。11 的 5 次方，照实际计算的结果是 161051。上面的三个条件，只有第二个还存在，若再乘到 8 次方，结果是 214358881，就连第二个条件也不存在了。

由这个例子，可以看出来，单就几个很小的数的变化观察得的结果，便推到一般去，不一定可靠。由这个理由，我们就不得不怀疑我们前面所得出的三个公式。倘使没有别的方法去证明，在那三个例中是有特殊的情形可以用那样的推证法，那么，我们宁愿去找另外一条路来解决。

是的，确实应该对前面所得出的三个公式产生怀疑，但我们也并非毫无根据。第一个式子最少到 7 是对的，第二、第三个式子最少到 4 也是对的。我们若耐心地接着试验下去，可以看出来，就是到 8，到 9，到 100，乃至到 1000 都是对的。但这样试验，一来未免笨拙，二来无论试验到什么数，我们总是一样地不能保证那公式便有了一般性，为此我们只得舍去了这种逐步试验的方法。

我们虽怀疑那公式的一般性，但无妨"假定"它的形式是对的，再来加以检查，为了方便，容我在此重写一次：

（一）$1+2+3+\cdots+n=\dfrac{n(n+1)}{2}$

（二）$1^2+2^2+3^2+4^2+\cdots n^2=\dfrac{n(n+1)(2n+1)}{6}$

（三）$1^3+2^3+3^3+\cdots n^3=\left[\dfrac{n(n+1)}{2}\right]^2$

在这三个式子中，我们说 n 代表一个整数，那么 n 以下的一个整数就应当是 $n+1$。假定这三个式子是对的，我们试来看看，当 n 变成 $n+1$ 的时候是不是还对，这自然只是依照式子的"形式"去考查，但这种考查我们用不着怀疑。

在某种意义上，数学便是符号的科学，也就是形式的科学。

所谓 n 变到 $n+1$，无异于说，在各式的两边都加上一个含 $n+1$ 项，照下面的程序计算：

（一）$1+2+3+\cdots n+(n+1) = \dfrac{n(n+1)}{2} + (n+1)$

$$= \dfrac{n(n+1)+2(n+1)}{2}$$

$$= \dfrac{(n+1)(n+2)}{2}$$

$$= \dfrac{(n+1)(\overline{n+1}+1)}{2}$$

（二）$1^2+2^2+3^2+\cdots n^2+(n+1)^2 = \dfrac{n(n+1)(2n+1)}{6} + (n+1)^2$

$$= \dfrac{n(n+1)(2n+1)+6(n+1)^2}{6}$$

$$= \dfrac{(n+1)(n+2)(2n+3)}{6}$$

$$= \dfrac{(n+1)(\overline{n+1}+1)[2(n+1)+1]}{6}$$

（三）$1^3+2^3+3^3+\cdots n^3+(n+1)^3 = \left[\dfrac{n\times(n+1)}{2}\right]^2 + (n+1)^3$

$$= \dfrac{n^2(n+1)^2}{4} + (n+1)^3$$

$$= \dfrac{n^2(n+1)^2+4(n+1)^3}{4}$$

$$= \dfrac{(n+1)^2(n^2+4n+4)}{4}$$

$$= \dfrac{(n+1)^2(n+2)^2}{4}$$

$$= \dfrac{(n+1)^2(\overline{n+1}+1)^2}{4}$$

$$=\left[\frac{(n+1)\,(\overline{n+1}+1)}{2}\right]^2$$

从这三个式子的最后的结果看去，和我们所假定的式子，除了 n 改成 $(n+1)$ 以外，形式完全相同。因此，我们得出一个极重要的结论：

"倘使我们的式子对于某一个整数，例如 n 是对的，那么对于这个整数的下一个整数，例如 $(n+1)$，也是对的。"

事实上，我们已经观察出来了，这三个式子至少对于 4 都是对的。运用这个结论，我们无须再试验，也就有理由可以断定它们对于 5（4+1）都是对的。既然对于 5 对了，那么同一理由，对于 6（5+1）也是对的，再推下去对于 7（6+1）、8（7+1）、9（8+1）……都是对的。

到了这里，我们就有理由承认这三个式子的一般性，再不容怀疑了。

这种证明法，我们叫它是数学的归纳法。

数学上常用的多是演绎法，这是学过数学的人都知道的。关于堆罗汉这类级数的公式，算术上的证明法，也就是演绎的，为了便于比较，也将它写出。本来：

$S=1+2+3+\cdots+(n-2)+(n-1)+n$

若将这式子右边各项的颠倒顺序，就得：

$S=n+(n-1)+(n-2)+\cdots+3+2+1$

再将两式相加，便得出下面的式子：

$2S=[1+n]+[2+(n-1)]+[3+(n-2)]+\cdots+[(n-2)+3]+[(n-1)+2]+[n+1]$

$\quad=[n+1]+[n+1]+[n+1]+\cdots+[n+1]+[n+1]+[n+1]$

$\quad=n(n+1)$

两边再用 2 去除，于是：

$$S=\frac{n(n+1)}{2}$$

这个式子和前面所得出来的完全一样，所以一点儿用不着怀疑，不过我们所用的方法究竟可不可靠也得注意。

一般说来，演绎法不大稳当，因为它的基础是建筑在一些更普遍的法则上面，倘使这些被它所凭借的、更普遍的法则当中，有几个或一个根本就不大稳固，那不是将有全盘动摇的危险吗？比如这个证明，第一步，将式子左边各项的顺序掉过，这是根据一个更普遍的法则叫作什么"交换定则"的。然而交换定则在一般情形固然可以运用无误，但在特殊的情形时，并非毫无问题。所以假如我们肯追根究底的话，这个证明法可以适用交换定则，也得另有根据。至于证明的第二、第三步，都是依据了数学上的公理，公理虽然没有什么证明做保障，但不容许怀疑，这可不必管它。

归纳法既比演绎法来得可靠，我们无妨再来探究一下。前面我们所用过的步骤，归纳起来有四个：

（一）根据少数的数目来观察出一个共通的形式；

（二）将这形式推到一般去，"假定"它是对的；

（三）校勘这假定的形式，是否再能往前推去；

（四）如果校勘的结果是肯定的，那么我们的假定就可认为合于事实了。

前面我们曾经说过：

$1^2=1$

$2^2=1+3$

$3^2=1+3+5$

$4^2=1+3+5+7$

由这几个式子我们知道：

$1=1^2$

$1+3=2^2$

$1+3+5=3^2$

$1+3+5+7=4^2$

观察这四个式子，可以得出一个共通形式，就是：左边是从 1 起的连续奇数的和，右边是这和所含奇数的"个数"的平方。

将这形式推到一般去，假定它是对的，那就得出：

$1+3+5+\cdots+（2n-1）=n^2$

到了这一步，我们就要来校勘一下，这形式再往前推一个奇数究竟对不对，我们在式子的两边同时加上（$2n-1$）下面的一个奇数（$2n+1$），于是：

$1+3+5+\cdots+（2n-1）+（2n+1）$

$=n^2+（2n+1）=n^2+2n+1=（n+1）^2$

从这结果可知，我们的假定如果对于 n 是对的，那么对于（$n+1$）也是对的。依我们的观察，假设 n 等于 1、2、3、4 的时候都是对的，所以对于 5，对于 6，对于 7、8、9……一步一步地往前推都是对的，所以可认为我们的假定合于事实。

将数学的归纳法和一般的归纳法相比较，这是一个很有趣的问题。大体来说，它俩并没有什么根本的差异。我们无妨说数学的归纳法是一般的归纳法的一种特殊形式，试从我们所截取的步骤来比较一下。

第一步，在它俩当中，都离不开观察和实验，而观察和实验的对象也都同是一些特殊的事实。在我们前面所举的例子当中，似乎只用到观察，并没有经过什么实验。事实上，我们所研究的对象，有些固然是无法去实验，只能凭观察去探究。不过这是另外一个问题。若就步骤上说，我们所举的例子的第一步当中，也不是完全没有实验的意味。比如最后一个例子，我们从 $1=1^2$ 这个式子是什么意义也发现不出来，于是只好去看第二个式子 $1+3=2^2$，就这个式子说，我们能够得出许多假定来。前面所用过的，说左边要乘方的 2 就是表示右边的项数，这自然是其中的一个。但我们也可以说，那指数 2 才是表示右边的项数。我们又可以说，左边要乘方的 2 是右边的末一项减去 1。像这类的假定可以找出不少，至于这些假定当中哪一个接近真实，那就不得不用别的方法来证明。到了这一步，我们无妨用各个假设到第三、第四个式子去试验一下，结果，便可看出，只有我们所用过的那一个是合于实际的。一般的归纳法，最初也是这样下手，将我们所要研究的对象尽量收集起来，仔细地去观察，遇着必要且可能的时候，小心地去实验。由这一步，我们就可以看出一些共同的现象来。

至于这些现象，由何产生？会生出什么结果？或是它们当中有什么关联？这，我们往往可以提出若干假定来，正和我们上一节所说的相同，在这些假定当中，自然免不了有一部分是根基极不稳固的，只要凭一些仔细的观察或实验就可推翻。对于这些，自然在这第一步我们就可以将它们弃掉了。

第二步，数学的归纳法，是将我们所观察得到的形式推到一般去，假定它是真实的。至于一般的归纳法，因为它所研究的并不一定只是一个形式的问题，所以推到一般去的话很难照样应用。虽是这样，精神却没有什么不同，我们就是将自己观察和实验的结果综合起来，提出一些较普遍的假设。

有了这假设，进一步自然是要校勘它们，在数学的归纳法上，如前面所说过的，比较简单，只需将所假定的一般的式子当中的 n 推到 $n+1$ 就够了。若在一般的归纳法中，却没有这种便宜可讨。到了这境地，我们得利用演绎法，把我们的假定当作大前提，臆测它们对于某种特殊的事象应当发生什么结果。

这结果究竟会不会有呢？这又得靠观察和实验来证明了。经过若干的观察或实验，假如都证明了我们的臆测是分毫不爽的，那么，我们的假定就有了保障，成为了一个定理或定律。许多大科学家往往能令我们起敬、吃惊，有时他们简直好像一个大预言家，就是因为他们的假定的基础很稳固，所以臆测的结果也能合于事实的缘故。

在这里，有一点必须补说明白，若我们提出的假设不止一个，那么根据各个假设都可得出一些臆测的结果来，在没有别的事实来证明的时候，它们彼此之间绝没有什么价值的优劣可说。但到了事实出来做最后的证人时，自然"最多"只有一个假定的臆测可以胜诉。换句话说，也"最多"就只有一个假定是对的了。为什么我们还要说"最多"只有一个呢？因为，有些时候，我们所提出的假设也许全都不对。

一般的归纳法，应用起来虽不容易，但原理却不过如此。我们经过了上面所说的步骤，结果都很好。自然我们就可得出一些定理或定律来，不过有一点必须注意：在一切过程中，无论我们多么小心谨慎，毕竟我们的能力有限，所能探究的领域终不是全体，因此我们证明为对的假定，即使当成定理或定律来应用，我们还得虚心，应当常常想到，也许有新的，我们以前所不曾注意到的现象出来否定它，我们应当承认：

"科学只能诊断事实，不能否定事实。"

这句话是什么意思呢？

科学本来只是从事实中去寻出法则来，若有了一个法则，遇见和它抵触的事实，便武断地将这事实否定，这只是自己欺骗自己。因为事实的存在，并不能由我们空口说白话地否认，便烟消火灭的。

我还是举个例子来说，从这个例子当中，可以看出我们常有的两种态度都不大合理。

一年多以前就听说我们中国的中西医的斗争很激烈，这自然是一个极好的现象！从这斗争中，我相信总会有一些新的东西从医学界产生出来。现在的结果如何，我不曾听见，不敢臆断，好在和我此处要说的话无关，也就无妨丢开。我提到这个问题，只是要说明两种态度——对于中医的两种比较合理的态度。

一种是拥护的，他们所根据的是事实，毕竟中医已有了几千年的历史，医治好了不少病人，这是无可否认的。虚心而有经验的医生，对于某几种病症，也确实有把握，能够着手成春。

一种是反对的，他们所根据的是科学上的原理或法则，无论中医有什么奇效，都没有科学根据，即使有奇效，也只好说是偶然。至于一般中医的五行生克的说法，尤其玄妙，不客气地说，简直是荒唐。

依照前一种人的意见，中医当然应当存在；依照后一种人的意见，它就该被打倒。平心而论，各有各的理由，不全是也不全非。多少免不了一些情感掺杂在里面。若容许我说，那么，中医有它可以存留的部分，不过必须另外打个基础；同时它也有应当被打倒的部分，但并非全盘推翻。然而，这并不是根于什么中庸之道的结论。

既然中医有一部分成功的事实，我们就应当根据科学上的原理或法则去整理它们，找出合理的说明。比如说某种汤头治某种病症是有特效的，我们已从西医知道某项病症发生的原因和要医治它所必需的条件，那么，我们正可以分析一下那汤头合于这个条件的理由。这样，自然就有合理的说明可以得出一个稳固的基础了。拥护的人固然应当这样，才真正能达到目的，就是要推翻的人也应当这样才不是武断、专制！

事实和理论不合，可以说有两个来源：一是我们所见到的事实，并非是真的事实。换句话说，就是我们对于那事实的一切认识未必有科学的依据。譬如，患疟疾的人，画一碗符水给他喝到肚里，那病就好了。这事，我也曾经试做过，真有有效的时候，但我宁可相信，符水和疟疾的治疗风马牛不相及，只不过这两个事实偶然碰在一起，我们被它蒙混着罢了。真的，我从前给别人画符水，说来就可笑，我根本就不知道应当怎么画！

还有一个来源，便是科学上的原理或法则本身有缺点，比如对于某种病，西医用的是一种药，而中医用的是汤头，分析的结果和它全不相关，那么这种病就可以有两种治疗法，并非中医的就不对，因为已经有了对症治好的事实，这无可否认。

所谓科学诊断事实，由这个例子大致就可以说明白：第一，是诊断事实的真伪；第二，倘使诊断出它是真实的了，进一步就要找出合理的说明。所以科学的精神，最根本的是不武断、不盲从！我们常常听人家说，某人平时批评起别人来都很有道理，但事情一到他手里一样糟。这确实也是一个事实！对于这个事实，有些人就聪明地这样解释：学理是学理，事实是事实。从这解释当中还衍生出一个可笑的说法，那就是"书呆子"这个名词含有不少的轻蔑意味。其实凭空虚造的学理，哪里冒充得来真的学理？而真的学理，哪儿有不能应用到事实上去的理由呢？

话说得有些远了，归结一句，科学的态度是要虚心地去用科学的方法。

七

八仙过海

　　"八仙过海"只是一个玩意儿，我们只能在游戏场中碰到它，学校里的教科书上是没有的。老实说，平常研究这些玩意儿的朋友还多是目不识丁的中下阶级的分子。然而，这些朋友专门喜欢找学生寻开心，他们会使得你惊奇，会使得你莫名其妙，最后给你一个冷嘲："学校里念书的人这都不知道！"原来在我们中国一般人的心里都有个传统的思想，"一物不知，儒者之耻"，读书人便是儒者，所以不但应当知人之所不知，还应当知人之所知，不然就应当惭愧。传统思想自然只是传统思想，其实又有谁真能做到事事都知呢？不过话虽如此，有些小玩意儿却似乎应当知道，全都推脱，终不是一回事。"八仙过海"便是一个例子。只要肯思索的朋友，我相信花费一两个小时的时间就可以将这玩意儿的闷葫芦打破。

　　但是为了这一点小玩意儿，便费去一两个小时去思索，一天到晚所碰到的小玩意儿不知有多少，若都要思索，哪儿还有工夫读书、听讲？而且单是这般的思索，最好的结果也不过是一个小玩意儿的思想家，究竟登不上大雅之堂。这样一想，好像犯不上去思索了。那么为什么不将它也搬进教科书里去呢？我们读的教科书彻头彻尾是洋货，我们不自己搬进去，谁还来替我们搬不成？朋友，把我们的货色搬到他们的架子上去，这是要紧的工作。在这里，请容我再说几句闲话。我说的是把我们的货色搬到他们的架子上去，你切不可误会，以为我是劝你将他们的货色搬到我们的架子上来。我们有的是铁和铜，用它们照样造火车、造发动机，这叫将我们的货色搬到他们的架子上去；他们有的是上帝和耶稣，用它们照样和城隍财神一般地敬奉，这叫将他们的货色搬到我们的架子上来。朋友，架子是他们的好，这用不着赌气，货色却没有什么中外，都出自地壳。这虽只说到一个比方，但在我们读书的时候，它的根本含义却很重要。不过说来话长，别的时候再详谈吧。好在我要谈"八仙过海"，也就是搬我们的货色到他们的架子上的一个例子，你若觉得还有意思，那就有点儿头绪了。

我不知道你碰到过"八仙过海"这类的玩意儿没有，为了说起来方便，还是先将它说明一番。

一个人将八个钱分上下两排排在桌上，叫你看准一个，记在心头。他将钱收起，重新排过，仍是上下两排，又叫你看定你前次认准的那一个在哪一排，将它记住。他再将钱收起，又重新排成两排，这回他叫你看，并且叫你告诉他你所看准的那一个钱这三次位置的上下。比如你向他说"上下下"，他就将下一排的第二个指给你。你虽觉得有点儿奇异，想抵赖，可是你的脸色也不肯替你隐瞒了。这个玩意儿就是"八仙过海"。这人为什么会有这样的本领呢？你会疑心他是偶然猜中的，然而再来一次、两次、三次，他总不会失败，这当然不是偶然了。你就会疑心他每次都在注意你的眼睛，但是我告诉你，他哪儿有这么大的本领，只瞥了你一眼，就会看准了你所认定的那个钱？你又以为他能隔着皮肉看透你心上的影子，但是除了这一件玩意儿，别的为什么他又看不透呢？

这玩意儿的神妙究竟在哪里呢？朋友，你既然喜欢和数学亲近，大概总想受点儿科学的洗礼的，那么，我告诉你，宇宙间没有什么是神妙的。假如真有的话，我想便是"一个人有了脑筋本是会想的，偏不肯去想，但是你若要将他的脑袋割去，他又非常不愿意"这一件事实了。不是吗？既不愿用它，何必留它在脖子上？"八仙过海"不过是人想出来的玩意儿，何必像见鬼神一样对它惊奇呢？你若不相信，我就把玩法告诉你。

这玩法有两种：一种姑且说是非科学的，还有一种是科学的。前一种比较容易，但也容易被人看破，似乎未免寒碜；后一种却较"神秘"些。

D   C   B   A 上

H   G   F   E 下

第一图

先来说第一种。你将八个钱分成上下两排照第一图排好，便叫想寻它开心的人心里认定一个，告诉你它在上一排或是下一排。

第二图　　　　　　　　　　　第三图

譬如他回答你是"上"，那么你顺次将上一排的四个收起，再收下一排的。然后将收在手里的一堆钱（注意，是一堆，你弄乱了那就要垮台了），上一个下一个地再摆作两排，如第二图。你将两图比较起来看，一图中上一排的四个到二图中分成上下各两个了。你再问他所认定的这次在哪一排。譬如他的回答是

"下"，那么第一次在上，这一次在下的只有 *B* 和 *D*，你就先将这两个收起，再胡乱去收其余的六个，又照第二次的方法排成上下两排，如第三图。在这图里 *B* 和 *D* 已各在一排，你再问他，若他说"上"，那他所认定就是 *B*，反过来，他若说"下"，当然是 *D* 了。

你看这三个图，我在第二图有四个圈没写字，在第三图只写了两个，这不是我忘了，也不是懒，空圈只是表示它们的位置没有什么关系。

其实这种玩法道理很简单，就是第二回留一半在原位置，第三回留下一半的一半在原位置。四个的一半是二，两个的一半是一，这还有什么猜不着呢？

我不是说这种方法是非科学的吗？因为它实在没有什么一定的方式，不但 *A*、*B*、*C*、*D* 在第二图可随意平分排在上下两排，而且还不一定要排在右边四个位置，只要你自己记清楚就好了。举个例说，譬如你第一次将钱收在手里的时候是这样一个顺序：*A*，*B*，*E*，*F*，*G*，*H*，*C*，*D*，你就可以排成第四图（样子很多，这里不过随便举出两种），无论在哪一种里，其目的总在把 *A*、*B*、*C*、*D* 平分成两排。同样的道理，第三图的变化也很多。

$$D \quad C \quad H \quad G \quad 上$$
$$F \quad E \quad B \quad A \quad 下$$
$$或$$
$$B \quad F \quad H \quad D$$
$$A \quad E \quad G \quad C$$
$$或……$$

第四图

老实说，这种玩法简直无异于这样：你的两只手里各拿着四个钱，先问别人所要的在哪一只手，他若说"右"，你就将左手的甩掉，从右手分两个过去；再问他一次，他若说"左"，你又把右手的两个丢开，从左手分一个过去，再问他所要的在哪只手。朋友，你说可笑不可笑，你左手、右手都只有一个钱了，他对你说明在左在右，还用你猜吗？

所以第一种玩法是蒙混"侏儒"的小巧玩意儿。

现在来说第二种。

7	5	3	1			7	5	3	1	
D	*C*	*B*	*A*	上		*F*	*B*	*E*	*A*	上
8	6	4	2			8	6	4	2	
H	*G*	*F*	*E*	下		*H*	*D*	*G*	*C*	下

第五图　　　　　　　　第六图

第二种和第一种的不同，就是钱的三次位置，别人是在最后一次才一口气说出来，这倒需有点儿硬功夫。我还是先将玩法叙述一下吧。第一次排成第五图的样子，其实就是第一图，"上下"指的是排数，"1、2、……8"是钱的位置。你叫别人认定并且记好了上下，就将钱收起，照1、2、3、4、5、6、7、8的顺序收，不可弄乱。

收好以后你就从左到右先排上一排，后排下一排，成第六图的样子。

7	5	3	1	
G	*E*	*C*	*A*	上
8	6	4	2	
H	*F*	*D*	*B*	下

第七图

别人看好以后，你再照1、2、3、4、5……的次序收起，照同样的方法仍然从左到右先排上一排，再排下一排，这就成第七图的样子。

在这么一回，若他说出来的是"上下下"，那就是下一排的第二个；若他说

"下下下"，那就是下一排的第四个。

为什么是这样呢？

朋友，因为摆成功是那样的，我们无妨将八个钱三次的位置都来看一下：

$$A \text{——上上上}$$

$$C \text{——上下上}$$

$$E \text{——下上上}$$

$$G \text{——下下上}$$

$$B \text{——上上下}$$

$$D \text{——上下下}$$

$$F \text{——下上下}$$

$$H \text{——下下下}$$

这样看起来，A、B、C、D……八个钱三次的位置没有一个相同，所以无论他说哪一个你都可以指出来。

朋友，这次你该明白了吧？不过你还不要太高兴，我这段"八仙过海指南"还没有完呢，而且所差的还是最重要的一个"秘诀"。你难道不会想 A、B、C、D……这几个字只有这图上才有，平常的铜圆上没有吗？即使你另有八个记号，你要记清楚上上上是 A，下下下是 H……这样做也够辛苦的了。在这里却用得到"秘诀"。所谓秘诀就是八个中国字："王、元、平、求、半、米、斗、非。"这八个字，马虎点儿说，都可分成三段，若某一段中含有一横那就算表示"上"，不是一横便表示"下"，所以王字是上上上，元字是上上下……我们可以将这八个字和第七图相对顺次排成第八图的样子：

$$
\begin{array}{ccccc}
7 & 5 & 3 & 1 & \\
G & E & C & A & 上 \\
斗 & 半 & 平 & 王 & \\
下 & 下 & 上 & 上 & \\
下 & 上 & 下 & 上 & \\
上 & 上 & 上 & 上 & \\
\end{array}
$$

$$
\begin{array}{ccccc}
8 & 6 & 4 & 2 & \\
H & F & D & B & 下 \\
非 & 米 & 求 & 元 & \\
下 & 下 & 上 & 上 & \\
下 & 上 & 下 & 上 & \\
下 & 下 & 下 & 下 & \\
\end{array}
$$

第八图

由第八图，就可看明白，你只要记清楚王、元、平、求……的位置顺序和各字所代表的三次位置的变化，别人说出他的答案以后，你口中念念有词地暗数应当是第几个就行了。

譬如别人说下上上，那么应当是"半"字，在第五位；若他说上下上，应当是"平"字，在第三位，这不就可以瓮中捉鳖了吗？

暂时我们还不说到数学上面去。我且问你，这个玩意儿是不是限定要八个钱不能少也不能多？是的，为什么？假如不是，又为什么？"是"或"不是"很容易说出口，不过学科学的人第一要紧的是既然下个判断，就得说出理由来，除了对于那几个大家公认的基本公理或假说，是不容许乱说的。

经我这样板了面孔地问，朋友，你也有点儿踌躇了吧？大胆一点儿，先回答一个"是"字。真的，顾名思义，"八仙过海"当然总共要八个，不许多也不许少。

为什么？

因为分上下排，只排三次，位置的变化总共有八个，而且也只有八个。所以钱少了就有空位置，钱多了就有变化重复的。

怎样知道位置的变化总共有八个，而且只有八个呢？

不错，这是我们应当注意到的问题的核心，但是我现在还不能回答这个，且把问题再来盘弄一回。

"八仙过海"这玩意总共有下面的几个条件：

（1）八个钱；

（2）分上下两排摆；

（3）前后总共排三次；

（4）收钱的顺序是照直行由上而下，从第一行起；

（5）摆钱的顺序是照横排由左而右，从下一排起。

（4）（5）是排的步骤，（1）（2）（3）都直接和数学关联。前面已经回答过了，倘使（2）（3）不变，（1）的数目也不能变。那么，假如（2）或（3）改变一下，（1）的数目将怎样？

我简单地回答你，（1）的数目也就跟着要变。换句话说，若排数加多"（2）变"或是排的次数加多"（3）变"，所需要的钱就不只八个，不然便有空位要留出来。

先假定排成三排，那么我告诉你，就要二十七个钱，因为上、中、下三个位置三次可以调出二十七个花样。你不信吗？请看下图：

9	8	7	6	5	4	3	2	1	上
18	17	16	15	14	13	12	11	10	中
27	26	25	24	23	22	21	20	19	下

第九图

21	12	3	20	11	2	19	10	1	上
24	15	6	23	14	5	22	13	4	中
27	18	9	26	17	8	25	16	7	下

第十图

```
25  22  19  16  13  10  7  4  1  上
26  23  20  17  14  11  8  5  2  中
27  24  21  18  15  12  9  6  3  下
```

第十一图

第九图本来是任意摆的，不过为了说明方便，所以假定了一个从（1）到（27）的顺序。

从第九图，参照（4）（5）两步骤，就可摆成第十图。

从第十图，参照（4）（5）两步骤，就可摆成第十一图。

现在我们来猜了。

甲说"上中下"——他认定的是6；

乙说"中下上"——他看准的是16；

丙说"下上中"——他瞄着的是20；

丁说"中中中"——他注视是的14；

……

总共二十七个钱，无论别人看定的是哪一个，只要他没有把三次的位置记错或说错，都可以拿出来。

这更奇妙了，又有什么秘诀呢？

没有，没有，没有，回答三个"没有"或五个"没有"。"八仙过海"的秘诀不过比一定的法则来得灵动些，所以才用得着。现在要找二十七个字可以代表上、中、下的位置变化，实在没这般凑巧，即或有，记起来也一定不便当。那么，怎样找出别人认准的钱来呢？

好，你要想知道，那我们就来仔细考察第十一图，我将它画成第十二图的样子。

25	22	19	16	13	10	7	4	1	上
26	23	20	17	14	11	8	5	2	中
27	24	21	18	15	12	9	6	3	下

下　　　　　　中　　　　　　上

下　中　上　　下　中　上　　下　中　上

第十二图

　　图中分成三大段，你仔细看：第一段的九个是 1 到 9，在第九图中，恰好都在上一排，所以我在它的下面写个大的"上"字；第二段的九个是 10 到 18，在第九图中恰好都在中一排，所以下面写个大的"中"字；第三段的九个是从 19 到 27，在第九图中恰好都是下一排，所以用一个大的"下"字指明白。

　　你再由各段中看第一行，它们在第十图中都是站在上一排；各段中的第二行，在第十图中都站在中一排；而各段的第三行，在第十图中都站在下一排。

　　这样，你总可明白了。甲说"上中下"，第一次是上，所以应当在第一段；第二次是中，所以应当在第一段的第二行；第三次是下，应当在第一段第二行的下一排，那不是 6 吗？

　　又如乙说"中下上"，第一次是中，应当在第二段；第二次是下，应当在第二段的第三行；第三次是上，应当在第二段第三行的上一排，那不就是 16 吗？

　　你再将丙、丁……所说的去检查看。

　　明白了这个法则的来源和结果，依样画葫芦，无论排几排都可以，肯定成功，而且找法也和三排的一样。例如我们排成四排，那就要六十四个钱，我只将图画在下面，供你参考。说明呢，不再重复了。至于五排、六排、十排、二十排都可照推，你无妨自己画几个图去看。

一	1	2	3	4	5	6	7	8	9	10	11	12	13	14	15	16
二	17	18	19	20	21	22	23	24	25	26	27	28	29	30	31	32
三	33	34	35	36	37	38	39	40	41	42	43	44	45	46	47	48
四	49	50	51	52	53	54	55	56	57	58	59	60	61	62	63	64

第十三图

一	1	17	33	49	2	18	34	50	3	19	35	51	4	20	36	52
二	5	21	37	53	6	22	38	54	7	23	39	55	8	24	40	56
三	9	25	41	57	10	26	42	58	11	27	43	59	12	28	44	60
四	13	29	45	61	14	30	46	62	15	31	47	63	16	32	48	64

第十四图

一	1	5	9	13	17	21	25	29	33	37	41	45	49	53	57	61
二	2	6	10	14	18	22	26	30	34	38	42	46	50	54	58	62
三	3	7	11	15	19	23	27	31	35	39	43	47	51	55	59	63
四	4	8	12	16	20	24	28	32	36	40	44	48	52	56	60	64

一　　　　　　二　　　　　　三　　　　　　四
一　二　三　四　一　二　三　四　一　二　三　四　一　二　三　四

第十五图

譬如有人说"二四三"，那么他看定的钱在第十五图中的第二段第四行第三排，就是 31；若他说"四三一"，那就应当在第十五图中的第四段第三行第一排，他所注视的是 57。

上面讲的是排数增加，排的次数不变。现在假定排数不变，只是排的次数变更，再看有什么变化。我们就限定只有上下两行排。

第一步，譬如只排一次，那么这很清楚，只能用两个钱，三个就无法猜了。

若排两次呢，那就用四个钱，它的变化如下：

```
2  1   上              3 │ 1    上
4  3   下              4 │ 2    下
                      下 │ 上
```

第十六图　　　　　　　　第十七图

它的变化是：

1——上上

2——上下

3——下上

4——下下

三次就是"八仙过海"，不用再说。譬如排四次呢，那就用十六个钱，排法和上面说过的一样，变化的图如下：

8	7	6	5	4	3	2	1	上
16	15	14	13	12	11	10	9	下

第十八图

12	4	11	3	10	2	9	1	上
16	8	15	7	14	6	13	5	下

第十九图

14	10	6	2	13	9	5	1	上
16	12	8	4	15	11	7	3	下

第二十图

15	13	11	9	7	5	3	1	上
16	14	12	10	8	6	4	2	下

```
          下              上
      下       上       下       上
    下   上  下   上  下   上  下   上
```

第二十一图

例如有人认定的钱的四次的位置是"上下下上"，那么应当在第二十一图中的第一段第二分段第二行的上排，是 7；又如另有一个人说他认定的钱的位置是"下下上上"，那就应当在第二十一图中的第二段第二分段第一行的上一排，便是 13。

照推下去，五次要用三十二个钱，六次要用六十四个钱……喜欢玩的朋友无妨当作消遣去试试看。

总结一下：前面说"八仙过海"的五个条件，由这些例子看起来，第一个是跟着第二、第三个变的。至于第四、第五，关于步骤的条件和前三个都没有什么直接关系。它们也可以变更。例如（4）我们也可以由下而上，或从末一行起，而（5）也可以由右而左从第一排起。不过这么一来，所得的最后结果形式稍有点儿不同。

从我们所举过的例子看，钱的数目是这样：

（1）分两排：

    （a）排一次——2 个

    （b）排二次——4 个

    （c）排三次——8 个

    （d）排四次——16 个

（2）分三排：

    （a）排一次——3 个（我们可以想得到的）

    （b）排二次——？个（请你先想想看）

    （c）排三次——27 个

    （d）排四次——？个

（3）分四排：

    （a）排一次——4 个（我们可以想得到的）

    （b）排二次——？个

    （c）排三次——64 个

    （d）排四次——？个

这次却真的到了底，我们要解决的问题是：

"分多少排，总共排若干次，究竟要多少钱，而且只能要多少钱？"

上面已举出的钱的数目，在那例中都是必要而且充足的，说得明白点，就是不能多也不能少。我们怎样回答上面的问题呢？假如你只要一个答案就满足，那么是这样的：

设排数是 a，排的次数是 x，钱数是 y，这三个数的关系如下：

$y=a^x$

我们将前面已讲的例代进去，看看这个话是否靠得住：

（1）（a）$a=2$，$x=1$，$\therefore y=2^1=2$

（b）$a=2$，$x=2$，$\therefore y=2^2=4$

（c）$a=2$，$x=3$，$\therefore y=2^3=8$

（d）$a=2$，$x=4$，$\therefore y=2^4=16$

（2）（a）$a=3$，$x=1$，$\therefore y=3^1=3$

（b）$a=3$，$x=2$，$\therefore y=3^2=9$（对吗？）

（c）$a=3$，$x=3$，$\therefore y=3^3=27$

（d）$a=3$，$x=4$，$\therefore y=3^4=81$（？）

（3）（a）$a=4$，$x=1$，$\therefore y=4^1=4$

（b）$a=4$，$x=2$，$\therefore y=4^2=16$（？）

（c）$a=4$，$x=3$，$\therefore y=4^3=64$

（d）$a=4$，$x=4$，$\therefore y=4^4=256$（？）

照这个结果来看，我们所用过的例子都合得上，那个回答大概总有些可靠了。就是几个不曾试过的数，想起来也还不至于错误。不过单是这样还不行，别人总得问我们理由。此刻是无可拖延，只得找出理由来。

真要理由吗？就是将我们所用过的例子合在一起用脑力去想，一定可以想得出来的。不过，这实在大可不必，有别人的现成架子可以装得上去时，直接痛快地装上去多么爽气。那么，在数学中可以找到这一栏吗？

可以。那就是顺列法，我们就来说顺列法吧。

先说什么叫顺列法。

有几个不相同的东西，譬如 A、B、C、D……几个字母，将它们的次序颠来倒去地排，计算这排法的数目，这种方法就叫顺列法。

$$
\begin{array}{cccc}
1 & 2 & 3 & 4 \\
D & B & C & A
\end{array}
$$

第二十二图

顺列法的计算本来比较复杂，而且一不小心就容易弄错，要想弄清楚，自然只好去读教科书或是去请教你的数学教师。这里不过说着玩玩，只得限于基本的几个法则了。

第一，我们来讲几个东西全体的、不重复的顺列。这句话须得解释一下，譬如有 A、B、C、D 四个字母，我们一齐将它们拿出来排，这叫全体的顺列。所谓不重复是什么意思呢？那就是每个字母在一种排法中只需用一回，就好像甲、乙、丙、丁四个人排座位一样，甲既然坐了第一位，其余的三位当然不能再坐他的座位了。

要计算 A、B、C、D 这种排列法，我们先假定有四个位置在一条直线上，譬如是桌上画的四个位置，A、B、C、D 是写在四个铜圆上的。

第一步我们来就第一个位置想，A、B、C、D 四个钱全都没有排上去，所以无论我们用哪一种摆法都行。这就可以知道，第一个位置有 4 种排法。我们取一个钱放到了 1，那就只剩三个位置和三个钱了，跟着来摆第二个位置。

外面剩的钱还有三个，第二个位置无论用这三个当中的哪一个去填它都是

一样。这就可以知道，第二个位置有 3 种排法。到了第二个位置也有一个钱将它占领时，桌子上只剩两个位置，外边只剩两个钱了。

第三个位置因为只有两个钱剩在外面，所以填的方法也只有 2 个。

当第三个位置也被一个钱占领了时，桌上只有一个空位，外面只有一个闲钱，所以第四个位置的排法便只有 1 个。

为了一目了然，我们还是来画一个图。

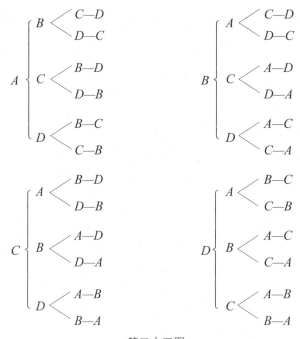

第二十三图

仔细观察第二十三图第一位，无论是 A、B、C、D 四个当中的哪一个，A，或 B，或 C，或 D，第二位都有三个排法，所以第一、第二位合在一起共有的排法是：

4×3

而第二位无论是 A、B、C、D 中的哪一个，第三位都有两个排法，所以

一、二、三、四个位置连在一起算，总共的排法是：

$4 \times 3 \times 2$

至于第四位，跟着第三位已经定了，只有一个方法，因此第四个位置总共的排法是：

$4 \times 3 \times 2 \times 1 = 24$

我们由图上去看，恰好总共是二十四排。

假如桌上有五个位置，外面有五个钱呢？那么第一个位置照前面说过的有 5 种排法，第一位排定以后，下面剩四个位置和四个钱，它们的排法便和前面说过的一样了，所以五个位置的钱的排法是：

$5 \times 4 \times 3 \times 2 \times 1 = 120$

前面是从 1 起连续的整数相乘一直乘到 4，这里是从 1 起乘到 5。假如有六个位置和六个钱，同样我们很容易知道是从 1 起将连续的整数相乘到 6 为止，就是：

$6 \times 5 \times 4 \times 3 \times 2 \times 1 = 720$

譬如有八个人坐在一张八仙桌上吃饭，那么他们的坐法便有 40320 种，因为：

$8 \times 7 \times 6 \times 5 \times 4 \times 3 \times 2 \times 1 = 40320$

你家请客常常碰到客人推让座位吗？真叫他们推来推去，要让完这 40320 种排法，从天亮到天黑也让不完呢。

一般的法则，假设位置是 n 个，钱也是 n 个，它们的排法便是：

$n \times (n-1) \times (n-2) \times \cdots \times 5 \times 4 \times 3 \times 2 \times 1$

这样写起来太不方便了，不是吗？在数学上，对于这种从 1 起到 n 为止的 n 个连续整数相乘的把戏，给它起一个名字叫"n 的阶乘"，又用一个符号来代表它，就是 $n!$，用式子写出来便是：

n 的阶乘 $=n!$ $=n\times（n-1）\times（n-2）\times\cdots\times5\times4\times3\times2\times1$

所以：8 的阶乘 $=8!$ $=8\times7\times6\times5\times4\times3\times2\times1=40320$

6 的阶乘 $=6!$ $=6\times5\times4\times3\times2\times1=720$

5 的阶乘 $=5!$ $=5\times4\times3\times2\times1=120$

4 的阶乘 $=4!$ $=4\times3\times2\times1=24$

3 的阶乘 $=3!$ $=3\times2\times1=6$

2 的阶乘 $=2!$ $=2\times1=2$

1 的阶乘 $=1!$ $=1$

有了这个新的名词和新的符号，说起来就便当了！

"n 个东西全体不重复的排列就等于 n 的阶乘 $n!$ "

但在平常我们排列东西的时候，往往遇见位置少而东西多的情形。举个例说，譬如你有一位朋友，他运道来了，居然奉国民政府的命令去当什么县的县长。这时你跑去向他贺喜，这自然是值得贺的，不是吗？已升官就可发财了！但是当你看到他时，一眼就可以看出来，他的脸孔上直一条、横一条的喜纹当中也夹着正一条、歪一条的愁纹。你若问他愁什么，他定会告诉你，一个衙门里不过三个科长、六个科员、两个书记，荐人来的便签倒有三四十张，这实在难于安排。

真的，朋友，莫怪你的朋友难于安排，他想不得罪人简直不行！就算他只接到三十张荐人的便签，就算他的衙门里从科长数到洗马桶的总共要用三十个人，但是人全是两道眉毛横在两只眼睛上的，哪个会看得见自己的眉毛的粗细，哪个不想当第一科科长！倘使你的朋友请你替他安排，你左排也不是，右排仍然不是，你也只得在脸上挂起愁纹来了。三十个人排来排去有多少？我没有这样的闲工夫去算，你只要想，单是八的阶乘就已有 40320 了，那三十的阶乘将是多么大的一个数！

笔一滑，又说了一段空话，转到正文吧。

譬如你那朋友接到的便签当中只有十张是要当科长的，科长的位置总共是三个，有多少种排法呢？这就归到第二种的顺列法。

第二，我们来讲几个东西不分的、不重复的顺列法。因为粥少僧多，所以只有一部分人的便签有效。因为国民政府的命令兼差不兼薪，没有哪个人这般傻气，吃一个人的饭肯做两个人的事，所以排起来不重复。

从十张便签中抽出三个来，分担第一、第二、第三科的科长，这有多少法子呢？

朋友，你对于第一个法子若是真明白了，这一个是很容易的。

第一科长没有定人时，十张便签都有同样的希望，所以这个位置的排法是10。

第一科长已被什么人得去了，只剩九个人来抢第二科的科长，所以第二个位置的排法是9。同一个道理第三个位置的排法是8，照第一种方法推来，这三个位置的排法总共应当是：

$10 \times 9 \times 8 = 720$

若是你的朋友接到的便签中间，想当科长的是十一个或九个，那么其排法就应当是：

$11 \times 10 \times 9 = 990$

或 $9 \times 8 \times 7 = 504$

若是他的衙门里还有一个额外科长，总共有四个位置，那么他的安排应当是：

$10 \times 9 \times 8 \times 7 = 5040$

$11 \times 10 \times 9 \times 8 = 7920$

或 $9 \times 8 \times 7 \times 6 = 3024$

我们仍然用 n 代表东西的数目（在数学上算数的时候，朋友，你不必生气，人也只是一种东西，倒无关于他有没有当科长的福分），不过位置的数目既然和东西的不同，所以得另用一个字母来代表，譬如用 m，我们的题目变成了这样：

"在 n 个东西里面取出 m 个来的排法。"

照前面的推论法，m 个位置，n 个东西，第一位的排法是 n；第二个位置的排法，东西已少了一个，所以只有 $n-1$；第三个位置，东西又少了一个，所以只有 $n-2$ 个排法……照推下去，直到第 m 个位置，它的前面有 $m-1$ 个位置，而每一个位置都拉了一个人去，所以被拉去的共有 $m-1$ 个人，就总人数说，这时已少了 $m-1$ 个，只剩 $n-(m-1)$ 个了，所以这个位置的排法是 $n-(m-1)$。

这样一来，总共的排法便是：

$$n\times(n-1)\times(n-2)\times(n-3)\times\cdots\times[n-(m-1)]$$

比如 n 是 11，m 是 4，代进去就得：

$$11\times(11-1)\times(11-2)\times(11-3)=11\times10\times9\times8=7920$$

在实际上只要从 n 写起，往下总共连着写 m 个就行了。

这种排法也有一个符号，就是 $_nP_m$。P 左边的 n 表示总共的个数，P 右边的 m 表示取出来排的个数，所以如在 26 个字母当中取出 5 个来排，它的方法总共就是 $_{26}P_5$。

将上面的计算用这符号连起来，就得出下面的关系：

$$_nP_m=n\times(n-1)\times(n-2)\times\cdots\times[n-(m-1)] \quad（1）$$

这里有一件很有趣味的事，譬如我们将前面说过的第一种排法也用这里的符号来表示，那就成为 $_nP_n$，所以：

$$_nP_n=n! \quad（2）$$

在 n 个东西当中去了 m 个，剩的还有 $n-m$ 个，这 $n-m$ 个若自己掉来掉去地排，它的数目就应当是：

$$_{(n-m)}P_{(n-m)} = (n-m)! \tag{3}$$

朋友，我问你，用 $(n-m)!$ 去除 $n!$ 得什么？

如果你们想不出，我就将它们写出来：

$$\frac{n!}{(n-m)!} = \frac{n(n-1)(n-2)\cdots[(n-m+1)](n-m)\cdots 3\cdot 2\cdot 1}{(n-m)3\cdot 2\cdot 1}$$

从这个式子一看分子和分母将公因数消去后，恰好得：

$$\frac{n!}{(n-m)!} = n(n-1)(n-2)\cdots[(n-m+1)]$$

这式子的右边和（1）式的完全一样，所以：

$$_nP_m = n(n-1)(n-2)\cdots[(n-m+1)] = \frac{n!}{(n-m)!} = \frac{_nP_n}{_{(n-m)}P_{(n-m)}}$$

这个式子很有意思，我们可以这样想：从 n 个当中取出 m 个来排，和将 n 个全排好，从第 $m+1$ 个起截断一样，因为 P 是 n 个的排列，$_{(n-m)}P_{(n-m)}$ 是 m 个以后所余的东西的排列。

举个例来说，5 个字母取出 3 个来的排法是 $_5P_3$，而 5-3=2，

$$_5P_3 = \frac{_5P_5}{_2P_2} = \frac{5!}{2!} = 5\times 4\times 3 = 60$$

关于这两种顺列法的计算，基本原理就是这样。但应用起来却不容易，因为许多题目往往包含着一些特殊条件，它们所能排成功的数目就会减少。譬如八个人坐的是圆桌，大家预先又没有说明什么叫首座，这比他们坐八仙桌的变化就少得多。又譬如在八个人当中有两个是夫妻，非挨着坐不可，或是有两个是生冤家死对头，不能坐在一起，或是有一个人是左手拿筷子的，若坐在别人的右边不免要和别人的筷子冲突起来。这些条件是数不尽的，只要有一个存在，排列的数目就得减少。朋友，你要想详细知道，我只好劝你去读教科书或去请教你的教师，这里却不谈了。

呵！你也许不免要急得跳起来了吧？说了半天，和"八仙过海"有什么关系呢？这是应当赶快解决的，不错。但还得请你忍耐一下，单是这样，这架子还不够，不能好好地将"八仙过海"这一类的玩意儿往上摆。我们得另说一种

别的排列法。

前面的两种都是不重复的，但"八仙过海"每一个钱的三次位置不是上就是下，所以总得重复，这种排列法究竟和前面所说过的两种有点儿大同小异，就算它是第一种吧。

第三种是 n 种东西 m 次数可重复的顺序。就用"八仙过海"来作例，排来排去，不是上便是下，所以就算有两种东西，我们无妨用 a、b 来代表它们。

$$
\begin{array}{cc}
1 & 2 \\
a & <\begin{array}{l} a \\ b \end{array} \\
b & <\begin{array}{l} a \\ b \end{array}
\end{array}
$$

第二十四图

首先说两次的排法，就和第二十四图一样。第一个位置因为我们只有 a、b 两种不同的东西，所以只好有 2 种排法。

但是在这里，因为 a 和 b 都可重用的缘故，就是第一个位置被 a 占了，它还是可以有 2 个排法；同样地，它被 b 占了也仍然有 2 个排法。因此总共的排法应当是：

$2 \times 2 = 2^2 = 4$

$$
\begin{array}{ccc} 1 & 2 & 3 \end{array} \qquad \begin{array}{ccc} 1 & 2 & 3 \end{array}
$$

$$
a <\begin{array}{l} a<\begin{array}{l}a\\b\end{array} \\ b<\begin{array}{l}a\\b\end{array} \end{array} \qquad b <\begin{array}{l} a<\begin{array}{l}a\\b\end{array} \\ b<\begin{array}{l}a\\b\end{array} \end{array}
$$

第二十五图

譬如像"八仙过海"一般，排的是 3 次呢，照这里的话说，就是有三个位子可排，那么就如第二十五图的样，全体的排法是：

$2 \times 2 \times 2 = 2^3 = 8$

这不就说明了"八仙过海"，分上下两排，总共排三次，位置不同的变化是 8 吗？

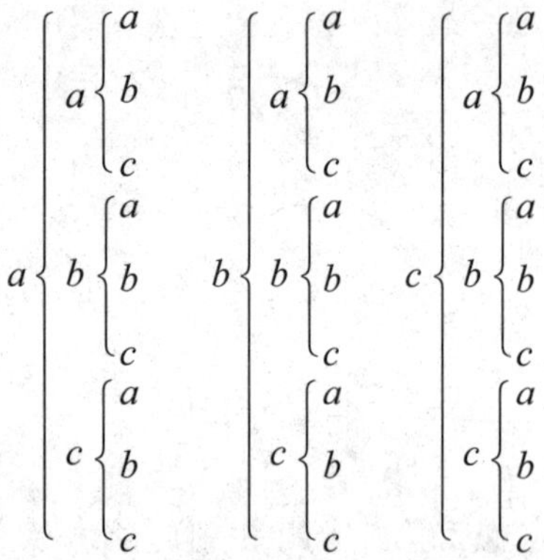

$$a \begin{cases} a \begin{cases} a \\ b \\ c \end{cases} \\ b \begin{cases} a \\ b \\ c \end{cases} \\ c \begin{cases} a \\ b \\ c \end{cases} \end{cases} \quad b \begin{cases} a \begin{cases} a \\ b \\ c \end{cases} \\ b \begin{cases} a \\ b \\ c \end{cases} \\ c \begin{cases} a \\ b \\ c \end{cases} \end{cases} \quad c \begin{cases} a \begin{cases} a \\ b \\ c \end{cases} \\ b \begin{cases} a \\ b \\ c \end{cases} \\ c \begin{cases} a \\ b \\ c \end{cases} \end{cases}$$

第二十六图

我们前面曾经说过分三排只排三次的例子，用 a、b、c 代表上、中、下，说明是一样的，暂且省略。就第二十六图看，可以知道排列的总方法是：

$3 \times 3 \times 3 = 3^3 = 27$

这个数目和我们前面所用的钱恰好一样。

照同样的例子，分一、二、三、四,四排只排三次的数目是：

$4 \times 4 \times 4 = 4^3 = 64$

```
        1   2   3   4                    1   2   3   4
                  a                                  a
              a <                              a <
                  b                                  b
          a                                b
                  a                                  a
              b <                              b <
        a         b                    b            b
                  a                                  a
              a <                              a <
                  b                                  b
          b                                b
                  a                                  a
              b <                              b <
                  b                                  b
```

第二十七图

前面还说过排数不变、次数变的例子。两排只排三次，已说过了。两排排四次呢，那就如第二十七图，总共能排的数目应当是：

$$2 \times 2 \times 2 \times 2 = 2^4 = 16$$

若排的是三排，总共排四次，照同样的道理，它的总数是：

$$3 \times 3 \times 3 \times 3 = 3^4 = 81$$

以前所举出的例子都可照样推算出来。将这几个式子在一起比较，乘数是跟着排数变的，乘的次数，就是指数，是跟着排的次数变的，所以若排数是 a，排的次数是 x，钱数是 y，那么，

$$y = a^x$$

用一般的话来说，就是这样：

"n 种东西，m 次数可重复的顺列，便是 n 的 m 次乘方，即 n^m。"

所谓"八仙过海"，现在可算明白了，不过是顺列法中的一种游戏，有什么奇妙呢？你只要记好 y 等于 a 的 x 次方这个式子，你想分几排，排几次，心里一算就可知道，应当请几位神仙下凡。你再照前面所说过的（4）（5）两个步骤去做，神仙的道法虽高，如来佛的手心却可伸缩，岂知孙悟空的筋斗云无用呢？

八

棕榄谜

一

在本年七月十三日的《申报本埠增刊》里载着一幅很大的广告，是美商上海棕榄公司的，现在择要抄在后面。

游戏规则：

一、一切规则均参照雀牌，棕榄香皂四字代替东南西北；珂路骱三字代替中發白；棕榄香皂、丝带牌牙膏及棕榄皂珠的三种图形则代替筒、条、万。

二、按照雀牌规则，由本公司总经理及华经理马伯乐先生在下图五十六只中，捡出十四只排定和牌一副，送至上海银行封存在第三四一零号保管箱中，至开奖时请公证人启视，以表郑重。

三、参加游戏者只可在下图五十六只中捡出十四只排成和牌一副，如与本公司所排定的和牌完全相同，则赠送无线电收音机一台。

四、本公司备同款收音机十台，作为赠品，仅以十座为限。如猜中者超过十人，则再用抽签法决定……

五、参加游戏需附寄大号棕榄香皂绿包纸及黑纸带各一，空函无效。每人最多只能猜四次，每猜一次均需纸、带各一。

有几位朋友和我谈起这"棕榄谜"的时候，他们随口就问："从这五十六只中选出十四只排定和牌一副，究竟有多少种排法？"这本来只是数学上的一个计算问题，但要回答这一个确数，却不容易。倘若读者先想定一个答数，读完这篇文章后再来比较，我相信大多数的人都会吃惊不已的。

初学数学的人常常会提出这样的问题："一个题目到手，应当怎样入手呢？"因为他们见到别人解答题目好像不费什么力，便觉得这里面一定有什么秘诀。其实科学中无所谓秘诀，要解答题目，只有依照一定的程序去思索。思考力经过训练后，这程序能够应用得比较纯熟，就容易使别人感到神妙了。学问本是严正的东西，并非变戏法，哪儿有什么神奇、奥妙？

本文目的：一是说明数学中叫作组合（Combination）的这一种法则；二是说明思索数学题目的基本态度。平常我们在数学教科书中所遇到的问题都是编者安排好了的，要解答总有一定的法则可以应用，思索起来也比较简单。这里所用的这个题目既不是谁预先安排的，用来说明思索的态度比较周到些。不过头绪繁复，大家得耐着性子，死书以外的题目没有不繁复的呀。

二

　　一个题目到手，在思索怎样解答以前，必须对它有明确的认识：这题目中所含的意义是什么？已知的事项是什么？所要求出的事项是什么？这些都得辨别清楚，这是第一步。常常见到有些性急的朋友，题目还只看到一半，便动起手来，这自然不会做对。假如我的经验可靠，那么不但要先认清题目，而且还需将它记住，才去想。对题思索，在思索的进展上往往会生出许多纷扰。

　　认清题目以后，还有一步工作也省不来，那就是问一问"这题目是可能的吗"？数学上的题目，有些是表面上看起来非常容易，而一经着手便束手无策的。初等几何中的"三等分任意角"，代数中的"五次方程式——其实是五次以上的——一般的解法"，这些最后都归到不可能的领域中了。

　　所谓题目的不可能，一种是主观的能力，一种是客观的条件。只学过算术的人，三减五是不可能，这是第一种。三等分任意角，这是第二种。因为初等几何的作图，只许用没有刻度的尺和圆规两种器械。此外还有一种不可能，便是题目所给的条件不合或缺少，比如"鸡兔同笼共三十个头，五十只脚，求各有几只"，这是条件不合，因为三十只全是鸡也得有六十只脚。至于条件缺少，当然是不可能的。有一次我和孩子背九九乘法表，自然他对我只有惊异，但是他很顽皮，居然要制服我，忽然这样问道："你会算，一间房子有几片瓦吗？"这我当然回答不上来，这是条件不够。我只能够在知道一间房子有几行瓦，每行有几片的时候算它的总数。

　　判定一个题目是否可能，照这里所说的看来，是解题以前的工作。但有些

题目要判定它的不可能，而且还要给出一个不可能的理由来，不一定比解答题目容易，即如"三等分任意角"这一类就是经过不少的人研究才判定的。所以这里所说的只限于比较容易判定的范围，在这个范围内，能够判定所遇到的题目是否可能——主观的或客观的——对于学数学的人来说与解答问题一样重要。自然对于好的——编制和印刷上——教科书，我们可以相信那里面的题目总是可能的，遇到题目就向积极方面去思索，但这并不是正当的途径。

二

所遇到的题目，经过一番审度已是可能的了，自然就是思索解答的方法。这种思索有没有一定的途径可循呢？因为题目的不同，要找一条通路，那是不可能的，不过基本的态度却可以说一说。用这样的态度去思索题目的解法，虽不能说可以迎刃而解，但至少不至于走错路。若是经过了训练，还能够不至于多绕不必要的弯儿。

解答一个题目，需要的能力有两种：一是对于那题目所包含的一些事实的认识；一是对于解答那题目所需的数学上的法则的理解。例如关于鸡兔同笼的题目，鸡和兔每只都只有一个头，鸡是两只脚，兔是四只脚，这是题目上不曾说出而包含着的事实。倘若对于这些事实认识不充足，对于这类的题目便休想动手。至于解这个题目要用到乘法、减法、除法，若对于这些法则的根本意义不曾理解，那也是束手无策的。

现在我们转到"棕榄谜"上去。然而先得说明，我们要研究的是究竟有多少猜法，而不是怎样可猜中——照数学上说来，差不多是猜不中的，即使有人猜中，那只是偶然的幸运。

我们要解答的题目是：

在所绘的五十六只牌中，照雀牌规则捡出十四只来排成和牌一副，有多少种捡法？

这题目的解答就客观的条件说当然是可能的，因为从五十六只牌中捡出十四只的方法有多少种，可以用法则计算。在这些中，只要减去照"雀牌规则"排不成和牌的数目就行了。客观的条件既然是可能的，那么，我们就尽量使用我们的能力吧。

解答这个题目我们首先需要知道的是些什么呢？

从事实上说，应当知道依照雀牌的规则，怎样叫作一副和牌。

从算理上说，应当知道从若干东西中取出多少来的方法，应当怎样计算。

四

我相信所谓雀牌，读者当中十分之九是认识的，所以这里不来说明了。至于怎样玩法，知道的也许没有这般普遍，但这里不是编雀牌讲义，也用不到说。只有所谓的一副和牌非说明不可。

十四只牌，若可凑成四组三张的和一组两张的，这便是和了。为什么说凑成呢？因为并不是随便三只或两只都有成为一组的资格。照雀牌规则，三只成一组的只有两种：一是完全相同的；二是花色——如所谓筒、条、万——相同而连续的，如一、二、三筒；二、三、四条；三、四、五万等。至于两只成一组的那只有对子才能算数。

以所绘的五十六只为例，那么"棕棕棕，榄榄榄，香香香，皂皂皂，珂珂"便是一副和牌，而图中的十二只香皂再任意配上别的一对也是一副和牌，因为十二只香皂恰好可排成"一一一，二三四，五六七，七八九"四组。

五

从若干件东西中取多少件的方法，应当怎样计算呢？比如你约了九个朋友，总共十个人，组织一个数学研究会，要选两个人做干事，这有多少方法呢？

假如你已看过从前中学生的《数学讲话》，还能记起所讲过的排列法，那么这便容易了。假设两个干事还分正、副，那么这只是从十件东西中取出两件的排列法，它的总数是：

$$_{10}P_2=10 \times 9=90$$

但是前面并没有说过分正、副，所以在这九十种中，王老三当正干事，李老二当副干事，与李老二当正干事，王老五当副干事，在本题只能算一种。因此从十个人当中推两个出来当干事，实际的方法只是：

$$_{10}P_2 \div 2=90 \div 2=45$$

同样地，假如你要在 A、B、C、D……二十六个字母中，取出两个来做什么符号，若所取的次序也有关系，AB 和 BA 以及 BC 和 CB……两两不相同，则你的取法共是：

$$_{26}P_2=26 \times 25=650$$

若所取的次序没有关系，AB 和 BA 以及 BC 和 CB……就两两相同，只能算成一种，则取法共是：

$$_{26}P_2 \div 2=650 \div 2=325$$

由此可以推到一般的情形去，从 n 件东西里取出两个来的方法，不管它们的顺序，则总共的取法是：

$$_nP_2 \div 2 = \frac{n（n-1）}{2}$$

到了这一步，我们的讨论还没完，因为所取的东西都只有两件，若是三件怎样呢？在你组织的数学研究会中，若是举的干事是三人，总共有多少选举法呢？

假定这三个干事的职务不同，比如说一个是记录，一个是会计，一个是庶务，那么推选的方法便是从十个当中取出三个的排列，而总数是：

$$_{10}P_3 = 10 \times 9 \times 8 = 720$$

但若不管职务的差别，则张、王、李三个人被选出来后，无论他们对于三种职务怎样分担都是一样的，只好算是一种选举法。因此我们应当用三个人三种职务分担法的数目去除前面所得的 720，而三个人三种职务的分担法总共是：

$$_3P_3 = 3 \times 2 \times 1 = 6$$

所以从十个人中选出三个干事的方法共是：

$$_{10}P_3 \div {_3P_3} = \frac{10 \times 9 \times 8}{3 \times 2 \times 1} = 120$$

同样地，若从 *A*、*B*、*C*、*D*……二十六个字母中取出三个，不管它们的顺序，则总数是：

$$_{26}P_3 \div {_3P_3} = \frac{26 \times 25 \times 24}{3 \times 2 \times 1} = 2600$$

因为在 $_{26}P_3$ 的各种排列中，每三个字母相同只有顺序不同的（如 *ABC*，*ACB*，*BAC*，*BCA*，*CAB*，*CBA*）只能算成一种，就是 $_3P_3$ 当中的各种只算成一种。

从这里我们可以看出来，前面计算取两个的例子，我们用 2 作除数，在算理上应当是：

$$_2P_2 = 2 \times 1 = 2$$

于是我们可以得出一般的公式来，从 *n* 件东西中，取出 *m* 件的方法应当是：

$$_nP_m \div _mP_m = \frac{n(n-1)(n-2)\cdots(n-m+1)}{m(m-1)(m-2)\cdots2\cdot1}$$

$$= \frac{n(n-1)(n-2)\cdots(n-m+1)}{m!} \qquad (1)$$

若用 $_nC_m$ 来代替"从 n 件东西中取 m 件"的总数，则

$$_nC_m = \frac{n(n-1)(n-2)\cdots(n-m+1)}{m!} \qquad (1')$$

这个公式便是一般的计算组合的式子，为了便当一些，还可以将它的形式变更一下：

因为：$\dfrac{n(n-1)\cdots(n-m+1)}{m!}$

$$= \frac{[n(n-1)\cdots(n-m+1)][(n-m)(n-m-1)\cdots1]}{m![(n-m)(n-m-1)\cdots1]} = \frac{n!}{m!(n-m)!}$$

所以：$_nC_m = \dfrac{n!}{m!(n-m)!} \qquad (2)$

举个例说，若在十八个球员中选十一个出来和别人比赛，推举的方法总共便是：

$$_{18}C_{11} = \frac{18\cdot17\cdot16\cdot15\cdot14\cdot13\cdot12\cdot11\cdot10\cdot9\cdot8}{11\cdot10\cdot9\cdot8\cdot7\cdot6\cdot5\cdot4\cdot3\cdot2\cdot1} = 31824$$

这是依照了公式（1）计算的，实际我们由公式（2）计算更简捷些，

因为：$_nC_m = \dfrac{n!}{m!(n-m)!} = \dfrac{n!}{(n-m)!\,m!} = \dfrac{n!}{(n-m)![n-(n-m)]!}$

$$= _nC_{(n-m)}$$

所以：$_{18}C_{11} = _{18}C_{18-11} = _{18}C_7 = \dfrac{18\cdot17\cdot16\cdot15\cdot14\cdot13\cdot12}{7\cdot6\cdot5\cdot4\cdot3\cdot2\cdot1} = 31824$

$_nC_m = _nC_{(n-m)}$ 这个性质，从实际推想出来的，非常有趣味。前面是说从 n 件里面取出 m 件，后面是说从 n 件里面取出（$n-m$）件，这两样的数目当然是一样的。你若要追问怎样说是"当然"，那么，你可以这样想：比如一只口袋里面装有 n 件小玩意儿，你从口袋里摸出 m 件，那里面所剩的便是（$n-m$）件。你的摸法不同，口袋里的剩法也不同。你有若干种摸法，口袋里便跟着有若干种剩法。摸法和剩法完全是就你自己的地位说的，就东西说，不过分成两组，一在口袋外，一在口袋里罢了。那么，取和舍的方法相同不是当然的吗？

组合的基本计算不过这么一回事，但这里有一点应当注意，上面所说的 n 件东西是完全不相同的，若其中有些相同，计算起来便有些不一样了。关于这一层疑惑，读者倘若还要知道得更详细些，最好自己去想一想，不然请看教科书去吧。归到棕榄谜上去，假如五十六只全不相同，那么捡出十四只的方法便是：

$$_{56}C_{14}=5804731963800$$

六

照理论说，既然已经知道从五十六只全不相同的牌中取出十四只的方法的数目，进一步将相同而重复的数目以及不成一副和牌的数目减去，便得所求的答案了。然而说起来容易，做起来却不简单。实际上要计算不成一副和牌的数目，比另起炉灶来计算能成一副和牌的数目更繁杂。我们另走一条路吧！

照雀牌的规则仔细想一想，每一只牌要在一副和牌中能占一个位置，都必得和别的牌联络，六亲无靠只有被淘汰。因此，我们研究和牌的形式不必从每一只上去着想，而可改换途径用每一组做单元。

那么，所绘的五十六只牌中，三张或两张一组，能够有多少组是有资格加入到和牌里去呢？

要回答这个问题，我们先将所有的材料来整理一下，五十六只中，就花色说，数目的分配是这样的：

（1）字：

棕 3 榄 3 香 3 皂 3 珂 3 路 3 辫 4

（2）花色：

数别 类别	一	二	三	四	五	六	七	八	九
香皂	3	1	1	1	1	1	2	1	1
牙膏	1	1	1	1	1	1	1	1	3
皂珠	3	1	1	1	1	1	1	1	1

这些材料参照雀牌规则可以组成三只组和二只组的数目如下：

（1）字：

    （a）三同色组：棕、榄、香、皂、珂、路、辫各1组，共7组

    （b）三连续组：无

    （c）对子组：棕、榄、香、皂、珂、路、辫各1组，共7组

（2）花色：

	香皂	牙膏	皂珠
（a）三同色组	1组	1组	1组
（b）三连续组	7组	7组	7组
（c）对子组	2组	1组	1组

各组数目的计算，三同色组和对子组是已有的材料一望就可知道的，只有三连续组，就是从1、2、3、4、5、6、7、8、9九个自然数中取三个连续的方法。关于这一种数目的计算和前面所说的一般的组合法显然不同。这有没有一定的公式呢？直截了当地回答"有"。

设若有 n 个连续的自然数，要取 2 个相连续的，那么取的方法总共就是：

$$\overline{n-2-1}=n-2+1=n-1$$

因为从第一个起，将第二个和它相连得一种，接着我们将三个去换第一个

又得一种，再将第四个去换第二个又得一种，依次下去，最后是将第 n 个去换第（$n-2$）个。所以 n 个中除去第一个外，共有（$n-1$）个都可和它们前面一个相连成一种，因而总共的方法便是（$n-1$）种。为什么上面的式子一开始我们要写成 $n-\overline{2-1}$ 呢？因为每组要两个，全数中就有一个是没有前面的数供它连上去的。

由此可以知道，在 n 个连续的自然数中，要取 3 个连续数的方法共是：

$$n-\overline{3-1}=n-3+1=n-2$$

因为是 3 个一组，所以最前面便有（3-1）个没有前面的数供它们连上去。

由这个公式，9 个连续的自然数中，要取 3 个连续数的方法便是：

$$9-\overline{3-1}=9-2=7$$

上面的公式推到一般去，就是从 n 个连续的自然数中取 m 个连续数的方法，总共是：

$$n-\overline{m-1}=n-m+1$$

七

照前面计算的结果，三只组总共是 31 组，对子组总共是 11 组，而一副和牌所包含的是四个三只组和一个对子组。我们很容易想到只要从 31 组三只组中取出 4 组，再从 11 组对子组中取出 1 组，两相配合，便成一副和牌。而三只组的取法共是 $_{31}C_4$，对子组的取法共是 $_{11}C_1$。因为两种取法中的任何一种都可以同其他一种中的任何一种配合，所以总数便是：

$$_{31}C_4 \times _{11}C_1 = \frac{31 \cdot 30 \cdot 29 \cdot 28}{4 \cdot 3 \cdot 2 \cdot 1} \times \frac{11}{1} = 346115$$

然而这个数目太大了，因为这些配合法就所绘的材料来说有些是不可能的。从 31 组三只组中取 4 组的总数是 $_{31}C_4$，但因为材料的限制，实际上并不能这么自由。比如取了香皂的三同色组，则它的三连续组中的"一二三"这一组就没有了；若取了三连续组中的"一二三"这一组，则"二三四"和"三四五"这两组也没有了。还有将对子配上去，也不是尽如人意的事，既取了某一种的三同色组，则那一色的对子组便没有了；又如取了香皂的"五六七"或"六七八"或"七八九"，则香皂"七"的对子组也就没有了。

从上面所得的346115种中减去这些不可能的数，那么便是我们所要求的了。然而要找这个减数，依然很繁杂。

还有别的方法吗?

八

为了避去不可能的取法，我们试就各种花色分开来取，然后再相配成四组。

（1）字：这类的三张组总共是7组，所以取一组、二组、三组、四组的方法相应的是：

$$_7C_1 = \frac{7}{1} = 7$$

$$_7C_2 = \frac{7 \cdot 6}{2 \cdot 1} = 21$$

$$_7C_3 = \frac{7 \cdot 6 \cdot 5}{3 \cdot 2 \cdot 1} = 35$$

$$_7C_4 = {_7C_3} = 35$$

（2）花色：

		香皂	牙膏	皂珠
一组	含三同色的	1	1	1
	不含的	7	7	7
二组	含三同色的	6	6	6
	不含的	11	10	10
三组	含三同色的	7	6	6
	不含的	3	1	1
四组	含三同色的	1	0	0
	不含的	0	0	0

这个表中只取一组的数目是用不到计算就可知道的，取二组的数目两项的计算法如下：

（a）含三同色组的：本来一种花色只有一组三同色组，所以只需从三连续组中任取一组同它配合便可以了。不过 7 组当中有一组是含一（香皂和皂珠）或九（牙膏）的，因为一或九已用在三同色组中，不能再有。因此只能在 6 组中取出来配合，而得 $1 \times {}_6C_1 = 6$

（b）不含三同色组的：

就香皂说，分别计算如下：

（I）含"一二三"组的：这只能从四、五、六、七、八、九，六个连续的自然数中任取一个三连续组同它配合，依前面的公式得 6-3+1=4。

（II）含"二三四"组的：照同样的理由共 5-3+1=3。

（III）含"三四五"组的：4-3+1=2。

（IV）含"四五六"组的：和（I）中相同的不算，共是 3-3+1=1。

（V）含"五六七"组的：和上面相同的不算，只有"七八九"一组和它相配，所以也是 1。

五项合计就得 4+3+2+1+1=11。

但就牙膏和皂珠说，（Ⅴ）这一组是没有的，因此只有 10 组。

取三组的计算法，根据取二组的数目便可得出：

（a）含三同色组的：就香皂说，取（Ⅱ）到（Ⅴ）各组中的任一组和三同色组配合便是，所以总数是 7。在牙膏或皂珠中因为缺少（Ⅴ）这一项，所以总数只有 6。

（b）不含三同色组的：就香皂说，可分为几项，如下：

（Ⅰ）含"一二三"组的：只有前面的（Ⅳ）和（Ⅴ）中各组相配合，所以总数是 2。

（Ⅱ）含"二三四"组的：只有前面的（Ⅴ）可配合，所以总数是 1。

两项合计便是 3。

但就牙膏或皂珠说，都只有"一二三""四五六""七八九"1 种。

至于四组的取法，这很容易明白，用不到计算了。

九

依照雀牌的规则，一副和牌含有四组三张组，我们现在的问题便成了就前面所列的各种组别来相配。为了便于研究，用含有字组的多少来分类，这比较容易明白。

（1）四组字的

这一种很容易明白就是：$_7C_4=35$

（2）三组字的

三组字的取法共是 $_7C_3$，将每种和花色中的任一组相配就成了四组，而花色中共是 24 组，所以这种的总数是：$_7C_3 \times _{24}C_1 = 35 \times 24 = 840$

（3）二组字的

二组字的取法共是 $_7C_2$，将花色组和它配成四组，这有两种办法：

（a）两组花色相同的（同是香皂或牙膏或皂珠）：只需在二组花色的取法中，任用一种相配合。而两组花色相同的取法共是 6+11+6+10+6+10=49，所以配合的总数是：

$$_7C_2 \times _{49}C_1 = 21 \times 49 = 1029$$

（b）两组花色不同的：这就是说在香皂、牙膏、皂珠中，任从两种中各取一组和两组字相配合。第一步，从三种中任取两种的方法共是 $_3C_2$。而每一项取法中，各种取一组的方法都是 $_8C_1$，因此配成两组的方法是 $_8C_1 \times _8C_1$，由此便可知道总共的配搭法是：

$$_7C_2 \times _8C_1 \times _8C_1 \times _3C_2 = 21 \times 8 \times 8 \times 3 = 4032$$

（4）一组字的

一组字的取法共是 $_7C_1$，需将三组花色同它们配合，这便有三种配合法：

（a）三组花色相同的：三组花色相同的取法共是 7+3+6+1+6+1=24，在这 24 种中任取一组和任一组字配合的方法是：

$$_7C_1 \times _{24}C_1 = 7 \times 24 = 168$$

（b）两组花色相同的：若是从香皂中取两组，在牙膏或皂珠中取一组，配合的方法都是 $_{17}C_1 \times _8C_1$，所以共是 $_{17}C_1 \times _8C_1 \times 2$。但若从牙膏中取两组，而在香皂或皂珠中取一组，配合的方法都是 $_{16}C_1 \times _8C_1$，所以共是 $_{16}C_1 \times _8C_1 \times 2$。从皂珠中取两组的配法自然也是 $_{16}C_1 \times _8C_1 \times 2$，由此，这一类花色的取法共是：

$$_{17}C_1 \times _8C_1 \times 2 + _{16}C_1 \times _8C_1 \times 2 + _{16}C_1 \times _8C_1 \times 2$$

$$= (_{17}C_1 + _{16}C_1 + _{16}C_1) \times _8C_1 \times 2 = _{49}C_1 \times _8C_1 \times 2$$

将这中间的任一种和任一组字配合就成为四组，而配合法共是：

$$_7C_1 \times {}_{49}C_1 \times {}_8C_1 \times 2 = 7 \times 49 \times 8 \times 2 = 5488$$

（c）三组花色不同的：这只能从香皂、牙膏、皂珠中各取一组而配合成三组，所以配合法只有 $_8C_1 \times {}_8C_1 \times {}_8C_1$，再同一组字相配的方法是：

$$_7C_1 \times {}_8C_1 \times {}_8C_1 \times {}_8C_1 = 7 \times 8 \times 8 \times 8 = 3584$$

（5）无字组的：这一种里面，我们又可依照含香皂组数的多少来研究。

（a）四组香皂的：前面已经说过这只有 1 种。

（b）三组香皂的：香皂的取法是 10 种，每一种都可以同一组牙膏或皂珠配合，而牙膏和皂珠取一组的方法是 $_{16}C_1$，所以总共的配合法是：

$$_{10}C_1 \times {}_{16}C_1 = 10 \times 16 = 160$$

（c）两组香皂的：这有两种配合法：（Ⅰ）是同两组牙膏或皂珠相配；（Ⅱ）是牙膏和皂珠各一组相配。（Ⅰ）的配合法共是 $_{17}C_1 \times {}_{16}C_1 \times 2$。（Ⅱ）的配合法是 $_{17}C_1 \times {}_8C_1 \times {}_8C_1$，所以总共是：

$$_{17}C_1 \times {}_{16}C_1 \times 2 + {}_{17}C_1 \times {}_8C_1 \times {}_8C_1 = 17 \times 16 \times 2 + 17 \times 8 \times 8 = 1632$$

（d）一组香皂的：这也有两种配合法：（Ⅰ）同三组牙膏或皂珠相配；（Ⅱ）同两组牙膏、一组皂珠或一组牙膏、两组皂珠相配。（Ⅰ）的配合法是 $_8C_1 \times {}_7C_1 \times 2$。（Ⅱ）的配合法是 $_8C_1 \times {}_{16}C_1 \times {}_8C_1 \times 2$，所以总共是：

$$_8C_1 \times {}_7C_1 \times 2 + {}_8C_1 \times {}_{16}C_1 \times {}_8C_1 \times 2 = 8 \times 7 \times 2 + 8 \times 16 \times 8 \times 2 = 2160$$

（e）没有香皂的：这有三种配合法：（Ⅰ）三组牙膏一组皂珠配合法是 $_7C_1 \times {}_8C_1$。（Ⅱ）两组牙膏两组皂珠，配合法是 $_{16}C_1 \times {}_{16}C_1$。（Ⅲ）一组牙膏三组皂珠，依同理配合法是 $_8C_1 \times {}_7C_1$，所以总共是：

$$_7C_1 \times {}_8C_1 + {}_{16}C_1 \times {}_{16}C_1 + {}_8C_1 \times {}_7C_1 = 56 + 256 + 56 = 368$$

到了这里我们可以算一笔四组配合法的总账，这不用说是一个小学生都会算的加法。虽然如此，还得写出来：

$$35 + 840 + 1029 + 4032 + 168 + 5488 + 3584 + 1 + 160 + 1632 + 2160 + 368 = 19497$$

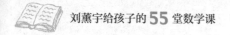

到这里百尺竿头，只差一步了。在这 19497 种中各将一个对子配上去，便成了和牌。

✚

就所有材料说，总共有 11 个对子，倘使材料可以自由使用，因为每一种四个三只组同在一对相配都成一副和牌，所以总数应当是：

$$19497 \times {}_{11}C_1 = 214467$$

然而这 214467 副牌中有些又是不可能的了。含着某一种三同色组的，那一色的对子便没有。而含有香皂"五六七""六七八""七八九"中的一组的，香皂七的对子也没有了。这么一想，配对子上去也不是一件简单的事呀。因为这个原因，计算配对子的方法还得像前面一样分别研究。字的变化比较少而且规则单纯，所以仍然以含字组的数目为标准来分类。

（1）四组字的

在这一种里面，因为用了四种字，所以每副只有 3 个字对子可配合，但 4 种花色对子却全可配上去。因此每种都有 7 个对子可配而成七副和牌，总共可成的和牌数便是：

$${}_7C_4 \times 7 = 35 \times 7 = 245$$

（2）三组字的

这一种里面，因为用了三种字，所以字对子每副只有 4 个可配，而花色对子的配合法比较复杂，得另找一个头绪计算。单就配字对子的说，总数是：

$${}_7C_3 \times {}_{24}C_1 \times 4 = 840 \times 4 = 3360$$

凡是含有香皂或牙膏或皂珠的三同色组的，那一种花色的对子便不能有，所以每副只有 3 个花对子可配合。而含三字组同着一组花色三同色组的，共是

$_7C_3 \times 3$，因此可成功的和牌数是：

$$_7C_3 \times 3 \times 3 = 35 \times 9 = 315$$

凡不含香皂、牙膏和皂珠的三同色组的，一般说来，每副都有 4 个花色对子可配；只有含香皂"五六七""六七八""七八九"三组中的一组的，少了一个香皂的对子七。花色的三连续组取一组的方法共是 $_{21}C_1$ 和字三组的配合法便是 $_7C_3 \times _{21}C_1$，将花色对子分别配上去的总数是 $_7C_3 \times _{21}C_1 \times 4$，而内中有 $_7C_3 \times _3C_1$ 种是含有香皂七的，少一对可配的对子，所以这一种能够配成和牌的数目是：

$$_7C_3 \times _{21}C_1 \times 4 - _7C_3 \times 3 = 35 \times 21 \times 4 - 35 \times 3 = 2835$$

（3）二组字的

这一种里面，依前面所说过的同一理由，每一副有 5 个字对子可配合，这样配成的和牌的数目是：

$$(_7C_2 \times _{49}C_1 + _7C_2 \times _8C_1 \times _8C_1 \times _3C_2) \times 5 = (1029 + 4032) \times 5 = 25305$$

对于花色对子的配合，因为所含花色的三只组的情形不同，可分成以下三项：

（a）含一组香皂或牙膏或皂珠的三同色组的，一般来说有 3 个花色对子可配，而三只组的配合法是：（Ⅰ）两组花色相同的 $_7C_2 \times _{18}C_1$。（Ⅱ）两组花色不同的 $_7C_2 \times 1 \times _7C_1 \times _3C_2$，总共就是 $_7C_2 \times 18C_1 + _7C_2 \times 1 \times _7C_1 \times _3C_2$，将 3 个花色对配上去，共是：

$$(_7C_2 \times _{18}C_1 + _7C_2 \times 1 \times _7C_1 \times _3C_2) \times 3 = 2457$$

不过含有香皂七的，依然少一对可配合，应当从 2457 中将这个数减去。而它是 $_7C_2 \times _3C_1 \times _3C_1 = 189$，这里第一个 $_3C_1$ 是花色中三同色组取一组的方法。第二个 $_3C_1$ 是香皂中的"五六七""六七八""七八九"三个三连续组取一组的方法，所以这一项总共可成的和牌数是 2457−189=2268

（b）含两组香皂、牙膏、皂珠三同色组的，每副只有 2 个花色对子可配合，

可成的和牌数是：$_7C_2 \times _3C_2 \times 2 = 126$

（c）不含香皂、牙膏、皂珠等三同色组的，一般来说有 4 个花色对子可配合，而总数是：

$$(_7C_2 \times _{31}C_1 + _7C_2 \times _7C_1 \times _7C_1 \times _3C_2) \times 4 = 14952$$

这里面自然也要减去没有香皂七的对子可配合的数。这种数目：（Ⅰ）就两组花色相同的说是 $_7C_2 \times 10 = 210$，因为在香皂中，不含三同色组的两组的取法虽有 11 种，而除了"一二三，四五六"一种外都是含有香皂七的；（Ⅱ）就两组花色不同的说是 $_7C_2 \times _3C_1 \times _7C_1 \times 2 = 882$，$_3C_1$ 是从香皂的"五六七""六七八""七八九"三组中取一组的方法，$_7C_1$ 是从牙膏或皂珠中取一组三连续的方法，而对于牙膏和皂珠的情形完全相同，因此用 2 去乘。总共应当减去的数是 $210 + 882 = 1092$，所以这种的和牌数是：$14952 - 1092 = 13860$

（4）一组字的

这一种里面，每一副都有 6 个字对子可以配合，这样配成的和牌总数是：

$$(_7C_1 \times _{24}C_1 + _7C_1 \times _{49}C_1 \times _8C_1 \times 2 + _7C_1 \times _8C_1 \times _8C_1 \times _8C_1) \times 6 = 55440$$

至于配搭花色对子，也需分别研究，共有四项：

（a）含一组香皂或牙膏或皂珠三同色组的，一般来说有 3 个花色对子可配合。而含一组花三同色组的取法，又可分为三项：（Ⅰ）三组花色同的，共有 $_7C_1 \times _{19}C_1$。（Ⅱ）两组花色相同的，共有 $_7C_1 \times _{18}C_1 \times _7C_1 \times 2 + _7C_1 \times _{31}C_1 \times 1 \times 2$。（Ⅲ）三组花色不同的，共有 $_7C_1 \times _3C_1 \times _7C_1 \times _7C_1$。因此，可以配成和牌的数目是：$(_7C_1 \times _{19}C_1 + _7C_1 \times _{18}C_1 \times _7C_1 \times 2 + _7C_1 \times _{31}C_1 \times 1 \times 2 + _7C_1 \times _3C_1 \times _7C_1 \times _7C_1) \times 3 = 10080$

在（Ⅰ）中所有和香皂配合的，都没有香皂七的对子可配，这个数目是 $_7C_1 \times _7C_1$，在（Ⅱ）中含两组香皂的有 $_7C_1 \times _3C_1 \times _7C_1 \times 2 + _7C_1 \times _{10}C_1 \times 1 \times 2$ 种香皂七的对子不能配合，而含牙膏或皂珠两组的各有 $_7C_1 \times _6C_1 \times _3C_1$ 种不能和它配

合，所以（Ⅱ）里应减去 $_7C_1 \times _3C_1 \times _7C_1 \times 2 + _7C_1 \times _{10}C_1 \times 1 \times 2 + _7C_1 \times _6C_1 \times _3C_1 \times 2$。在（Ⅲ）中含有牙膏或皂珠三同色组的各有 $_7C_1 \times _7C_1 \times _3C_1$ 种不能和它配合，因此应减去的数是 $_7C_1 \times _7C_1 \times _3C_1 \times 2$，而总共应当减去：

$$_7C_1 \times _7C_1 + _7C_1 \times _3C_1 \times _7C_1 \times 2 + _7C_1 \times _{10}C_1 \times 1 \times 2 + _7C_1 \times _6C_1 \times _3C_1 \times 2 + _7C_1 \times _7C_1$$

$$\times _3C_1 \times 2 = 1029$$

因而这一项可成的和牌数是：10080-1029=9051

（b）含二组香皂、牙膏和皂珠三同色组的，一般来说只有 2 个花色对子可配合。这项当中，四组三只组的配合法，可以这样设想：由花色的三组三同色组取两组，而在各三连续组中取一组，前一种的取法是 $_3C_2$，后一种的取法是 $_{19}C_1$。因为三种花色中虽共有 21 组三连续组，但某两种花色既取了三同色组就各少去了一组三连续组，所以只有 19 组可用。合计起来总共的和牌配合法是 $_7C_1 \times _3C_2 \times _{19}C_1 \times 2 = 798$

这里面应当减去不能和香皂七对子相配合的数是 $_7C_1 \times _3C_2 \times _3C_1 = 63$

所以可成的和牌数是 798-63=735

（c）含三组香皂、牙膏和皂珠三同色组的，这只有香皂七的对子可配合。和牌的数是：

$$_7C_1 \times 1 = 7$$

（d）不含香皂、牙膏以及皂珠的三同色组的，一般来说有 4 个花色对子可配合。这也可分成三项研究：（Ⅰ）三组花色相同的，共是 $_7C_1 \times _5C_1$。（Ⅱ）两组花色相同的，共是 $_7C_1 \times _{31}C_1 \times _7C_1 \times 2$。（Ⅲ）三组花色不同的，共是 $_7C_1 \times _7C_1 \times _7C_1 \times _7C_1$。因此同对子搭配起来总共是：

$$(_7C_1 \times _5C_1 + _7C_1 \times _{31}C_1 \times _7C_1 \times 2 + _7C_1 \times _7C_1 \times _7C_1 \times _7C_1) \times 4 = 21896$$

所应当减去的：在（Ⅰ）中是 $_7C_1 \times _3C_1$，因为含三组香皂的，香皂七的对子都不能配合，而且也只有这些不能；在（Ⅱ）中含两组香皂的有

$_7C_1 \times _{10}C_1 \times _7C_1 \times 2$ 不能和它配合。含其他两组同花色的，各有 $_7C_1 \times _{10}C_1 \times _3C_1$ 种不能同它配合，共是 $_7C_1 \times _{10}C_1 \times _7C_1 \times 2 + _7C_1 \times _{10}C_1 \times _3C_1 \times 2$；在（Ⅲ）中共有 $_7C_1 \times _7C_1 \times _7C_1 \times _3C_1$ 不能和它配合，所以总共应当减去的数是：$_7C_1 \times _3C_1 + _7C_1 \times _{10}C_1 \times _7C_1 \times 2 + _7C_1 \times _{10}C_1 \times _3C_1 \times 2 + _7C_1 \times _7C_1 \times _7C_1 \times _3C_1 = 2450$

而这一项中可成的和牌数是：21896−2450=19446

（5）无字组的

这一种里面，每副都有 7 个字对子可配合，这是极明显的，这里仍照前面的分项法研究下去：

（a）四组香皂的：7 个字对子和 2 个花色对子（牙膏的和皂珠的）可配合，所以总共可成的和牌数是：

$1 \times （7+2）=9$

（b）三组香皂的

（Ⅰ）字对子的配法是 $_{10}C_1 \times _8C_1 \times 2 \times 7 = 1120$

（Ⅱ）花色对子的配法，因为含有三组香皂，所以香皂七的对子都不能相配，若只含一组三同色组的，有 2 个花色对子可配，这样的数是 $（_7C_1 \times _7C_1 \times 2 + _3C_1 \times 1 \times 2）\times 2$。若含两组三同色组的只有 1 个花色对子可配合，这样的数目是 $_7C_1 \times 1 \times 2 \times 1$，因此总共的和牌数是：

$（_7C_1 \times _7C_1 \times 2 + _3C_1 \times 1 \times 2）\times 2 + _7C_1 \times 1 \times 2 \times 1 = 222$

至于不含三同色组的，却有 3 个花色对子可配，而和牌总共的数目是：

$_3C_1 \times _7C_1 \times 2 \times 3 = 126$

合计起来这一项共是 222+126=348

（c）两组香皂的

（Ⅰ）字对子有 7 个可配，所以和牌的数目是：

$（_{17}C_1 \times _{16}C_1 \times 2 + _{17}C_1 \times _8C_1 \times _8C_1）\times 7 = 11424$

（Ⅱ）花色对子的配合还得再细细地分别研究。

（α）含有一组三同色组的，只有 3 个花色对子可配合，总数是：

$$(_6C_1 \times {}_{10}C_1 \times 2 + {}_6C_1 \times {}_7C_1 \times {}_7C_1 + {}_{11}C_1 \times {}_6C_1 \times 2 + {}_{11}C_1 \times 1 \times {}_7C_1 \times 2) \times 3 = 2100$$

而应当减去的数是：

$$_3C_1 \times {}_{10}C_1 \times 2 + {}_3C_1 \times {}_7C_1 \times {}_7C_1 + {}_{10}C_1 \times {}_6C_1 \times 2 + {}_{10}C_1 \times {}_7C_1 \times 1 \times 2 = 467$$

所以这项的和牌数是：2100−467=1633

（β）含有两组三同色组的，一般来说，只有 2 个花色对子可配合，其中自然也得减去香皂七的对子所不能配合的，而和牌的总数是：

$$(_6C_1 \times {}_6C_1 \times 2 + {}_6C_1 \times 1 \times {}_7C_1 \times 2 + {}_{11}C_1 \times 1 \times 1) \times 2 - (_3C_1 \times {}_6C_1 \times 2 + {}_3C_1 \times 1 \times {}_7C_1 \times 2 + {}_{10}C_1 \times 1 \times 1) = 246$$

（γ）含有三组三同色组的，这只有一部分不含香皂七的可以同香皂七的对子配合成和牌，这样的数目是：$_3C_1 \times 1 \times 1 = 3$

（δ）不含三同色组的，一般来说有 4 个花色对子可配合，但也应当减去香皂七的对子所不能配合的，这一项和牌的总数是：$(_{11}C_1 \times {}_{10}C_1 \times 2 + {}_{11}C_1 \times {}_7C_1 \times {}_7C_1) \times 4 - (_{10}C_1 \times {}_{10}C_1 \times 2 + {}_{10}C_1 \times {}_7C_1 \times {}_7C_1) = 2346$

这四小项所得的数共是：1633+246+3+2346=4228

（d）一组香皂的

（Ⅰ）字对子也是 7 个都可以配合，所以这样的和牌数是：

$$(_8C_1 \times {}_7C_1 \times 2 + {}_8C_1 \times {}_{16}C_1 \times {}_8C_1 \times 2) \times 7 = 15120$$

（Ⅱ）花色对子的配合：

（α）含一组三同色的

$$(1 \times 1 \times 2 + 1 \times {}_{10}C_1 \times {}_7C_1 \times 2 + {}_7C_1 \times {}_6C_1 \times 2 + {}_7C_1 \times {}_6C_1 \times {}_7C_1 \times 2 + {}_7C_1 \times {}_{10}C_1 \times 1 \times 2) \times 3 - (_3C_1 \times {}_6C_1 \times 2 + {}_3C_1 \times {}_6C_1 \times {}_7C_1 \times 2 + {}_3C_1 \times {}_{10}C_1 \times 1 \times 2) = 2514$$

这里第一个括弧中的前两项是香皂取一组三同色的。而第一项是和牙膏或皂珠三连续组的三组配合，第二项是在牙膏或皂珠中取三连续组两组和其他一种中的一组三连续组配合。香皂七的对子都配得上去。后三项是香皂取一组三连续组而和牙膏或皂珠的一组三同色组及别的两组配合，所以这项中有些是香皂七的对子不能配的，应当减去。

（β）含两组三同色组的，一般的只有 2 个花色对子可相配，配合的情形依前一种可类推，和牌和总数是：（$1 \times {}_6C_1 \times 2 + 1 \times {}_6C_1 \times {}_7C_1 \times 2 + 1 \times {}_{10}C_1 \times 1 \times 2 + {}_7C_1 \times {}_6C_1 \times 1 \times 2$）$\times 2 - {}_3C_1 \times {}_6C_1 \times 1 \times 2 = 364$

（γ）含三组三同色组的，这自然只有香皂七的对子可以配合了，和牌数是

$1 \times {}_6C_1 \times 1 \times 2 = 12$

（δ）不含三同色组的，一般来说有 4 个花色对子可配合，也应当减去香皂七的对子所不能配合的，所以和牌的总数是：（${}_7C_1 \times 1 \times 2 + {}_7C_1 \times {}_{10}C_1 \times {}_7C_1 \times 2$）$\times 4 - $（${}_3C_1 \times 2 + {}_3C_1 \times {}_{10}C_1 \times {}_7C_1 \times 2$）$= 3550$

这四小项共是：2514+364+12+3550=6440

（e）没有香皂的：这一项里每副 7 个字对子和 2 个香皂的对子都可以去配合，这样的和牌数目共是：（${}_7C_1 \times {}_8C_1 \times 2 + {}_{16}C_1 \times {}_{16}C_1$）$\times$（7+2）=3312

此外，就只剩牙膏或皂珠的对子的配合了。只含一组三同色组有 1 个对子可配合，一组不含的有 2 个对子可配合，所以和牌的数目是：（${}_6C_1 \times {}_7C_1 \times 2 + 1 \times 1 \times 2 + {}_6C_1 \times {}_{10}C_1 \times 2$）$\times 1 + $（$1 \times {}_7C_1 \times 2 + {}_{10}C_1 \times {}_{10}C_1$）$\times 2 = 434$

读者大概已是头昏脑涨了，但是恭喜，恭喜，我们现在所差的只是将这些分户账总结一下，这不过是一个中等的复杂加法而已。

所谓棕榄谜，究竟有多少猜法？要知谜底请看下面：

245+3360+315+2835+25305+2268+126+13360+55440+9051+735+7+19446+9+1120+348+11424+4228+15120+6440+3312+434=175428

这 175428 副和牌，还是单就雀牌的正规说。一般玩雀牌的人，还有和十三

幺的说法，在西南几省还有和七对的。

所谓十三幺，照棕榄谜说就是一副中，棕、榄、香、皂、珂、路、辫，香皂一、九，牙膏一、九，和皂珠一、九，十三只都有而且有一张成对。在所绘的材料中除香皂九、牙膏一，和皂珠九不能成对外还有十种可以成对，所以十三幺的和法共有 10 种。

至于七对的和法，因为总共有 12 个对子可以做成——棕、榄、香、皂、珂、路、香皂一、香皂七、牙膏九、皂珠一各 1 对，辫 2 对。——所以和法共是：

$$_{12}C_7 = {}_{12}C_5 = \frac{12 \cdot 11 \cdot 10 \cdot 9 \cdot 8}{5 \cdot 4 \cdot 3 \cdot 2 \cdot 1} = 792$$

将这三种合起来，和牌的副数便是：

175428+10+792=176230

读者倘若预先想到一个答数，看到这里就得到了比较，我且问你，真实的数目和你预估的相差多少？

十一

现在我们可以说猜的话了。

照它的游戏规则说，每人以四猜为限，你若规规矩矩地猜了四猜寄去，你的希望不过是：

$$\frac{4}{176230} \approx \frac{1}{44058}$$

就是四万四千零五十八分之一还不到，依概率说，这实在太微弱了。

你也许可以这样想，我们可以揣摩公司的心理，这样，就比较有把握。但是倘若该公司排定的和牌不是偶然的，而有什么用意，可以被别人揣摩到，那么能猜中的人就一定不少。照它的游戏规则所规定的，赠品仅以十台为限，如猜中者超过十人，则再用抽签法决定，所以你就是猜中了，得奖的希望还是不大。从少数说，比如有二十个人猜中，那么你也不过有一半的希望。因为从二十个人中抽出十个人的方法总共是 $_{20}C_{10}$，能够抽到你的机会是 $_{19}C_9$，你的希望便是：

$$_{19}C_9 \big/ {}_{20}C_{10} = \frac{19!}{9!10!} \div \frac{20!}{10!10!} = \frac{19!}{9!10!} \times \frac{10!10!}{20!} = \frac{1}{2}$$

是的，一半的希望本不算小，但由揣摩心理去猜中，这是多少渺茫呵！

事情的成功本来有两条路，一是"碰"，一是"干"。你猜四猜希望中，这是碰；碰的希望如此小，你也许会想到，既然有一定的数目，无妨硬干，用四万四千零五十八个名字，各种和牌都猜去，自然一定会中的。然而，朋友，你别忙着开心，这一来不可能，二来即使可能也倒霉。为什么不可能？

总共十七万六千二百三十副和牌，照它的规定，要你从图上将捡定的十四张剪贴在参赛券上。就算你很敏捷，两分钟可以剪贴成一张，你也很勤奋，每天可以连续不断地剪贴十二个小时，我们来算算看。

两分钟剪贴一张，一小时可剪贴三十张，一天工作十二小时，总共也不过可剪贴三百六十张。要全部剪贴完，就要四百八十九天六小时二十分钟。你每天都不中断，也需一年四个多月。然而游戏的截止日期是本年九月十日，怎么能实现呢？

为什么也有可能倒霉？

依游戏规则，每一猜需附寄大号棕榄香皂绿包纸及黑纸带各一。这就是说你要猜一条就得买一块大号棕榄香皂，所以你要全猜需得买十七万六千二百三十块。照平常的价钱每块要二角六分，就算你买得多打对折也要一角三分，而总共就要二万二千九百零九元零九分，你有这么多的闲钱吗？再进一步想，公司将香皂这样卖给你，每块不过赚你一分洋钱，他也就赚了一千七百六十二元三角。什么最新式落地收音机，你还不如自己买，非要来费这事！

朋友 F 君说：绿包纸及黑纸带可以想方设法去收集，一个铜圆一副。好，就这么办吧！十七万六千二百三十个铜圆，照上海现在的行情说，算是三百个铜元一块钱，也要五百八十七元四角三分，你又要用四万多个信封，还不够自己买一台收音机吗？

硬干，可能，你说用得着倒天下的大霉吗？

还有一点我忘了写出来，现在补上吧。

上面所计算的和牌的数目十七万多，这还只就每副牌所包含的十四张的情形说的。游戏规则说，参加游戏者亦可在五十六张中捡出十四张"排"成和牌一副，如与本公司所"排定"的和牌"完全"相同……假如这项规定的本意不但要你猜中他所"排定"那一副和牌是用哪十四张，而且还需"排"贴得一样，那么，朋友，这个数目可够你算了。一副和牌排法最多的，就是十四张中除一个对子外都不相同的，它的排法是：

$$\frac{{}_{14}P_{14}}{{}_2P_2} = \frac{14!}{2!} = 7 \times 13! = 435891456$$

而最少的，——含有四组三同色组和一对的，——也有十六万八千一百六十种排法。

$$\frac{{}_{14}P_{14}}{{}_2P_2 \cdot {}_2P_2 \cdot {}_2P_2 \cdot {}_2P_2 \cdot {}_2P_2} = \frac{14!}{3!3!3!3!2!} = 168168$$

十七万多副和牌的排法共有多少，这个数不是够你算了吗？而算了出来，你有法说清楚吗？

假如棕榄公司的经理是要你"排"得"完全"和他"排定"的相同，你要去猜，猜中的概率岂不是如大海捞针吗？

虽是这样，将来总有十个人能够将那"最新式落地收音机"摆在自己家里，然而这是数学以外的问题。

九

韩信点兵

说起来已将近三十年了，那时我还只有八岁，常常随着我的祖父去会他的老友。有一次到一个小盐商家去，他一见我们祖孙俩走到摊头，一边拉长板凳，一边向祖父说：

——请坐，请坐，好福气，四孙少爷这般大了。

——什么福啊！奔波劳碌的命！

——哪里，哪里，四孙少爷已经上学了吧？

——不要这般叫，孩子们，——今年已随着哥哥进学校了，在屋里淘气得很，还是去找个管头好。说完，祖父微笑着抚摸我的头，盐老板和他说了一些古话，不知怎的，突然却转到了我的身上：

——在学校里念些什么书？

——国文、算术……我这样回答。

——还学算吗？好，给你算一个题，算得出，请你吃晚饭。

这使我有点儿奇怪，心里猜不透他是叫我算乘法还是除法。我有些惊恐，怕他叫我算四则问题，我目不转睛地看着他，他不慌不忙地说了出来：

——三个三个地数剩两个，五个五个地数剩三个，七个七个地数也剩两个，你算是几个？

我一听心里非常高兴，暗地里还有点儿骄傲："这样的题目，哪个不会算！"这时我正好学完公倍数、公约数，而且不久前还算过这样一个题目：

"某数以三除之余二，以四除之余三，以五除之余四，以六除之余五，问某数最小是多少？"

我把这两个题目看成是一样的，它们都是用几个数去除一个数全除不尽。这第二个题的算法我记得十分清楚，所以我觉得很有把握。不但这样，而且我觉得这位老板的题目有些不通，他只问我一个最小的答数。当我在肚里这样寻思的时候，祖父便问道：

——算得出吗？

——算得出，不只一个答数。我这样回答以后，那位老板就恭维起我来了，对着祖父说：

——真好福气！一想就想出来了，将来一定比大老爷还强。

祖父又是一阵客气，然后对着我说：

——你说一个答数看。

我所算过的题，是先求出三、四、五、六四个数的最小公倍数"六十"，然后减去"一"得"五十九"。我于是依样先求三、五、七三个数的最小公倍数，心里暗想着"三五一十五，七五三十五，一百零五"。再就是要减去一个数了。我算过的题因为"以三除之余二"是差个一（3-2=1）就除尽，所以要减去"一"。现在"三个三个地数剩两个"正是一样，也只要减去"一"，所以我就从一百零五当中减去一，而立刻回答道：

——最小的一个数是一百零四，还有二百零九（104+105=209）也是。

这时，我在幼稚的心里感到得意和快乐，我期望着老板的夸奖。岂知出乎我的意料之外！他说：

——一百零四，五个五个地数剩的是四个，不是三个。

这我怎么没想到呢？于是我想，应当从一百零五当中减去二（5-3=2），我就说：

——一百零三。

——三个三个地数只剩一了。

我窘极了，居然遭遇到了这么大的失败！在我小时学数学，所遇到的窘迫，这是最大的两次当中的一次，我觉得在人的面前失败，非常害羞。我记得很清楚，我一只手扯着衣角，一只手捏紧拳头，脸上如火烧一般，低着头，尽管在心里转念头，把我所算过的题目都想到。但是徒然，和它相像的一个也没有了。我后来下定决心，胆大地说：

——恐怕题目出错了吧！

然而得到的是一个使我更加窘迫的回答：

——不错的，连我的祖父也这样说。

急中生智，我居然找到了一条新路，我想三个去除剩两个，五个去除剩三个，我可以先找三个去除剩两个的一些数，再一个一个地拿五去除来试。这真是一条光明的路，第一个我想到的是"五"，这自然不对，用五去除并没有剩的。接着想到的是"八"，正好用三去除剩二，用五去除剩三。我真喜出望外：

——八！

——还是不对，七个七个地数，只剩一个。

这真叫我走投无路了！那天的晚饭虽然仍是那位老板留我们吃，但当祖父答应留在那里的时候，我非常难过，眼巴巴地望着他希望他能领我回家，我真

是脸上热一阵冷一阵的，哪儿有心思吃饭！我想得头都胀了，总想不出答案。羞愧、气闷，因而还有些恼怒，满心充塞着这些滋味没精打采地在夜里跟随祖父回家。我的祖父对我很慈爱，但督责也很严，他在外面虽不曾向我说什么，一到家里，他就开始教训我了：

——读书要用心！……在别人的面前不好夸口！……"宁在人前全不会，勿在人前会不全！"小小年纪晓得些什么？别人问到就说不知道好了……这时他的脸上严肃中还带有几分生气的神情。他教训我时，我的母亲、婶母、哥哥都在旁边，后来他慢慢地将我的遭遇说给他们听，我的哥哥听他说完了题目便脱口而出：

——二十三。

我非常不服气，

——别人告诉过你的！

——还这样不上进，祖父真生气了。

从那夜起，一直两三天，我见到祖父就怕，我任何时候都在想这个题的算法，弄得吃、玩、睡都惝恍。最终还是我的哥哥将算这个题目的秘诀告诉了我，而且说，这叫"韩信点兵"。虽然我对这道题十分懊丧，却慢慢地把它抛到了脑后。

现在想起来，那次遭遇以及祖父所给我的教训实在是我的年龄不应当承受的。不过这样的硬教育，对于我也有很大的功劳，我对于数学能有较浓厚的兴趣，一半固然由于别人所给的积极的鼓励；而一半也由于这些我所承受不起的遭遇和教训。数学有时会叫人头痛，然而经过一次头痛，总有一次进步。这次的遭遇，对于本问题，我自己虽是一无所得，但对于思索问题的途径，确实得到了不少启示。在当时，有些自以为有了理解的，虽也不免不切实际或错误，但毕竟增长了一些趣味和能力。因此我愿以十二分的诚意，将这段经过叙述出来，以慰勉一部分和我有类似遭遇的读者。

现在我们言归正传。

所谓"韩信点兵"，指的是那位盐老板给我出的题目的算法。"韩信点兵"这个名词虽是到了明时程大位的《算法统宗》才见到的。但这个问题在中国数学史上却很有来历，到了卖盐老板都知道，也可以当得起"妇孺皆知"的荣誉了。

这题目最早见于《孙子算经》，《孙子算经》是什么时候什么人所作的书，现在虽然难以考证，大约是两千多年前的作品确实是不容怀疑的。在《孙子算经》上，这题目原是这样的：

"今有物不知数，三三数之，剩二；五五数之，剩三；七七数之，剩二，问物几何？"

在原书本归在《大衍求一术》中，到了宋时，周密的书中却有《鬼谷算》和《隔墙算》的名目，而杨辉又称为"剪管术"，在那时便有秦王暗点兵的俗名，大约韩信就是从秦王变来的，至于"明点""暗点"本没有多大关系。

原书上，跟着题目便有下面的一段：

"答曰二十三。"

"术曰：三三数之剩二，置一百四十；五五数之剩三，置六十三；七七数之剩二，置三十。并之，得二百三十三，以二百一十减之，即得。"

"凡三三数之剩一，则置七十；五五数之剩一，则置二十一；七七数之剩一，则置一十五；一百六以上，以一百五减之，即得。"

后一小段可以说是这类题的基本算法，而前一小段却是本问题的解答，用现在的式子写出来便是：

$70 \times 2 + 21 \times 3 + 15 \times 2 = 140 + 63 + 30 = 233$

$233 - 105 \times 2 = 233 - 210 = 23$

照前面的说法，自然是士大夫气很重，也可以说是讲义体，一般人当然很难明白，但到了周密的书中便有了诗歌形式的说明，那诗道：

"三岁孩儿七十稀，五留廿一事尤奇。

七度上元重相会，寒食清明便可知。"

这诗虽然容易记诵，但意义不明，而且说得也欠周到。到了程大位，它就改了面目：

"三人同行七十稀，五树梅花廿一枝。

七子团圆月正半，除百零五便得知。"

这诗流传得非常广，所以如卖盐老板之流也都知道，而我的哥哥所告诉我的秘诀就是它。

是的，知道了它，这类的题目便可以机械地算了，将三除所得的余数去乘七十，五除所得的余数去乘二十一，七除所得的余数去乘十五，再把这三项乘积相加。如所得的和比一百零五小，那便是所求的答数；不然，则减去一百零五的倍数，而得出比一百零五小的数来——这里所要求的只是一个最小的答案——例如三三数之剩一，五五数之剩四，七七数之剩三，那么，运算的步骤便是：

$70 \times 1 + 21 \times 4 + 15 \times 3 = 70 + 84 + 45 = 199$

$199 - 105 = 94$

若单只就实用或游戏说，熟记这秘诀已够用了。至于它是从哪儿来的，一般人哪儿管这么多？但就数学的立场来说，这种知其然而不知其所以然的态度却没有多大价值，即使熟记这秘诀，所能应付的问题不过一百零五个，因为只限于三三、五五、七七三种数法。我们要默记这一百零五个答数并不是不可能，然而如果真的熟记这一百零五个答数，那就无意味了。（见附注）

所以我们第一要问，为什么这样就是对的？

要说明其中的理由，我们先记起算术里面关于倍数的两个定理：

（一）某数的倍数的倍数，还是某数的倍数——这正如我的哥哥的哥哥还是我的哥哥一般。

（二）某数的若干倍数的和，还是某数的倍数——这正如我的几个哥哥坐在一起，他们仍然是我的哥哥一般。

依照这两个定理来检讨上面的算法，设 R_3 表示用三除所得的余数，R_5 和 R_7 相应地表示用五除和用七除所得的余数，那么：

（一）七十是五和七的倍数，而是三的倍数多一，所以用 R_3 去乘仍是五和七的倍数，而是三的倍数多 R_3。

（二）二十一是七和三的倍数，而是五的倍数多一，所以用 R_5 去乘仍是七和三的倍数，而是五的倍数多 R_5。

（三）十五是三和五的倍数，而是七的倍数多一，所以用 R_7 去乘仍是三和五的倍数，而是七的倍数多 R_7。

（四）所以这三项相加，就三说，是：

$70 \times R_3 + 21 \times R_5 + 15 \times R_7 =$ 3 的倍数 $+R_3 +$ 3 的倍数 $+$ 3 的倍数 $=$ 3 的倍数 $+R_3$。

若用三去除所得的余数正是 R_3。就五说，是：

$70 \times R_3 + 21 \times R_5 + 15 \times R_7 =$ 5 的倍数 $+R_5 +$ 5 的倍数 $+$ 5 的倍数 $=$ 5 的倍数 $+R_5$。

若用五去除所得的余数正是 R_5。就七说，是：

$70 \times R_3 + 21 \times R_5 + 15 \times R_7 =$ 7 的倍数 $+R_7 +$ 7 的倍数 $+$ 7 的倍数的 $=$ 7 倍数 $+R_7$。

若用七去除所得的余数正是 R_7。

这就可以证明我们如法炮制出来的数是合题的。至于在比一百零五大的时候，要减去它的倍数，使得数小于一百零五，这因为适合于题目的答数本来是无穷的，只得取最小的一个数代表的缘故。一百零五本是三、五、七的最小公倍数，在这最小的答数上加入它的倍数，这和除得的余数无关。

经过这样的证明，我们可以承认上面的算法是对的。但这还不够，我们还要问，那七十、二十一和十五三个数含有怎样的性质？

七十是五和七的公倍数，而二十一是七和三的最小公倍数，十五是三和五的最小公倍数，为什么两个是最小公倍数而它一个却只是公倍数呢？

这个问题并不难回答，因为二十一用五除，十五用七除都恰好剩一，而五和七的最小公倍数"三十五"用三除剩的却是二，七十用三除才剩一。所以这个解法的要点，是要求出三个数来，每一个都是三个除数中的两个的公倍数——最小公倍数是碰巧的——而同时是它一个除数的倍数多一。

这样，就到了第三步，我们要问，合于这种条件的数怎么求出来呢？

这里且将清时黄中宪所编的《求一术通解》里的方法摘抄在下面，我们来认识认识中国数学书的面目，也是一件趣事。

一行泛母 ‖‖	析母 ‖‖	定母 ‖‖		衍数 ☰
二行泛母 ‖‖‖	析母 ‖‖‖	定母 ‖‖‖	衍母 IOIIIII	衍数 Iⴕ
三行泛母 Π	析母 Π	定母 Π		衍数 ☷

"三位泛母都是数根，不可拆，即为定母。连乘，得105为衍母。以一行三除之，得三十五为一行衍数；以二行定母五除之，得二十一为二行衍数；以三行定母七除之，得十五为三行衍数。"

这里所谓泛母，用不到解释，便可明白，析母就是将泛母分成质因数。至于定母，便是各泛母所单独含有的质因数的积。若是有一个质因数是两个以上的泛母所共有的，那么只是含这个质因数的个数最多的泛母用它；若是两个泛母所含这质因数的个数相同，那么随便哪一个泛母用它都可以。——注意后面的另一个例子——衍母是各定母的连乘积，也就是各泛母的最小公倍数，衍数是用定母除衍母所得的商。

得了定母和衍数，就可以求乘率，所谓乘率便是乘了衍数所得的积恰等于泛母的倍数多一的数，而这个乘积称为用数。求乘率的方法，在《求一术通解》里面是这样说的：

"列定母于右行，列衍数于左行（左角上预寄一数），辗转累减，至衍数余一为止，视左角上寄数为乘率。

"按两数相减，必以少数为法（法是减数），多数为实（实是被减数）。其法上无寄数者，不论减若干次，减余数上仍以一为寄数（1）。其实上无寄数者，减作数上，以所减次数为寄数（2）。其法实上俱有寄数者，视累减若干次，以法上寄数亦累加若干次于实上寄数中（3），即得减余数上之寄数矣。"

照这个法则，我们来求所要的各乘率。为了容易明白，我将原式的中国数码改成了阿拉伯数字：

定母3	3	1¹	
衍数¹35	¹2	¹2	²1

所以乘率是2。

定母5	
衍数¹21	¹1

所以乘率是1。

定母7	
衍数¹15	¹1

所以乘率是1。

依原书所说，是用累减法，但累减便是除，为什么不老老实实地说除，而要说是累减呢？是因为最后衍数这一行必要保留一个余数一，所以即使除得尽也不许除尽。因此说除不如说累减更好。但在此说明，还是用除好些。我们就用除法来检查这个计算法。如第一式，衍数35左角上的1，就是所谓预寄的一数，表示用一个衍数的意思。因为定母3比衍数35小，用3（法）去除35（实）得11剩2。照（1）法上无寄数，仍以1为余数2的寄数，所以2的左角上写1。接着以2（法）除3（实）得1（商）剩1。照（2）实上无寄数，以所减次数（即商数）为余数的寄数，所以1的左角上还是1。再用这1（法）去除2（实）本来是除得尽的，但应当保留余数1，因此只能商1而剩1。照（3）法实都有寄数，应当以商数1乘法数1的寄数1，加上实数2的寄数1得2，为余数1的寄数，而它便是乘率。

第一次的余数 $2=35-3\times11$

第二次的余数 $1=3-2\times\mathbf{1}=3-$ 第一次的余数 $\times\mathbf{1}=3-(35-3\times11)\times\mathbf{1}$

第三次的余数 $1=2-1\times\mathbf{1}$

$$=\text{第一次的余数}-\text{第二次的余数}\times\mathbf{1}$$

$$=35-3\times11-[3-(35-3\times11)\times\mathbf{1}]\times\mathbf{1}$$

$$=35-3\times11-3\times\mathbf{1}+35\times\mathbf{1}-3\times11\times\mathbf{1}\times\mathbf{1}$$

$$=35\times(1+\mathbf{1})-3\times(11+1+11)$$

$$=35\times\overset{.}{2}-3\times23$$

就是 $3\times23=35\times2-1$　　　　$\therefore \dfrac{35\times2}{3}=23\cdots1$

上式中"·"表示所求得的乘率，黑体字表示每次的寄数。你看这求法多么巧妙！现在用代数的方法证明如下：设 A 为定母，B 为衍母，a_0、a_1、a_2……a_n 为各次的寄数，r_0、r_1、r_2……r_n 为各次的余数，而 r_n 等于 1，依上面的式子写出来便是：

定母A	A	$r_1^{a_1}$	…	
衍数^{a_0}B	$^{a_0}r_0$	$^{a_0}r_0$	…	$^{a_n}r_n(1)$

而 $r_0=B-t_0A$

$r_1=A-a_1r_0=A-a_1（B-t_0A）=A-a_1B+a_1t_0A$

$\quad=t_1A-a_1B \qquad\qquad t_1=a_1t_0+1$

$r_2=r_0-q_2r_1=（B-t_0A）-q_2（t_1A-a_1B）=B-t_0A-q_2t_1A+q_2a_1B$

$\quad=a_2B-t_2A \qquad\qquad t_2=q_2t_1+t_0$

$r_3=r_1-q_3r_2=（t_1A-a_1B）-q_3（a_2B-t_2A）$

$\quad=t_3A-a_3B \qquad\qquad t_3=q_3t_2+t_1$

…………………………

$\therefore r_n=a_nB-t_nA \qquad\qquad t_n=q_nt_{n-1}+t_{n-2}$

$\qquad\qquad\qquad\qquad\qquad\quad a_n=q_na_{n-1}+a_{n-2}$

但 $r_n=1 \qquad\qquad \therefore 1=a_nB-t_nA$

就是：$a_nB=t_nA+1$

$\therefore \dfrac{a_nB}{A}=\dfrac{t_nA+1}{A}=t_n\cdots1$

有了乘率，将它去乘衍数就得用数，上面已经证明了，所以在本例题，三、五和七的用数相应地便是七十（35×2），二十一（21×1）和十五（15×1）。

杨辉的"剪管术"中，同样的题目有好几个，试取两个照样演算于下。

（a）七数剩一，八数剩二，九数剩三，问本数是多少？

（一）求衍数

泛母	析母	定母	衍母	衍数
7	7	7		72
8	8	8	504	63
9	9	9		56

（二）求乘率

定母7	7	1^3	
衍数^{1}72	^{1}2	^{2}1	^{4}1

所以乘率是4。

定母8	8	1^1	
衍数^{1}63	^{1}7	^{1}7	^{7}1

所以乘率是7。

定母9	9	1^4	
衍数^{1}56	^{1}2	^{1}2	^{5}1

所以乘率是5。

（三）求用数，就是将相应的乘率去乘衍数，所以七、八、九的用数相应地为二百八十八（72×4），四百四十一（63×7）和二百八十（56×5）。

（四）求本数，就是将各除数所除得的剩余相应地乘各用数，而将这三个乘积加起来。倘若所得的和比七、八、九的最小公倍数504大，就将504的倍数减去，也就是用这最小公倍数除所得的和而求余数。

因而 288×1+441×2+280×3=288+882+840=2010

2010÷504=3…498

所以四百九十八是本数。

（b）二数余一，五数余二，七数余三，九数余四，求原数是多少？

（一）求衍数

泛母	析母	定母	衍母	衍数
2	2	2		315
5	5	5	630	126
7	7	7		90
9	9	9		70

（二）求乘率

定母2	
衍数¹315	¹1

所以乘率是1。

定母5	
衍数¹126	¹1

所以乘率是1。

定母7	7	1¹	
衍数¹90	¹6	¹6	⁶1

所以乘率是6。

定母9	9	2¹	
衍数¹70	¹7	¹7	⁴1

所以乘率是4。

（三）求用数

2 的……315×1=315，5 的……126×1=126，

7 的……90×6=540，9 的……70×4=280。

（四）求本数

315×1+126×2+540×3+280×4=315+252+1620+1120=3307

3307÷630=5…157

所以原数是一百五十七。

再由《求一术通解》上取一个较复杂的例子，就更可以看明白这类题的算法了。

"今有数不知总：以五累减之，无剩；以七百一十五累减之，剩一十；以二百四十七累减之，剩一百四十；以三百九十一累减之，剩二百四十五；以一百八十七累减之，剩一百零九，求总数是多少？"

"答：10020。"

（一）求衍数

泛母	析母	定母	衍母	衍数
5	5	废位		
715	5·×11·×13	55		96577
247	13·×19·	247	5311735	21505
391	17·×23·	391		13585
187	11×17	废位		

（二）求乘率

定母55	55	3^1	
衍数^{1}96577	^{1}52	^{1}52	^{18}1

所以乘率是18。

定母247	247	7^{15}	7^{15}	1^{108}	
衍数^{1}21505	^{1}16	^{1}16	^{31}2	^{31}2	^{139}1

所以乘率是139。

定母391	391	100^1	100^1	9^4	
衍数^{1}13585	^{1}291	^{1}291	^{3}91	^{3}91	^{43}1

所以乘率是 43。

（三）求用数

715 的……96577 × 18=1738386

247 的……21505 × 139=2989195

391 的……13585 × 43=584155

（四）求总数

1738386 × 10+2989195 × 140+584155 × 245

=17383860+418487300+143117974

=578989135

578989135 ÷ 5311735=109…10020

这个计算所要注意的就是"废位"，第一行的析母 5，第二行也有，第二行已用了（数旁记黑点就是表示采用的意思），所以第一行可废去。第五行的 11 和 17，一个已用在第二行，一个已用在第四行，所以这一行也废去。前面已经说过两个泛母若有相同的质因数而且所含的个数相同，无论哪个泛母采用都可以，因此上面求衍数的方法只是其中一种。在《求一术通解》里，就附有左列每种采用法的表，比较起来这一种实在是最简单的了。（表中的○表示废位。）

析母	5	5×11×13	13×19	17×23	11×17	
定母	○	55	247	391	○	1
	○	715	19	391	○	2
	○	55	247	23	○	3
	○	715	19	23	17	4
	○	5	147	391	11	5
	○	65	19	391	11	6
	○	5	247	23	187	7
	○	65	19	23	187	8
	5	11	247	391	○	9
	5	143	19	391	○	10
	5	11	247	23	17	11
	5	143	19	23	17	12
	5	○	247	391	11	13
	5	13	19	391	11	14
	5	○	247	23	187	15
	5	13	19	23	187	16

由这几个例子，可以看出"韩信点兵"不限于三三、五五、七七地数。在中国的旧数学上，《大衍求一术》还有不少应用，不过在这篇短文里却讲不到了。

到了这一步，我们可以问："'韩信点兵'这类问题在西洋数学中怎样解决呢？"

要回答这个问题，你先要记起代数中联立方程式的解法来。不，首先要记起一般联立方程式所应具备的必要条件。那是这样的，方程式的个数应当和它们所含未知数的个数相等。所以二元的要有两个方程式，三元的要有三个，倘使方程式的个数比它们所含未知数的个数少，那就不能得出一定的解答，因此我们称它为无定方程式（Indeterminations of a system of equation）。

两个未知数而只有一个方程式，例如，

$5x+10y=20$

我们若将 y 当作已知数看，依照解方程式的顺序来解便可，而且也只能得出下面的式子：

$x=4-2y$

在这个式子当中任意用一个数去代 y，x 都有一个相应的数值，如：

$y=0$，　　　　　$x=4-2\times0=4$；　　　　$y=1$，　　　$x=4-2\times1=2$；

$y=2$，　　　　　$x=4-2\times2=0$；　　　　$y=3$，　　　$x=4-2\times3=-2$；

$y=-1$，　　　　$x=4-2\times（-1）=6$；　　……

y 的数值既然可以任意定，所以这方程式的根便是无定的。

又三个未知数，只有两个方程式，比如：

$x+y-3z=8$……（1）

$2x-5y+z=2$……（2）

依照解联立方程式的法则，从这两个方程式中可以随意先消去一个未知数。若要消去 z，就用 3 去乘（2），再和（1）相加，便得：

$6x-15y+3z+x+y-3z=6+8$

则：$7x-14y=14$

再移含有 y 的项到右边，并且全体用 7 去除，就得：

$x=2+2y$

照前例同样的理由，这方程式中 y 的值可以任意选用，所以是无定的，而 x 的值也就无定了，x 和 y 的值都不一定，z 的值跟着更是无定，如：

$y=1$，$x=4$，代入（1）$z=-1$　　　　代入（2）$z=-1$；

$y=2$，$x=6$，代入（1）$z=0$　　　　　代入（2）$z=0$；

……

就这样推下去，联立方程式的个数只要比它们所含的未知数少，就得不出一定的解答来。

这样说起来，不定方程式系不是一点儿用场都没有了吗？这个疑问自然是应当有的，不过用场的有无实在难说。和尚捡到常州梳子自然没用，但若是江北大姐捡到，岂不喜出望外？仔细考察起来，不定方程式系虽然没有一定的解答，但它却将所含的未知数间的关系加上了限制。即如第一个例子，x 和 y 的数值虽然无定，但若 y 等于 0，x 就只能等于 4；若 y 等于 1，x 就只能等于 2。再就第二个例子说，也有同样的情形。这种关系倘若再得到别的条件来补充，那么，解答就不是漫无限制了，本来一个方程式也不过表示几个未知数在某种情形所具有的关系，也就只是一个条件。

我们就用"韩信点兵"的问题来做例吧。

设三三数所数的次数为 x，五五数所数的次数为 y，七七数所数的次数为 z，而原数为 N，则：

$N=3x+2=5y+3=7z+2$

$\therefore 3x+2=5y+3$ （1）

$3x+2=7z+2$ （2）

这有三个未知数只有两个方程式，但我们应当注意 x、y、z 都必须是正整数，这便是一个附带的条件，

由（1） $x=\dfrac{5y+1}{3}=y+\dfrac{2y+1}{3}$

因为 x 和 y 是正整数，所以 $\dfrac{2y+1}{3}$ 虽是一个分数的形式，也必须是整数，设它是 α，那么：

$\dfrac{2y+1}{3}=\alpha$ $\qquad \therefore 2y+1=3\alpha$，$y=\dfrac{3\alpha-1}{2}=\alpha+\dfrac{\alpha-1}{2}$

因为 y 和 x 都是整数，所以 $\dfrac{\alpha-1}{2}$ 也必须是整数，设它是 β，则

$$\frac{a-1}{2}=\beta \qquad \therefore \ \alpha-1=2\beta, \ \alpha=2\beta+1$$

$$\therefore y=\alpha+\beta=2\beta+1+\beta=3\beta+1,$$

$$x=y+\alpha=3\beta+1+2\beta+1=5\beta+2$$

而　　　$N=3x+2=3（5\beta+2）+2=15\beta+8$

由（2）得：$15\beta+8=7z+2$，$\therefore \ 7z=15\beta+6$，

$$\therefore z=\frac{15\beta+6}{7}=2\beta+\frac{\beta+6}{7}$$

因为 z 和 β 都是正整数，所以 $\dfrac{\beta+6}{7}$ 也必须是整数，设它是 γ，则

$$\frac{\beta+6}{7}=\gamma, \qquad \therefore \ \beta+6=7\gamma, \ \beta=7\gamma-6$$

而 $z=2（7\gamma-6）+\dfrac{（7\gamma-6）+6}{7}=14\gamma-12+\gamma=15\gamma-12$

$N=7z+2=7（15\gamma-12）+2=105\gamma-82$

现在 γ 既然是整数，而且不能是负的。因为它若是负的，N 也便是负的，对于题目来说便没有意义了，所以 γ 至少是 1，而

$N=105-82=23$

自然 γ 可以是 2、3、4、5、6……而 N 随着便是 128、233、338、443、548……但 N 的值虽无穷却有一个限制。

既说到代数的无定方程式，无妨顺着再说一点。

（a）解方程式 $3x+4y=22$，x 和 y 的值限于正整数，先将含 y 的项移到右边，则得：

$$\therefore 3x=22-4y$$

$$\therefore x=\frac{22-4y}{3}=7-y+\frac{1-y}{3}$$

因为 x 和 y 都是正整数，而 7 本来是整数，所以 $\dfrac{1-y}{3}$ 也应当是整数，设它等于 α，则：

$$\frac{1-y}{3}=\alpha, \ 1-y=3\alpha;$$

∴ $y=1-3\alpha$，　（1）

$x=7-(1-3\alpha)+\alpha=6+4\alpha$　（2）

由（1）y 既是正整数，α 也是整数，所以 α 或是等于零或是负的，绝不能是正的。

由（2）x 既是正整数，α 也是整数，所以 α 应当是正的或是等于零，最小只能等于负 1。

合看这两个条件，α 只能等于零或负 1，而：

$\alpha=0$，　　$x=6$，　　$y=1$

$\alpha=-1$，　　$x=2$，　　$y=4$

（b）解方程式 $5x-14y=11$，x 和 y 的值限于正整数。

移项 $5x=11+14y$，

∴ $x=\dfrac{11+14y}{5}=2+2y+\dfrac{1+4y}{5}$

因为 x 和 y 以及 2 都是整数，所以 $\dfrac{1+4y}{5}$ 也应当是整数，但这里和前一个例不同，不好直接设它等于 α，因为若 $\dfrac{1+4y}{5}=\alpha$，则 $1+4y=5\alpha$，$y=\dfrac{5\alpha-1}{4}$ 仍是一个分数的形式。要避去这个困难，必要的条件是使原来的分数的分子中 y 的系数为 1。幸好这是可能的，不是吗？整数的倍数仍然是整数，我们无妨用一个适当的数去乘这分数，就是乘它的分子。所谓适当，就是乘了以后，y 的系数恰等于分母的倍数多 1。这好像又要用到了前面所说的求乘率的方法了，实际还可以不必这么大动干戈。乘数总比分母小，由观察便可知道了。在本例中，则可用 4 去乘，便得：

$\dfrac{4+16y}{5}=3y+\dfrac{4+y}{5}$

而 $\dfrac{4+y}{5}$ 应当是整数，设它等于 α，则：

$\dfrac{4+y}{5}=\alpha$，$4+y=5\alpha$，$y=5\alpha-4$　（1）

$$\therefore x=\frac{11+14y}{5}=\frac{11+14（5a-4）}{5}=\frac{70a-45}{5}=14a-9 \quad （2）$$

这里和前例也有点儿不同，由（1）和（2）看来，a 只要是正整数就可以，不必再有什么限制，所以

$a=1$，$x=5$，$y=1$； $a=2$，$x=19$，$y=6$；

$a=3$，$x=33$，$y=11$；……

这样的解答是无穷的。

将中国的老方法和现在我们所学的新方法比较一下，究竟哪一种好些，这虽很难说，但由此可以知道，一个问题的解法绝不只是一种。当学习数学的时候，能够注意别人的算法以及自己另辟蹊径去走都是有兴味而且有益处的。中学的"求一术"不但在中国数学史上占着很重要的地位，若能发扬光大，正有不少问题可以研究。

［附注］一个数用三去除，有三种情形：一是剩 0（就是除尽）；二是剩 1；三是剩 2。同样地，用五去除有五种情形：剩 0、1、2、3、4；用七去除有七种情形：剩 0、1、2、3、4、5、6。从三除的三种情形中任取一种，和五除的五种情形中的任一种，以及七除的七种情形中的任一种配合，都能成一个"韩信点兵"的题目，所以总共有 $3×5×7=105$ 个题。而这 105 个题的最小答数，恰是从 0 到 104。这 105 个数中，把它们排列起来可以得出下面的表：

R_3	R_7 \ R_5	0	1	2	3	4
0	**0**	0	21	42	63	84
	1	15	36	57	78	99
	2	30	51	72	93	9
	3	45	66	87	3	24
	4	60	81	102	18	39
	5	75	96	12	33	54
	6	90	6	27	48	69
1	**0**	70	91	7	28	49
	1	85	1	22	43	64
	2	100	16	37	58	79
	3	10	31	52	73	94
	4	25	46	67	88	4
	5	40	61	82	103	19
	6	55	76	97	13	34
2	**0**	35	56	77	98	14
	1	50	71	92	8	29
	2	65	86	2	23	44
	3	80	101	17	38	59
	4	95	11	32	53	74
	5	5	26	47	68	89
	6	20	41	62	83	104

这个表的构造是这样的：

（1）R_3 的一行的 0、1、2 表示三个三个地数的余数。

（2）R_7 的一行的 0、1、2、3、4、5、6 表示七个七个地数的余数。

（3）R_5 的一排的 0、1、2、3、4 表示五个五个地数的余数。

（4）中间的数便是 105 个相当的答数。

所以如说三数剩二，五数剩三，七数剩二，答数就是二十三。如说三数剩一，五数剩二，七数剩四，答数便是六十七。

表中各数的排列，仔细观察，也很有趣：

（1）就三大横排说，同行同小排的数次第加 70——超过 105，则减去它——正是泛母三的用数。

（2）就每个小横排说，次第加 21——超过 105，则减去它——正是泛母五的用数。

（3）就每大横排中的各行说，次第加 15——超过 105，则减去它——正是泛母七的用数。

这个理由自然是略加思索就会明白的。

十

王老头子的汤圆

一

近来有一位幼年时的邻居，从家乡出来的，跑来看望我。见到故乡人，想起故乡事，屈指一算，离家已将近二十年了，记忆中故乡的模样，还是二十年前的。碰见这么一位幼年朋友，在心境上好像已返老还童，一直谈论幼年的往事，石坎缝儿里寻蟋蟀，和尚庙中偷桂花，一切淘气事都会谈到。最后不知怎的，话头却转到死亡上去了，朋友很郑重地说出这样的话来：

——王老头子，卖汤圆的，已死去两年了。

一个须发全白，精神饱满，笑容可掬的老头子的面影，顿时从心底浮到了心尖。他叫什么名字，我不知道，因为一直听人家叫他王老头子，没有人提起过他的名字。从我自己会走到他的店里吃汤圆的时候起，他的头上已顶着银色的发，嘴上堆着雪白的须，是一个十足的老头子。祖父曾经告诉我，王老头子在我们的那条街上开汤圆店已有二三十年。祖父和许多人都常说，王老头子很古怪，每天只卖一盘子汤圆，卖完就收店，喝苞谷烧，照例四两。他今天卖的汤圆，便是昨天夜里做的。真的，当我起得很早的时候，要是走到王老头子的店门口，就可以看见他在升火，他的桌上有一只盘子，盘子里堆着雪白、细软的汤圆，用现在我所知道的东西的形状来说，那就有点儿像金字塔。假如要用数学教科书上的名字，那就是正方锥。

王老头子自然是平凡、不足树碑立传的人，不过他的和蔼可亲却是少有。我一听到他的死耗，不禁怅惘追忆，这也就可以证明他是如何捉住儿童们的活泼、无邪的心了。王老头子已死两年，至少做了四五十年的汤圆。在这四五十年中，每天都做尖尖的一盘。这他一生替人们做过多少汤圆哟，我想替他算一算。然而我不能算，因为我不曾留意过那一盘汤圆从顶到底共有多少层，我现在只来说一说，假如知道了它的层数，这总数怎么计算，可作为王老头子的纪念。

二

这类题目的算法，在西洋数学中叫作积弹（Piles of Shot）和拟形数（Figurate munbers），又叫拟形级数（Figurate series）。中国叫垛积，旧数学中和它类似的算法，属于"少广"一类。最早见于朱世杰的《四元玉鉴》中茭草形段，如像招数和果垛叠藏各题，后来郭守敬、董祐诚、李善兰这些人的著作中把它讲得更详细。

这里我们先说大家从西洋数学中容易找到的积弹。积弹的计算法，已有一定的公式，因为堆积的方法不同，分为四类：如第一图各层是成正方形的；第二图各层是成正三角形的；第三图是成矩形的。但这三种到顶上都是尖的。第

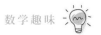

四图各层都成矩形，而顶上是平的。用数学上的名字来说，第一图是正方锥；
第二图是正三角锥；第三图侧面是等腰三角形，正面是等腰梯形；第四图侧面
和正面都是等腰梯形。

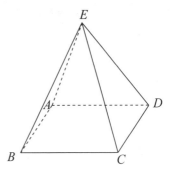

第一图

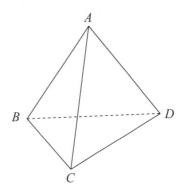

第二图

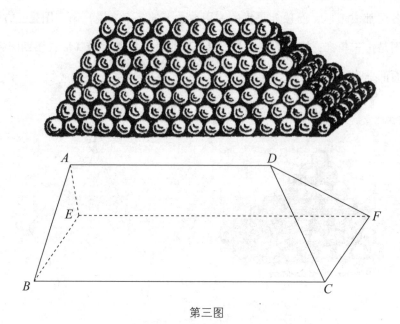

第三图

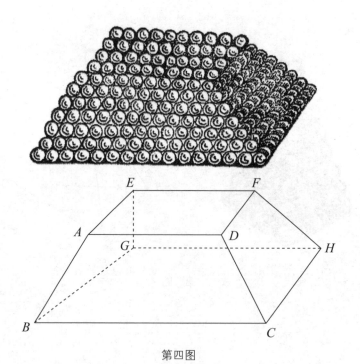

第四图

所谓弹积，一般是知道了层数计算总数，在这里且先将各公式写出来。

（1）设 n 表示层数，也就是王老头子的汤圆底层每边的个数，则汤圆的总数是：

$$S_n = \frac{n(n+1)(2n+1)}{1 \times 2 \times 3}$$

所以，若是王老头子的那盘汤圆有十层，那就是 n 等于 10，因此，

$$S_{10} = \frac{10 \times 11 \times 21}{1 \times 2 \times 3} = 385$$

（2）若王老头子的汤圆是照第二图的形式堆，那么，

$$S_n = \frac{n(n+1)(n+2)}{1 \times 2 \times 3}$$

所以，他若是也只堆十层，总数便是：

$$S_{10} = \frac{10 \times 11 \times 12}{1 \times 2 \times 3} = 220$$

（3）这一种不但和层数有关系，并且与顶上一层的个数也有关系，设顶上一层有 p 个，则：

$$S_n = \frac{n(n+1)(3p+2n-2)}{1 \times 2 \times 3}$$

举个例说，若第一层有五个，总共有十层，就是 p 等于 5，n 等于 10，则

$$S_{10} = \frac{10 \times 11 \times (3 \times 5 + 2 \times 10 - 2)}{1 \times 2 \times 3} = \frac{10 \times 11 \times 33}{1 \times 2 \times 3} = 605$$

（4）自然这种和第一层的个数也有关系，而第一层既然也是矩形，它的个数就和这矩形的长、阔两边的个数有关。设顶上一层长边有 a 个，阔边有 b 个，则：

$$S_n = \frac{n}{1 \times 2 \times 3} \times \left[6ab + 3(a+b)(n-1) + (n-1)(2n-1) \right]$$

举个例说，若第一层的长边有五个，阔边有三个，总共有十层，就是 a 等于 5，b 等于 3，n 等于 10，则

$$S_{10} = \frac{10}{1 \times 2 \times 3} \times \left[6 \times 5 \times 3 + 3 \times 8 \times 9 + 9 \times 19 \right] = 795$$

不用说，已经有公式，只要照它计算出一个总数，是很容易的。不过，我们的问题是这公式是怎样得来的。

要证明这公式，有三种方法。

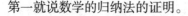

第一就说数学的归纳法的证明。

什么叫数学的归纳法，在堆罗汉中已经说过，这里要证明的第一个公式，也是那篇里已证明过的。为了那些不曾看过那篇的读者，只好简略地说一说所谓数学的归纳法，总共含有三个步骤：

（Ⅰ）就几个特殊的数，发现一个共同的式子。

（Ⅱ）假定这式子对于 n 是对的，而造出一个公式来。

（Ⅲ）设 n 变成了 $n+1$，看这式子的形式是否改变。若不曾改变，那么，这式子就成立了。

因为由（Ⅱ）已经知道这式子关于 n 是对的，关于 $n+1$ 也是对的。而由（Ⅰ）已知它关于几个特殊的数是对的，——其实有一个就够了。不过（Ⅰ）只由一个特殊的数要发现较普遍的公式的形式比较困难——设若关于 2 是对的，那么关于 2 加 1 也是对的。2 加 1 是 3，关于 3 是对的，自然关于 3 加 1 得"4"也是对的。这样一步一步地往上推，关于 4 加 1 得"5"，5 加 1 得"6"，6 加 1 得"7"……就都对了。

以下就用这方法来证明上面的公式：

（1）$S_n = \dfrac{n\,(n+1)\,(2n+1)}{1 \times 2 \times 3}$

王老头子的汤圆的堆法，各层都是正方形，顶上一层是一个，第二层一边是二个，第三层一边是三个，第四层一边是四个……这样到第 n 层，一边便是 n 个。而正方形的面积，这是大家都已经知道的，等于一边的长的平方。所以若就各层的个数说，王老头子每夜所做的汤圆便是：

$$S_n = 1^2 + 2^2 + 3^2 + 4^2 + \cdots + n^2$$

第一步我们容易知道：

$$1^2 = \frac{1 \times (1+1) \times (2 \times 1 + 1)}{1 \times 2 \times 3} = 1$$

$$1^2 + 2^2 = \frac{2 \times (2+1) \times (2 \times 2 + 1)}{1 \times 2 \times 3} = 5$$

$$1^2 + 2^2 + 3^2 = \frac{3 \times (3+1) \times (2 \times 3 + 1)}{1 \times 2 \times 3} = 14$$

$$1^2 + 2^2 + 3^2 + 4^2 = \frac{4 \times (4+1) \times (2 \times 4 + 1)}{1 \times 2 \times 3} = 30$$

第二步，我们就假定这式子关于 n 是对的，而得公式：

$$S_n = \frac{n(n+1)(2n+1)}{1 \times 2 \times 3}$$

这就到了第三步，这假定的公式对于 $n+1$ 也对吗？我们在这假定的公式中，

两边都加上 $(n+1)^2$ 这便是 S_{n+1}，所以：

$$S_{n+1} = S_n + (n+1)^2 = \frac{n(n+1)(2n+1)}{1 \times 2 \times 3} + (n+1)^2$$

$$= \frac{n(n+1)(2n+1) + 6(n+1)^2}{1 \times 2 \times 3}$$

$$= \frac{(n+1)[n(2n+1) + 6(n+1)]}{1 \times 2 \times 3}$$

$$= \frac{(n+1)[2n^2 + 7n + 6]}{1 \times 2 \times 3}$$

$$= \frac{(n+1)(n+2)(2n+3)}{1 \times 2 \times 3}$$

$$= \frac{(n+1)(\overline{n+1}+1)(2\overline{n+1}+1)}{1 \times 2 \times 3}$$

这最后的形式和我们所假定的公式完全一样，所以我们的假定是对的。

（2） $S_n = \dfrac{n(n+1)(n+2)}{1 \times 2 \times 3}$

这公式是用于正三角锥形的，所谓正三角锥形，第一层是一个，第二层是

一个加二个，第三层是一个加二个加三个，第四层是一个加二个加三个加四

个……这样推下去到第 n 层便是：

1+2+3+4+…+n

而总和便是：

S_n=1+（1+2）+（1+2+3）+（1+2+3+4）+…+（1+2+3+4+…+n）

第一步，我们找出，

$$1=\frac{1\times（1+1）（1+2）}{1\times2\times3}=1$$

$$1+(1+2)=\frac{2\times（2+1）（2+2）}{1\times2\times3}=4$$

$$1+(1+2)+(1+2+3)=\frac{3\times（3+1）（3+2）}{1\times2\times3}=10$$

$$1+(1+2)+(1+2+3)+(1+2+3+4)=\frac{4\times（4+1）（4+2）}{1\times2\times3}=20$$

第二步，我们就假定这式子关于 n 是对的，而得公式：

$$S_n=\frac{n（n+1）（n+2）}{1\times2\times3}$$

跟着到第三步，证明这假定的公式对于 $n+1$ 也是对的，就是在假定的公式中两边都加上 $1+2+3+4+…+n+\overline{n+1}$

$$S_{n+1}=S_n+（1+2+3+4+…+n+\overline{n+1}）$$

$$=\frac{n（n+1）（n+2）}{1\times2\times3}+（1+2+3+4+…+n+\overline{n+1}）$$

$$=\frac{n（n+1）（n+2）}{1\times2\times3}+\frac{（n+1）（\overline{n+1}+1）}{2}$$

$$=\frac{n（n+1）（n+2）}{1\times2\times3}+\frac{（n+1）（n+2）}{2}$$

$$=\frac{n（n+1）（n+2）+3（n+1）（n+2）}{1\times2\times3}$$

$$=\frac{（n+1）（n+2）（n+3）}{1\times2\times3}$$

$$=\frac{（n+1）（\overline{n+1}+1）（\overline{n+1}+2）}{1\times2\times3}$$

这最后的形式，不是和我们所假定的公式的形式一样吗？可见我们的假定是对的。

（3）$S_n = \dfrac{n(n+1)(3p+2n-2)}{1 \times 2 \times 3}$

第一步和证明前两个公式的，没有什么两样，我们无妨省事一点儿，将它略去，只来证明这公式对于 $n+1$ 也是对的。这种堆法，第一层是 p 个，第二层是两个（$p+1$）个，第三层是三个（$p+2$）个……照样推上去，第 n 层是 n 个（$p+\overline{n-1}$）个。所以，

$S_n = p+2(p+1)+3(p+2)+\cdots+n(p+\overline{n-1})$

而 $S_{n+1} = p+2(p+1)+3(p+2)+\cdots+(n+1)(p+n)$

假定上面的公式关于 n 是对的，则：

$S_{n+1} = S_n + (n+1)(p+n)$

$\quad = \dfrac{n(n+1)(3p+2n-2)}{1 \times 2 \times 3} + (n+1)(p+n)$

$\quad = \dfrac{n(n+1)(3p+2n-2)+6(n+1)(p+n)}{1 \times 2 \times 3}$

$\quad = \dfrac{(n+1)[n(3p+2n-2)+6(p+n)]}{1 \times 2 \times 3}$

$\quad = \dfrac{(n+1)[3np+6p+2n^2+4n]}{1 \times 2 \times 3}$

$\quad = \dfrac{(n+1)[3p(n+2)+2n(n+2)]}{1 \times 2 \times 3}$

$\quad = \dfrac{(n+1)(n+2)(3p+2n)}{1 \times 2 \times 3}$

$\quad = \dfrac{(n+1)(\overline{n+1}+1)(3p+2\overline{n+1}-2)}{1 \times 2 \times 3}$

不用说，这最后的形式，和我们假定的公式完全一样，我们所假定的公式便是对的。

（4）$S_n = \dfrac{n}{1 \times 2 \times 3} \times [6ab+3(a+b)(n-1)+(n-1)(2n-1)]$

我们也来假定它关于 n 是对的，而证明它关于 $n+1$ 也是对的。这种堆法，第一层是 ab 个，第二层是（$a+1$）（$b+1$）个，第三层是（$a+2$）（$b+2$）个……照样推上去，第 n 层便是（$a+\overline{n-1}$）（$b+\overline{n-1}$）个，所以：

$S_n = ab+(a+1)(b+1)+(a+2)(b+2)+\cdots+(a+\overline{n-1})(b+\overline{n-1})$

而 $S_{n+1}=ab+(a+1)(b+1)+(a+2)(b+2)+\cdots+(a+\overline{n-1})(b+\overline{n-1})$

$\quad\quad +(a+n)(b+n)$

假定上面的公式对于 n 是对的，则：

$S_{n+1}=S_n+(a+n)(b+n)$

$$=\frac{n}{1\times2\times3}\times\left[6ab+3(a+b)(n-1)+(n-1)(2n-1)\right]+(a+n)(b+n)$$

$$=\frac{n\left[6ab+3(a+b)(n-1)+(n-1)(2n-1)\right]+6(a+n)(b+n)}{1\times2\times3}$$

$$=\frac{[n6ab+6ab]+\left[3n(a+b)(n-1)+6(a+b)n\right]+\left[n(n-1)\times(2n-1)+6n^2\right]}{1\times2\times3}$$

$$=\frac{(n+1)6ab+(a+b)(3n^2+3n)+n(2n^2+3n+1)}{1\times2\times3}$$

$$=\frac{(n+1)6ab+(n+1)3(a+b)n+(n+1)n(2n+1)}{1\times2\times3}$$

$$=\frac{(n+1)}{1\times2\times3}\left[6ab+3(a+b)n+n(2n+1)\right]$$

$$=\frac{(n+1)}{1\times2\times3}\left[6ab+3(a+b)(\overline{n+1}-1)+(\overline{n+1}-1)(2\overline{n+1}-1)\right]$$

在形式上，这最后的结果和我们所假定的公式也没有什么分别，可知我们的假定一点儿不差。

四

用数学的归纳法，四个公式都证明了，按理说我们可以心满意足了。但是，仔细一想，这种证明法，巧妙固然巧妙，却有一个大大的困难在里面。这困难并不在从 S_n 证 S_{n+1} 这第二、第三两步，而在第一步发现我们所要假定的 S_n 的公式的形式。假如别人不曾将这公式提出来，你要从一项、两项、三项、四项……老老实实地相加而发现一般的形式，这虽然不好说不可能，但真是不容易，因此我们再说另外一种找寻这几个公式的方法。

我把这一种方法，叫分项加合法，这是一种知道了一个级数的一般项，而求这级数的 n 项的和的一般的方法。

什么叫级数、算术级数和几何级数，大概早已在你洞鉴之中了。那么，可以更广泛地说，一串数，依次两个两个的有相同的一定的关系存在，这串数就叫级数。比如算术级数每两项的差是相同的、一定的；几何级数每两项的比是相同的、一定的。当然在级数中，这两种算是最简单的，其他的都比较复杂，所以每两项的关系也不易发现。

什么叫级数的一般项？换句话说，就是一个级数的第 n 项。若算术级数的第一项为 a，公差为 d，则一般项为 $a+(n-1)d$；若几何级数的第一项为 a，公比为 r，则一般项为 ar^{n-1}。回到上面讲的弹积法上去，每种都是一个级数，它们的一般项便是：（1）n^2；（2）$\dfrac{n(n+1)}{2}$ 或 $\dfrac{1}{2}(n^2-n)$；（3）$n(p+\overline{n-1})$ 或 $np+n^2-n$；（4）$(a+\overline{n-1})(b+\overline{n-1})$ 或 $ab+(a+b)(n-1)+(n-1)^2$。

四个一般项除了（1）以外，都可认为是两项以上合成的。在一般项中设 n 为 1，就得第一项；设 n 为 2，就得第二项；设 n 为 3，就得第三项……设 n 为什么数，就得第什么项。所以对于一个级数，倘若能够知道它的一般项，我们要求什么项都可以算出来。

为了写起来便当，我们来使用一个记号，例如：

$S_n=1+2+3+4+\cdots+n$

我们就写成 $\sum n$，读作 Sigma n。$\sum$ 是一个希腊字母，相当于英文的 S。S 是英文 Sum（和）的第一个字母，所以用 $\sum$ 表示"和"的意思。而 $\sum n$ 便表示从 1 起，顺着加 2，加 3，加 4……一直加到 n 的和。同样地，

$\sum n(n+1)=1\cdot2+2\cdot3+3\cdot4+4\cdot5+\cdots+n(n+1)$

$\sum n^2=1^2+2^2+3^2+4^2+\cdots+n^2$

记好这个符号的用法和上面所说过的各种一般项，就可得出下面的四个

式子：

（1）$S_n = \sum n^2 = 1^2 + 2^2 + 3^2 + 4^2 + \cdots + n^2$

（2）$S_n = \sum \dfrac{n(n+1)}{2} = \sum \dfrac{1}{2}(n^2+n) = \sum \dfrac{1}{2}n^2 + \sum \dfrac{1}{2}n$

$\qquad = \dfrac{1}{2}(1^2+2^2+3^2+\cdots+n^2) + \dfrac{1}{2}(1+2+3+4+\cdots+n)$

（3）$S_n = \sum n(p+\overline{n-1}) = \sum (np+n^2-n) = \sum np + \sum n^2 - \sum n$

$\qquad = (p+2p+3p+\cdots+np) + (1^2+2^2+3^2+\cdots n^2) - (1+2+3+\cdots+n)$

（4）$S_n = \sum (a+\overline{n-1})(b+\overline{n-1}) = \sum [ab+(a+b)(n-1)+(n-1)^2]$

$\qquad = nab+(a+b)(1+2+\cdots+\overline{n-1}) + (1^2+2^2+3^2+\cdots+\overline{n-1}^2)$

这样一来，我们可以看得很明白，只要将（1）求出，以下的三个就容易了。关于（1）的求法运用数学的归纳法固然可以，即或不然，还可参照下面的方法计算。

我们知道：

$n^3 = n^3$, $\qquad\qquad\qquad (n-1)^3 = n^3 - 3n^2 + 3n - 1$

$\therefore\ n^3 - (n-1)^3 = 3n^2 - 3n + 1$

同样地，$(n-1)^3 - (n-2)^3 = 3(n-1)^2 - 3(n-1) + 1$

$\qquad\qquad (n-2)^3 - (n-3)^3 = 3(n-2)^2 - 3(n-2) + 1$

$\qquad\qquad \cdots\cdots\cdots\cdots\cdots\cdots\cdots\cdots$

$3^3 - 2^3 = 3 \cdot 3^2 - 3 \cdot 3 + 1$

$2^3 - 1^3 = 3 \cdot 2^2 - 3 \cdot 2 + 1$

$1^3 - 0^3 = 3 \cdot 1^2 - 3 \cdot 1 + 1$

若将这 n 个式子左边和左边加拢，右边和右边加拢，便得：

$n^3 = 3(1^2+2^2+3^2+\cdots+n^2) - 3(1+2+3+\cdots+n) + (1+1+\cdots+1)$

但 $1^2+2^2+3^2+\cdots+n^2 = S_n$

$1+2+3+\cdots+n = \dfrac{n(n+1)}{2}$

$$1+1+1+\cdots+1=n$$

$$n^3=3S_n-\frac{3n(n+1)}{2}+n$$

$$3S_n=n^3+\frac{3n(n+1)}{2}-n$$

$$=\frac{2n^3+3n(n+1)-2n}{2}$$

$$=\frac{n(2n^3+3n+3-2)}{2}=\frac{n(2n^2+3n+1)}{2}$$

$$=\frac{n(n+1)(2n+1)}{2}$$

$$\therefore S_n=\frac{n(n+1)(2n+1)}{1\times2\times3}$$

这个结果和前面证过的一样，但来路却比较清楚。利用它，（2）（3）（4）便容易得出来。

（2）$S_n=\sum\frac{1}{2}n^2+\sum\frac{1}{2}n$

$$=\frac{1}{2}(1^2+2^2+3^2+\cdots+n^2)+\frac{1}{2}(1+2+3+\cdots+n)$$

$$=\frac{1}{2}\cdot\frac{n(n+1)(2n+1)}{1\times2\times3}+\frac{1}{2}\cdot\frac{n(n+1)}{2}$$

$$=\frac{1}{2}\cdot\frac{n(n+1)(2n+1)+3n(n+1)}{1\times2\times3}=\frac{1}{2}\cdot\frac{n(n+1)(2n+1+3)}{1\times2\times3}$$

$$=\frac{1}{2}\cdot\frac{n(n+1)(2n+4)}{1\times2\times3}=\frac{n(n+1)(n+2)}{1\times2\times3}$$

（3）$S_n=\sum np+\sum n^2-\sum n$

$$=(1+2+3+\cdots+n)p+(1^2+2^2+3^2+\cdots+n^2)-(1+2+3+\cdots+n)$$

$$=\frac{n(n+1)p}{2}-\frac{n(n+1)}{2}+\frac{n(n+1)(2n+1)}{1\times2\times3}$$

$$=\frac{3n(n+1)(p-1)+n(n+1)(2n+1)}{1\times2\times3}$$

$$=\frac{n(n+1)(3p-3+2n+1)}{1\times2\times3}$$

$$=\frac{n(n+1)(3p+2n-2)}{1\times2\times3}$$

（4）$S_n = nab + (a+b)(1+2+\cdots+\overline{n-1}) + (1^2+2^2+3^2+\cdots+\overline{n-1}^2)$

$= nab + \dfrac{(n-1)n(a+b)}{1\times2\times3} + \dfrac{(n-1)n(2\overline{n-1}+1)}{1\times2\times3}$

$= \dfrac{1}{1\times2\times3}\left[6nab+3(n-1)n(a+b)+(n-1)n(2n-1)\right]$

$= \dfrac{n}{1\times2\times3}\left[6ab+3(a+b)(n-1)+(n-1)(2n-1)\right]$

五

前一种证明法，来得自然有根源，不像用数学的归纳法那样突兀。但还有一点，不能使我们满意，不是吗？每个式子的分母都是 $1\times2\times3$，就前面的证明看来，明明只应当是 2×3，为什么要写成 $1\times2\times3$ 呢？这一点，若再用其他方法来寻求这些公式，那就可以恍然大悟了。

这一种方法可以叫作差级数法。所谓拟形级数，不过是差级数法的特别情形。

怎样叫差级数？算术级数就是差级数中最简单的一种，例如 1、3、5、7、9……这是一个算术级数，因为：

$3-1=5-3=7-5=9-7=\cdots=2$

但是，王老头子的汤圆的堆法，从顶上一层起，顺次是 1、4、9、16、25……各各两项的差是，

$4-1=3$，$9-4=5$，$16-9=7$，$25-16=9$……

这些差全不相等，所以不能算是算术级数，但是这些差 3、5、7、9……的每两项的差却都是 2。

再如第二种三角锥的堆法，从顶上起，各层的个数依次是 1、3、6、10、15，各各两项的差是，

3−1=2，6−3=3，10−6=4，15−10=5……

这些差也全不相等，所以不是算术级数，不过它和前一种一样，这些差数依次两个的差是相等的，都是1。

我们来另找个例，如1^3、2^3、3^3、4^3、5^3、6^3……这些数立方之后便是1、8、27、64、125、216……而，

（Ⅰ）

8−1=7，27−8=19，64−27=37，125−64=61，216−125=91……

（Ⅱ）

19−7=12，37−19=18，61−37=24，91−61=30……

（Ⅲ）

18−12=6，24−18=6，30−24=6……

这是到第三次的差才相等的。

再来举一个例子，如2、20、90、272、650、1332……

（Ⅰ）

20−2=18，90−20=70，272−90=182，650−272=378，

1332−650=682……

（Ⅱ）

70−18=52，182−70=112，378−182=196，682−378=304……

（Ⅲ）

112−52=60，196−112=84，304−196=108……

（Ⅳ）

84−60=24，108−84=24……

这是到第四次的差才相等的。

像这些例一般的一串数，照上面的方法一次一次地减下去，终究有一次的

差是相等的，这一串数就称为差级数，第一次的差相等的叫一次差级数，第二次的差相等的叫二次差级数，第三次的差相等的叫三次差级数，第四次的差相等的叫四次差级数……第 *r* 次的差相等的叫 *r* 次差级数。算术级数就是一次差级数，王老头子的一盘汤圆，各层就成一个二次差级数。

所谓拟形数就是差级数中的特殊的一种，它们相等的差才是1。这是一件很有趣味的东西。法国的大数学家布莱士·帕斯卡（Blaise Pascal）在他 1665 年发表的《算术的三角论》（*Traité du triangle arithmétique*）中，就记述了这种级数的作法，他作了如后的一个三角形。

这个三角形仔细玩赏一下，趣味非常丰富。它对于从左上向右下的这条对角线是对称的，所以横着一排一排地看，和竖着一行一行地看，全是一样。

```
1    1    1    1    1    1    1    1    1    1···

1    2    3    4    5    6    7    8    9···

1    3    6    10   15   21   28   36···

1    4    10   20   35   56   84···

1    5    15   35   70   126···

1    6    21   56   126···

1    7    28   84···

1    8    36···

1    9···

1···
```

它的做法是：（Ⅰ）横、竖各写同数的1。（Ⅱ）将同行的上一数和同排的左一数相加，便得本数。即：

1+1=2，1+2=3，1+3=4……2+1=3，3+3=6……3+1=4，6+4=10……

4+1=5，10+5=15……5+1=6，15+6=21……6+1=7，21+7=28……

7+1=8，28+8=36……8+1=9……

由这个做法，我们很容易知道它所包含的意味。就竖行说（自然横排也一样），从左起，第一行是相等的差，第二行是一次差级数，每两项的差都是1。第三行是二次差级数，因为第一次的差就是第一行的各数。第四行是三次差级数，因为第一次的差就是第三行的各数，而第二次的差就是第二行的各数。同样地，第五行是四次差级数，第六行是五次差级数……

这种玩意儿的性质，布莱士·帕斯卡有过不少的研究，他曾用这个算术三角形讨论组合，又用它发现许多关于概率的有趣味的东西。

上面已经说过了，王老头子的一盘汤圆，各层正好成一个二次差级数。倘若我们能够知道计算一般差级数的和的公式，岂不是占了大大的便宜了吗？

对，我们就来讲这个。让我们偷学布莱士·帕斯卡来作一个一般差级数的三角形。

差，英文是 difference，和用 S 代 Sum 一般，如法炮制就用 d 代 difference。本来已够用了，然而我们还可以更别致一些，用一个相当于 d 的希腊字母 Δ 来代。设差级数的一串数为 u_1、u_2、u_3……第一次的差为 Δu_1、Δu_2、Δu_3……第二次的差为 $\Delta_2 u_1$、$\Delta_2 u_2$、$\Delta_2 u_3$……第三次的差为 $\Delta_3 u_1$、$\Delta_3 u_2$、$\Delta_3 u_3$……这样一来，就得下面的三角形。

$$u_1, \quad u_2, \quad u_3, \quad u_4, \quad u_5, \quad u_6\cdots$$

$$\Delta u_1, \quad \Delta u_2, \quad \Delta u_3, \quad \Delta u_4, \quad \Delta u_5\cdots$$

$$\Delta_2 u_1, \quad \Delta_2 u_2, \quad \Delta_2 u_3, \quad \Delta_2 u_4\cdots$$

$$\Delta_3 u_1, \quad \Delta_3 u_2, \quad \Delta_3 u_3\cdots$$

$$\cdots$$

这个三角形的构成，实际上说，非常简单，下一排的数，总是它上一排的左右两个数的差，即：

$\Delta u_1=u_2-u_1$，　$\Delta u_2=u_3-u_2$，　$\Delta u_3=u_4-u_3$……

$\Delta_2 u_1=\Delta u_2-\Delta u_1$，　$\Delta_2 u_2=\Delta u_3-\Delta u_2$，　$\Delta_2 u_3=\Delta u_4-\Delta u_3$……

$\Delta_3 u_1=\Delta_2 u_2-\Delta_2 u_1$，　$\Delta_3 u_2=\Delta_2 u_3-\Delta_2 u_2$，　$\Delta_3 u_3=\Delta_2 u_4-\Delta_2 u_3$……

加法可以说是减法的还原，因此由上面的关系，便可得出：

$u_2=u_1+\Delta u_1$　　（1）　　　　　$\Delta u_2=\Delta u_1+\Delta_2 u_1$，$u_3=u_2+\Delta u_2$

$\therefore u_3=（u_1+\Delta u_1）+（\Delta u_1+\Delta_2 u_1）=u_1+2\Delta u_1+\Delta_2 u_1$　　（2）

照样地，第二排当作第一排，第三排当作第二排，便可得：

$\Delta u_3=\Delta u_1+2\Delta_2 u_1+\Delta_3 u_1$

$u_4=u_3+\Delta u_3=（u_1+2\Delta u_1+\Delta_2 u_1）+（\Delta u_1+2\Delta_2 u_1+\Delta_3 u_1）$

$=u_1+3\Delta u_1+3\Delta_2 u_1+\Delta_3 u_1$　　（3）

把（1）（2）（3）三个式子一比较，右边各项的数系数是 1，1；1，2，1；1，3，3，1，这恰好相当于二项式 $（a+b）=a+b$，$（a+b）^2=a^2+2ab+b^2$，$（a+b）^3=a^3+3a^2b+3ab^2+b^3$，各展开式中各项的系数。根据这个事实，依照数学的归纳法的步骤，我们无妨走进第二步，假定推到一般，而得出：

$$u_{n+1}+u_1+n\Delta u_1+\frac{n（n-1）}{1\times 2}\Delta_2 u_1+\cdots+\frac{n（n-1）\cdots（n-r+1）}{1\times 2\times 3\times\cdots\times r}\Delta_r u_1+\cdots+\Delta_n u_1$$

照前面的样子，把第 $n+1$ 排作第一排，第 $n+2$ 排作第二排，便可得：

$$\Delta u_{n+1}=\Delta u_1+n\Delta_2 u_1+\frac{n（n-1）}{1\times 2}\Delta_3 u_1+\cdots$$

$$+\frac{n（n-1）\cdots（n-r+2）}{1\times 2\times 3\times\cdots\times（r-1）}\Delta_r u_1+\cdots+\Delta_{n+1} u_1$$

将这两个式子相加，很巧就得：

$$u_{n+2}=u_{n+1}+\Delta u_{n+1}$$

$$=u_1+（n+1）\Delta u_1+\left[\frac{n（n-1）}{1\times 2}+n\right]\Delta_2 u_1+\cdots$$

$$+\left[\frac{n（n-1）\cdots（n-r+1）}{1\times 2\times 3\times\cdots\times r}+\frac{n（n-1）\cdots（n-r+2）}{1\times 2\times 3\times\cdots\times（r-1）}\right]\Delta_r u_1+\cdots$$

$$+\Delta_{n+1} u_1$$

但 $\dfrac{n(n-1)}{1\times 2}+n=\dfrac{n(n-1)+2n}{1\times 2}=\dfrac{n^2+n}{1\times 2}=\dfrac{(n+1)n}{1\times 2}=\dfrac{(n+1)(\overline{n+1}-1)}{1\times 2}$

·····················

$\dfrac{n(n-1)\cdots(n-r+1)}{1\times 2\times 3\times\cdots\times r}+\dfrac{n(n-1)\cdots(n-r+2)}{1\times 2\times 3\times\cdots\times(r-1)}$

$=\dfrac{n(n-1)\cdots(n-r+2)(n-r+1+r)}{1\times 2\times 3\times\cdots\times r}$

$=\dfrac{(n+1)n(n-1)\cdots(n-r+2)}{1\times 2\times 3\times\cdots\times r}$

$=\dfrac{(n+1)(\overline{n+1}-1)(\overline{n+1}-2)\cdots\times(\overline{n+1}-r+1)}{1\times 2\times 3\times\cdots\times r}$

$\therefore u_{n+2}=u_1+(n+1)\Delta u_1+\cdots\dfrac{(n+1)(\overline{n+1}-1)}{1\times 2}\Delta_2 u_1+\cdots$

$\qquad +\dfrac{(n+1)(\overline{n+1}-1)(\overline{n+1}-2)\cdots\times(\overline{n+1}-r+1)}{1\times 2\times 3\times\cdots\times r}\Delta_r u_1+\cdots+\Delta_{n+1}u_1$

这不是已将数学的归纳法的三步走完了吗？可见我们假定对于 n 的公式若是对的，那么，它对于 $n+1$ 也是对的。而事实上它对于 1、2、3、4 等都是对的，可见得它对于 6、7、8……也是对的，所以推到一般都是对的。倘若你还记得我们讲组合——见棕榄谜——时所用的符号，那么就可将这公式写得更简明一点：

$u_n=u_1+C_1^n\Delta u_1+C_2^n\Delta_2 u_1+C_3^n\Delta_3 u_1+\cdots+\cdots\Delta_{n-1}u_1$

这个式子所表示的是什么，你可知道？它就是用差级数的第一项，和各次差的第一项，表出这差级数的一般项。假如王老头子的那一盘汤圆总共堆了十层，因为，这差级数的第一项 u_1 是 1，第一次差的第一项 Δu_1 是 3，第二次差的第一项 $\Delta_2 u_1$ 是 2，第三次以后的 $\Delta_3 u_1$、$\Delta_4 u_1$ 都是 0，所以第十层的汤圆的个数便是：

$u_{10}=1+(10-1)\times 3+\dfrac{(10-1)(10-2)}{1\times 2}\times 2=1+27+72=100$

这个得数谁也用不到怀疑，王老头子的那盘汤圆的第十层，正是每边十个的正方形，总共恰好一百个。

我们要求的原是计算差级数和的公式，现在跑这野马干什么？

别着急！朋友！就来了！再弄一个小小的戏法，保管你心满意足。

我们在前面差级数三角形的顶上加一串数 v_1、v_2、v_3……v_n，v_{n+1} 不过就是胡乱写些数，它们每两项的差，就是 u_1、u_2、u_3……u_n。这样一来，它们便是 $n+1$ 次差级数，而第一次的差为，

$$v_2-v_1=u_1, \quad v_3-v_2=u_2, \quad v_4-v_3=u_3……v_n-v_{n-1}=u_{n-1}, \quad v_{n+1}-v_n=u_n$$

若是我们惠而不费地将 v_{n+1} 点缀得富丽堂皇些，无妨将它写成下面的样子，

$$v_{n+1}=v_{n+1}-v_n+v_n-v_{n-1}+\cdots+v_2-v_1+v_1$$

$$=（v_{n+1}-v_n）+（v_n-v_{n-1}）+\cdots+（v_2-v_1）+v_1$$

假使造这串数的时候，取巧一点，v_1 就用 0，那么，便得：

$$v_{n+1}=（v_{n+1}-v_n）+（v_n-v_{n-1}）+\cdots+（v_2-v_1）$$

$$=u_n+u_{n-1}+\cdots+u_1$$

所以若用求一般项的公式来求 v_{n+1} 得出来的便是 $u_1+u_2+u_3+\cdots\cdots+u_n$ 的和。

但就公式说，这个差级数中，$u_1=0$，$\Delta u_1=u_1$，$\Delta_2 u_1=\Delta u_1$，……，$\Delta_{n+1}u=\Delta_n u_1$，

$$\therefore v_{n+1}=0+C_1^{n+1}u_1+C_2^{n+1}\Delta u_1+\cdots+\Delta_n u_1$$

这个戏法总算没有变差，由此我们就知道：

$$S_n=u_1+u_2+\cdots+u_n=C_1^{n+1}u_1+C_2^{n+1}\Delta u_1+\cdots+\Delta_n u_1$$

假如照用惯了的算术级数的样儿将 a 代第一项，d 代差，并且不用组合所用的符号 C_r^n，那么 n 次差级数 n 项的和便是：

$$S_n=na+\frac{n（n-1）}{1\times2}d_1+\frac{n（n-1）（n-2）}{1\times2\times3}d_2+\frac{n（n-1）（n-2）（n-3）}{1\times2\times3\times4}d_3+\cdots$$

有了这公式，我们就回头去解答王老头子的那一盘汤圆，它是一个二次差级数，对于这公式说：$a=1$，$d_1=3$，$d_2=2$，$d_3=d_4=\cdots=0$。

$$\therefore S_n=n\times1+\frac{n（n-1）}{1\times2}\times3+\frac{n（n-1）（n-2）}{1\times2\times3}\times2$$

$$=n+\frac{3n(n-1)}{1\times2}+\frac{2n(n-1)(n-2)}{1\times2\times3}$$

$$=n\times\left[1+\frac{3(n-1)}{1\times2}+\frac{2(n-1)(n-2)}{1\times2\times3}\right]$$

$$=n\times\frac{6+9(n-1)+2(n-1)(n-2)}{1\times2\times3}$$

$$=n\times\frac{2n^2+3n+1}{1\times2\times3}=\frac{n(n+1)(2n+1)}{1\times2\times3}$$

第二种三角锥的堆法，前面也已说过，仍是一个二次差级数，对于这公式，

$a=1$，$d_1=2$，$d_2=1$，$d_3=d_4=\cdots=0$。

$$\therefore S_n=n\times1+\frac{n(n-1)}{1\times2}\times2+\frac{n(n-1)(n-2)}{1\times2\times3}\times1$$

$$=n+\frac{2n(n-1)}{1\times2}+\frac{n(n-1)(n-2)}{1\times2\times3}$$

$$=n\times\left[1+\frac{2(n-1)}{1\times2}+\frac{(n-1)(n-2)}{1\times2\times3}\right]$$

$$=n\times\frac{6+6(n-1)+(n-1)(n-2)}{1\times2\times3}$$

$$=n\times\frac{n^2+3n+2}{1\times2\times3}=\frac{n(n+1)(n+2)}{1\times2\times3}$$

至于第三种堆法，它各层的个数及各次的差是，

p，$2(p+1)$，$3(p+2)$，$4(p+3)$，$\cdots$

$p+2$，$p+4$，$p+6$，$\cdots$

2，2，$\cdots$

也是一个二次差级数，$u_1=p$，$d_1=p+2$，$d_2=2$，$d_3=d_4=\cdots\cdots=0$。

$$\therefore S_n=np+\frac{n(n-1)}{1\times2}\times(p+2)+\frac{n(n-1)(n-2)}{1\times2\times3}\times2$$

$$=n\times\left[p+\frac{(n-1)(p+2)}{1\times2}+\frac{2(n-1)(n-2)}{1\times2\times3}\right]$$

$$=n\times\frac{6p+3(n-1)(p+2)+2(n-1)(n-2)}{1\times2\times3}$$

$$=n\times\frac{2n^2-2+3np+3p}{1\times2\times3}=n\times\frac{(n+1)(2n-2)+(n+1)3p}{1\times2\times3}$$

$$=\frac{n\,(n+1)\,(3p+2n-2)}{1\times2\times3}$$

最后，再把这个公式运用到第四种堆法，它的每层的个数以及各次的差是这样的：

$$ab,\ (a+1)\,(b+1),\ (a+2)\,(b+2),\ (a+3)\,(b+3),\ \cdots$$

$$(a+b)+1,\ (a+b)+3,\ (a+b)+5,\ \cdots$$

$$2\qquad\qquad 2\cdots$$

所以也是一个二次差级数，就公式说，$u_1=ab$，$\Delta u_1=(a+b)+1$，$\Delta_2u_1=2$，$\Delta_3u_1=\Delta_2u_1=\cdots\cdots=0$。

$$\therefore S_n=nap+\frac{n\,(n-1)}{1\times2}\times\left[\,(a+b)+1\,\right]+\frac{n\,(n-1)\,(n-2)}{1\times2\times3}\times2$$

$$=n\times\left\{ab+\frac{(n-1)\,\left[\,(a+b)+1\,\right]}{1\times2}+\frac{2\,(n-1)\,(n-2)}{1\times2\times3}\right\}$$

$$=n\times\frac{6ab+3\,(n-1)\,(a+b)+3\,(n-1)+2\,(n-1)\,(n-2)}{1\times2\times3}$$

$$=\frac{n}{1\times2\times3}\times\left[\,6ab+3\,(a+b)\,(n-1)+2n^2-3n+1\,\right]$$

$$=\frac{n}{1\times2\times3}\times\left[\,6ab+3\,(a+b)\,(n-1)+(n-1)\,(2n-1)\,\right]$$

用差级数的一般求和的公式，将我们开头提出的四个公式都证明了。这种证明真可以算是无疵可指，就连最后分母中那事实上无关痛痒的"1×2×3"中的 1 也给了它一个详细说明。这种证法，不但有这一点点的好处，由上面的经过看来，我们所提出的四个公式，全都是这差级数求和的公式的运用。因此只要我们已彻底地了解了它，这四个公式就不值一顾了，数学的理论的发展，永远是霸道横行，后来居上的。

六

一开头曾经提到我们的老前辈朱世杰先生，这里就以他老人家的功绩来作结束。上面我们只提到四种堆法，已闹得满城风雨，借用了许多法宝，才达到心安理得的地步。然而在朱老先生的大著《四元玉鉴》中，"茭草形段"只有七题，"如像招数"只有五题，"果垛叠藏"虽然多一些，也只有二十题，总共不过三十二题。他所提出的堆垛法有些名词却很别致，现在列举在下面，至于各种求和的公式，那不用说，当然可依样画葫芦地证明了。

（1）落一形——就是三角锥形。

（2）刍甍垛——就是前面第三种堆法。

（3）刍童垛——就是矩形截锥台。

（4）撒星形——三角落一形——就是 1，（1+3），（1+3+6）…

$$\left[1+3+6+\cdots+\frac{n\,(n+1)}{2}\right]$$
$$S_n=\frac{1}{24}n\,(n+1)\,(n+2)\,(n+3)$$

（5）四角落一形——就是 1^2，(1^2+2^2)，$(1^2+2^2+3^2)$，…，$(1^2+2^2+\cdots+n^2)$

$$S_n=\frac{1}{12}n\,(n+1)^2\,(n+2)$$

（6）岚峰形——就是 1，（1+5），（1+5+12）…

$$\left[1+5+12+\cdots+\frac{n\,(3n-1)}{2}\right]$$
$$S_n=\frac{1}{24}n\,(n+1)\,(n+2)\,(3n+1)$$

（7）三角岚峰形——岚峰更落一形——就是 $1\cdot1$，$2\,(1+3)$，

$$3\,(1+3+6)\cdots n\left[1+3+6+\cdots+\frac{n\,(n+1)}{2}\right]$$
$$S_n=\frac{1}{120}n\,(n+1)\,(n+2)\,(n+3)\,(4n+1)$$

（8）四角岚峰形——就是 $1\cdot1^2$，$2\,(1^2+2^2)$，$3\,(1^2+2^2+3^2)$，…，

n（$1^2+2^2+3^2+\cdots+n^2$）

$$S_n=\frac{1}{120}n（n+1）（n+2）（8n^2+11n+1）$$

（9）撒星更落一形——就是 1，（1+4），（1+4+10），…，

$$\left[1+4+10+\cdots+\frac{n（n+1）（n+2）}{6}\right]$$

$$S_n=\frac{1}{120}n（n+1）（n+2）（n+3）（n+4）$$

（10）三角撒星更落一形——就是 1，（1+5），（1+5+15），…，

$$\left[1+5+15+\cdots+\frac{n（n+1）（n+2）（n+3）}{24}\right]$$

$$S_n=\frac{1}{720}n（n+1）（n+2）（n+3）（n+4）（n+5）$$

十一

假如我们有十二根手指

一

记得大约十年前，上海风行过一种画报，这画报上每期刊载一页马浪荡改行。马浪荡是一个浪荡子，在上海滩上无论啥行道他都做过，一种行道失败了，混不下去，就换一种。有一次他去当拍卖行的伙计，高高地坐在台上，一个买客，是每只手有六根指头的，伸着两手表示他对某件东西出十块钱。马浪荡见到十二根指头，便以为他说的是十二块，高高兴兴地卖了，记下账来。到收钱的时候，那人只出十块，马浪荡的老板照账硬要十二块，争执得无可了结，叫马浪荡赔两块了事，马浪荡又是一次失败。

我常常会想起这个故事，因为我常常见到大家伸起手指头表示他们所说的数，一根指头表示一，两根指头表示二，三根指头表示三……这非常自然。两只手没有一秒钟不跟随着人，手指头又是伸屈极灵便的机械，若不利用它们表数，岂不辜负了它们！

但有时我又想，我们有这十个小把戏，固然得了不少的便宜，可是我们未尝不吃亏。人的文明大半是靠这十个小把戏产生出来的。假如我们不满意现代的文明的话，仔细一思量，就不免要归罪于它们了。别的不必说，假如这小把戏和小把戏中间，也和鸭儿的脚板一样，生得有些薄皮，游起来就便利得多。不但如此，有酒没有酒杯的当儿，窝着手心当酒杯，也可以滴酒不漏。话虽如此，这只是空想，在我们的生活中，有些地方便受它们的拘束。最明白而简单的例子，就是我们的记数法。马浪荡的买客，伸出手来，既然有十二根指头，马浪荡认他所表示的是十二，这是极合理的。伸出两只手表示一十，本来是因为只有十根指头的缘故。假如我们每个人都有十二根手指头，当然不肯特别优待两个，伸出两只手还只表示到一十就心满意足。

两只手有十根指头，便用它们来表十，原来不过因为取携便当，岂料这一来，我们的记数法就受到了限制，我们都只知道"一而十，十而百，百而千，千而万……"满了十就进一位，我们还觉得只有这"十进法"最便利。其实这全是喜欢利用十根手指头反而受了它们束缚的缘故。假如你看着你的弟弟妹妹们用手指算二加二得四，你觉得他们太愚笨、太可笑。那么，你觉得十进记数法最便利同样是愚笨、可笑。

假如我们有十二根手指表示数，我们不是可以用十二进位记数法吗？

假如你觉得十进法比五进法便当，你能不承认十二进法比十进法便当吗？——自然要请你不可记着你只有十根手指头。

我们且先来探索一下记数法的情形，然后再看假如我们有十二根手指头，用了十二进位法，我们的数的世界和数学的世界将有怎样的不同。我一再说假如我们有十二根手指头，用十二进位法，所以要如此。因为没有十二根手指头，就不会使用十二进位法。人只是客观世界的反射镜，不能离开客观世界产生什么文明。

混沌未开，黑漆一团的时代，无所谓数，因为"一"虽是数的老祖宗，但倘若它无嗣而终，数的世界是无法成立的。数的世界的展开至少要有"二"。假如我们的手是和马蹄一样的，伸出来只能表示"二"，我们当然只能利用二进法记数。但二进法记数，实在有点儿滑稽。第一，我们既只能知道二，记起数来就不能有三位；第二，在个位满二就得记成上一位的一。这么一来，我们除了写一个"1"来记一，一个"1"后面跟上一个零来记"二"，并排写个"1"来记"三"，再没有什么能力了。数的世界不是仍然很简单吗？

若是我们还知道"三"，自然可以用三进法而且用三位记数，那我们可记的数便有二十六个：

1⋯一

2⋯二

10⋯三

11⋯四

12⋯五

20⋯六

21⋯七

22⋯八

100⋯九

101⋯十

102⋯十一

110⋯十二

111⋯十三

112⋯十四

120…十五

121…十六

122…十七

200…十八

201…十九

202…二十

210…二十一

211…二十二

212…二十三

220…二十四

221…二十五

222…二十六

由三而四，用四进法，四位数，我们可记的数，便有二百五十五个，数的世界便比较繁荣了。但事实上，我们并不曾找到过用二进法、三进法或四进法记数的事例。这个理由自然容易说明，数是抽象的，实际运用的时候，需要具体的东西来表出，然而无论"近取诸身，远取诸物"，不多不少恰好可以表示，而且易于取用的东西实在没有。我们对于数的辨认从附属在自家身上的东西开始，当然更是轻而易举。于是，我们首先就会注意到手。一只手有五根指头，五进法便应运而生了。就是在所谓 20 世纪的现在，我们从"野蛮人"中——其实世上本无所谓野蛮，只是他们的生活不需要如我们所有的文化罢了。——还可以见到五进记数法的事实。本来五进记数法，用到五位，已可记出三千一百二十四个数，不用说生活简单的"野蛮人"也已够用。就是在我们日常生活中，三千以上的数也不大能用到，不是吗？一块洋钱兑三百一十二个铜元，也不过是三千一百二十个小钱，而用大单位将数记小，这点聪明，我们

还是有的。你闭着眼睛想一想，你在日常生活中所用得到的数，有多少是千以上的？

既然知道用一只手的五根指头表数，因而产生五进记数法，进一步产生十进记数法，这对于我们的老祖宗们来说，大概不会碰到什么艰难困苦的。两只手是上帝造人的时候就安排好的呀！

既然可以用十根手指头表示数，因而产生十进法，两只脚也有十根指头，为什么不会一股脑儿用进去产生二十进法呢？

二十进法是有的，现在在热带生活的人们，就有这种办法，这种办法只存在于热带，很显然是因为那里的人赤着脚的缘故。像我们终年穿着袜子的人，使用脚指头自然不便当了。这就是十进记数法能够征服我们的缘故。倘若我们能够像近年来暑天中的"摩登狗儿"一样赤着脚走，我敢预言若干年后一定会来一次记数革命。

二十进法，不但在现在热带地区可以找到，从各国的数字中也可以得到很好的证明。如法国人，二十叫 vingt；八十叫 quatre。vingts，便是四个二十；而九十叫 quatae-vingt-dix，便是四个二十加十，这都是现在通用的。至于古代，还有 six-vingts，六个二十叫一百二十；quinze-vingts，十五个二十叫三百。这些都是二十进法的遗迹。又如意大利的数字，二十叫 venti，这和三十 trenta、四十 qnaranta、五十 cinquanta 也有着显然的区别：第一，三十、四十、五十等都是从三 tre、四 quattre、五 cinque 等来的，而二十却与二 due 无关系；第二，三十、四十、五十等的收声都是 ta，而二十的收声却是 ti。由这些比较也可以看出在意大利也有二十进法的痕迹。

五进法、十进法、二十进法都可用指头来说明它们的起源，但我们现在还使用的数中，却有一种十二进法，不能同等看待。铅笔一打是十二支，肥皂一打是十二块，一尺有十二寸，重量的一磅^①有十二两，货币的一先令有十二便士，乃至于一年有十二个月，一日是十二时，——西洋各国虽用二十四小时，但钟表上还只用十二，——这些都是实际上用到的。再将各国的数字构造比较一下，更可以显然地看出有十二进法的痕迹，且先将英、法、德、意四国从一到十九，十九个数抄在下面：

英 one two three four five six seven eight nine ten eleven twelve thirteen fourteen fifteen sixteen seventeen eighteen nineteen.

法 un deux trios guatre cinqne six sept huit neuf dix onze douze treize quatorze quinze seize dix-sept dix-huit dix-neuf.

德 eins zwei drei vier fünf sechs sieben acht neun hn zehn elf zwölf dreizehn vierzehn fünfzehn sechzehn siebzehn avhtzehn neunzehn.

意 uno due tre quattro cinque sei sette otto nove dieci imdici dodici tredici guattordici quindici sedici diciassette diciotto diciannove.

将这四种数字比较一下，可以看出几个事实：

（1）在英文中，一到十二，这十二个数字是独立的，十三以后才有一个划一的构成法，但这构成法和二十以后的数不同。

（2）在法文中，从一到十，这十个数字是独立的。十一到十六是一种构成法，十七以后又是一种构成法，这构成法却和二十以后的数相同。

（3）德文和英文一样。

（4）意文和法文一样。

原来就语言的系统说，法、意同属于意大利系，英、德同属于日耳曼系，渊源本不相同。语言原可说是生活的产物，由此可看出欧洲人古代所用的记数法有很大的差别。十进法、十二进法、二十进法，也许还有十六进法——中国

---

① 1磅≈0.45千克。——编者注

不是也有十六两为一斤吗？倘使再将其他国家的数字来比较一下，我想一定还可以发现这几种进位法的痕迹。

所以，倘若我们有十二根手指头的话，采用十二进法一定是必然的。就已成的习惯看来，十进法已统一了"文明人"的世界，而十二进法还可以立足，那么十二进法一定有它非存在不可的原因。这原因是什么？依我的假想是从天文上来的，而和圆周的分割有关系。法国大革命后改用米制①，所有度量衡，乃至于圆弧都改用十进法。但度量衡法，虽经各国采用，认为极符合胃口，而圆弧法是敌不过含有十二进位的六十分法。这就可以看出十二进法有存在的必要。——详细地解说，这里不讲，我还想写一篇关于各种单位的起源的话，在那里再说。——天文在人类文化中是出现很早的，这因为在自然界中昼夜、寒暑的变化，最使人类惊异，又和人类的生活关系最密切的缘故。所以倘使我们有十二根手指头，采用十二进法记数，那一定没有十进法记数立足的余地，我们对数的世界才能真正地有一个完整的认识。

二

倘若我们用了十二进法记数，数的世界将变成一个怎样的局面呢？

先来考察下我们已用惯了的十进记数法是怎样一回事，为了便当，我们分成整数和小数两项来说。

例如：三千五百六十四，它的构成是这样的：

$$3564=3000+500+60+4$$

$$=3 \times 1000+5 \times 100+6 \times 10+4$$

---

① 1791年，法国相关当局规定：把经过巴黎的地球子午线，也就是经线长的四千万分之一定义为1米。现在全球通用的国际长度单位米，则由此规定而来。——编者注

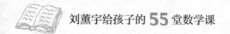

$$=3 \times 10^3+5 \times 10^2+6 \times 10+4$$

用 a_1、a_2、a_3、a_4……来表示基本数字，进位的标准数（这里就是十），我们叫它是底数，用 r 表示。由这个例子看起来一般的数的记法便是：

一位：a_1，a_2，a_3…

二位：a_1r+a_1，a_1r+a_2…a_2r+a_1，a_3r+a_2…

三位：$a_1r^2+a_1r+a_1$，$a_2r^2+a_2r+a_1$，$a_3r^2+a_2r+a_3$…

四位：$a_1r^3+a_1r^2+a_1r+a_1$，$a_2r^3+a_1r^2+a_1r+a_2$…

$a_1r^3+a_2r^2+a_3r+a_4$，$a_1r^3+a_2r^2+a_3r+a_2$…

在这里有一点虽是容易明白，但却需注意，这就是数字 a_1、a_2、a_3，……的个数，把 0 算进去应当和 r 相等，所以有效数字的个数比 r 少一。在十进法中便只有 1、2、3、4、5、6、7、8、9 九个；在十二进法中便有 1、2、3、4、5、6、7、8、9、t（10）、e（11）十一个。

为了和十进法的十、百、千易于区别，即用什、佰、仟来表示十二进法的位次，那么，在十二进法：

$$7e8t=7 \times 12^3+e \times 12^2+8 \times 12+t$$

我们读起便是七仟"依"（e）佰八什"梯"（t）。

再来看小数，在十进法中，如千分之二百五十四，便是：

$$0.254=0.2+0.05+0.004$$
$$=\frac{2}{10}+\frac{5}{100}+\frac{4}{1000}$$
$$=2 \times \frac{1}{10}+5 \times \frac{1}{10^2}+4 \times \frac{1}{10^3}$$

同样的道理，在十二进法中，那就是：

$$0.5te=0.5+0.0t+0.00e$$
$$=5 \times \frac{1}{12}+t \times \frac{1}{12^2}+e \times \frac{1}{12^3}$$

我们读起来便是仟分之五佰"梯"什"依"。

　　总而言之，在十进法中，上位是下位的十倍。在十二进法中，上位就是下位的十二倍。推到一般去，在 r 进法中，上位便是下位的 r 倍。

　　假如我们用十二进法来代十进法，数上有什么不同呢？其实相差很小，第一，不过多两个数字 e 和 t；第二，有些数记起来简单一些。

　　有没有什么方法将十进法的数改成十二进法呢？不用说，自然是有的。不但有，而且很简便。

　　例如：十进法的一万四千五百二十九要改成十二进法，只需这样做就成了。

$$
\begin{array}{r}
12\,\big|\,14529 \\
12\,\big|\,1210\cdots\cdots 9 \\
12\,\big|\,100\cdots\cdots 10 \\
8\cdots\cdots 4
\end{array}
$$

$$
\begin{aligned}
\therefore\ 14529 &= 1210\times 12+9 \\
&= (100\times 12+10)\times 12+9 \\
&= 100\times 12^2+10\times 12+9 \\
&= (8\times 12+4)\times 12^2+10\times 12+9 \\
&= 8\times 12^3+4\times 12^2+10\times 12+9
\end{aligned}
$$

照前面说过的用 t 表示 10，那么便得：

十进法的 14529＝ 十二进法的 $84t9$

　　读起来是八仟四佰梯什九，原来是五位，这里却只有四位，所以说有些数用十二进法记数比用十进法简单。

　　反过来要将十二进法的数改成十进法的怎样呢？这却有两种办法：一是照上面一样用 t 去连除；二是用十二去连乘。不过对于那些用惯了十进数除法的人来说，第一种方法与老脾气有些不合，比较不便当。例如要改七仟二佰一什五成十进法，那就是这样：

$$
\begin{aligned}
7215 &= 7\times 12^3+2\times 12^2+1\times 12+5 \\
&= (7\times 12^2+2\times 12+1)\times 12+5 \\
&= [(7\times 12+2)\times 12+1]\times 12+5 \\
&= [(84+2)\times 12+1]\times 12+5
\end{aligned}
$$

$$= [86 \times 12 + 1] \times 12 + 5$$

$$= 1033 \times 12 + 5 = 12401$$

$$
\begin{array}{r}
7 \\
\times \quad 12 \\
\hline
84 \\
+ \quad 2 \\
\hline
86 \\
\times \quad 12 \\
\hline
1032 \\
+ \quad 1 \\
\hline
1033 \\
\times \quad 12 \\
\hline
12396 \\
+ \quad 5 \\
\hline
12401
\end{array}
$$

上面的方法，虽只是一个例子，其实计算的原理已经很明白了，若要给它一个一般的证明，这也很容易。

设在 r_1 进位法中有一个数是 N，要将它改成 r_2 进位法，又设用 r_2 进位法记出来，各位的数字是 a_0，a_1，a_2，$\cdots$，a_{n-1}，a_n，则：

$$N = a_n r_2^n + a_{n-1} r_2^{n-1} + \cdots + a_2 r_2^2 + a_1 r_2 + a_0$$

这个式子的两边都用 r_2 去除，所剩的数当然是相等的。但在右边除了最后一项，各项都有 r_2 这个因数，所以用 r_2 去除所得的剩余便是 a_0，而商是 $a_n r_2^{n-1} + a_{n-1} r_2^{n-2} + \cdots + a_2 r_2 + a_1$。再用 r_2 去除这个商，所剩的便是 a_1，而商是 $a_n r_2^{n-2} + a_{n-1} r_2^{n-3} + \cdots + a_2$。又用 r_2 去除这个商，所剩的便是 a_2，而商是 $a_n r_2^{n-3} + a_{n-1} r_2^{n-4} + \cdots + a_3$。照样做下去到剩 a_n 为止，于是就得：

r_1 进位法的 $N = r_2$ 进位法的 $a_n a_{n-1}$，$\cdots$，$a_3 a_2$，$a_1 a_0$

三

倘若我们一直是用十二进位法记数的，在数学的世界里将有什么变化呢？

不客气地说，毫无两样，因为数学虽是从数出发，但和记数的方法却很少有关联。若客气点儿说，那么这样便很公平合理了。算理是没有两样的，只是在数的实际计算上有点儿出入。最显而易见的就是加法和乘法的进位以及减法和除法的退位。自然像加法和乘法的九九表便应当叫"依依"表，也就有点儿不同了。例如：（$34e2-t78$）× 143

```
（1）      24e2          （2）        1636
        －  t78                  ×   143
          1636                     46t6
                                  6120
                              +  1636
                                2092t6
```

上面的算法（1）是减，个位 2 减 8，不够，从什位退 1 下来，因为上位的 1 是等于下位的 12，所以总共是 14，减去 8，就剩 6。什位的 e（11）退去 1 剩 t（10），减去 7 剩 3。佰位的 4 减去 t，不够，从仟位退 1 成 16，减去 t（10）便剩 6。

（2）先是分位乘，3 乘 6 得 18，等于 12 加 6，所以进 1 剩 6。其次 3 乘 3 得 9，加上进位的 1 得 t……再用 4 乘 6 得 24，恰是 2 个 12，所以进 2 剩 0。其次 4 乘 3 得 12，恰好进 1，而本位只剩下进来的 2……三位都乘了以后再来加。末两位和平常的加法完全一样，第三位 6 加 2 加 6 得 14，等于 12 加 2，所以进 1 剩 2。

再来看除法，就用前面将十二进法改成十进法的例子。

$$
\begin{array}{r}
874 \\
t\,\overline{\smash{\big)}\,7215} \\
68 \\
\hline
61 \\
5t \\
\hline
35 \\
34 \\
\hline
1
\end{array}
\qquad
\begin{array}{r}
t4 \\
t\,\overline{\smash{\big)}\,874} \\
84 \\
\hline
34 \\
34 \\
\hline
0
\end{array}
\qquad
\begin{array}{r}
10 \\
t\,\overline{\smash{\big)}\,t4} \\
t \\
\hline
4
\end{array}
\qquad
\begin{array}{r}
1 \\
t\,\overline{\smash{\big)}\,10} \\
t \\
\hline
2
\end{array}
$$

这计算的结果和上面一样，也是 12401。至于计算的方法：在第一式 t（10）除 72 商 8，8 乘 t 得 80，等于 6 个 12 加 8，所以从 72 中减去 68 而剩 6。其次 t 除 61 商 7，7 乘 t 得 70，等于 5 个 12 加 10，所以从 61 减去 $5t$ 剩 3。再次 t 除 35 商 4，4 乘 t 得 40，等于 3 个 12 加 4，所以从 35 中减去 34 剩 1。第二、第三、第四式和第一式的算法完全相同，不过第四式的被除数 10 是一什，在十进法中应当是 12，这一点应当注意。

照这除法的例子看起来，十二进法好像比十进法麻烦得多。但是，朋友！倘若你只是觉得是这样，那还情有可原，倘若你认为根本就是如此，那你便是上了你的十个小宝贝的当的缘故。上面的说明是为了你弄惯了的十进法，对于十二进法，还是初次相逢，所以不得不兜圈子。其实你若从小就只懂得十二进法，你所记的自然是"依依"乘法表——见前——而不是九九乘法表。你算起来"梯"除七什二，自然会商八，八乘"梯"自然只得六什八，你不相信吗？就请你看十二进法的"依依"乘法表。

	1	2	3	4	5	6	7	8	9	*t*	*e*
1	1	2	3	4	5	6	7	8	9	*t*	*e*
2	2	4	6	8	*t*	10	12	14	16	18	1*t*
3	3	6	9	10	13	16	19	20	23	26	29
4	4	8	10	14	18	20	24	28	30	34	38
5	5	*t*	13	18	21	26	2*e*	34	39	42	47
6	6	10	16	20	26	30	36	40	46	50	56
7	7	12	19	24	2*e*	36	41	48	53	5*t*	65
8	8	14	20	28	34	40	48	54	60	68	74
9	9	16	23	30	39	46	53	60	69	76	83
t	*t*	18	26	34	42	50	5*t*	68	76	84	92
e	*e*	1*t*	29	38	47	56	65	74	83	92	*t*1

看这个表的时候，应当注意 1、2、3、…、9 和九九乘法表一样的，而 10、20、30……却是一什（12）、二什（24）、三什（36）。

倘若和九九乘法表对照着看，你可以发现表中的许多关系全是一样的。举两个例说：第一，从左上到右下这条对角线上的数是平方数；第二，最后一排第一位次第少 1。在九九乘法表中 9、8、7、6、5、4、3、2、1 第二位次第多 1。在九九乘法表是 0、1、2、3、4、5、6、7、8，还有每个数两位的和全是比进位的底数少 1，在"依依"表是"依"，在九九表是"九"。

在数学的世界中除了这些不同，还有什么差异没有？

要搜寻起来自然是有的。

第一，四则问题中的数字计算问题。

第二，整数的性质中的倍数的性质。

这两种的基础原是建立在记数的进位法上面，当然有些面目不同，但也不过面目不同而已。且举几个例在下面，来结束这一篇。

（1）四则中数字计算问题：例如"有二位数，个位数字同十位数字的和是六，若从这数中减十八，所得的数恰是把原数的个位数字同十位数字对调成的，求原数"。

解这一种题目的基本原理有两个：

（a）两位数和它的两数字对调后所成的数的和，等于它的两数字和的"11"倍。如 83 加 38 得 121，便是它的两数字 8 同 3 的和 11 的"11"倍。

（b）两位数和它的两数字对调后所成的数的差，等于它的两数字差的"9"倍。如 83 减去 38 得 45，便是它的两数字 8 同 3 的差 5 的"9"倍。

运用这第二个原理到上面所举的例题中，因为从原数中减十八所得的数恰是把原数的个位数字同十位数字对调成的，可知原数和两数字对调后所成的数的差为 18，而原数的两数字的差为 18÷9=2。题上又说原数的两数字的和为 6，应用和差算的法则便得：

（6+2）÷2=4——十位数字，（6−2）÷2=2——个位数字，而原数为 42。

解这类题目的两个基本原理，是怎样来的呢？现在我们来考察一下。

（a）83=8×10+3，38=3×10+8

∴ 83+38=（8×10+3）+（3×10+8）

$$=8×10+8+3×10+3$$

$$=8×（10+1）+3×（10+1）$$

$$=8×11+3×11$$

$$=（8+3）×11$$

这式子最后的一段中，（8+3）正是 83 的两数字的和，用 11 去乘它，便得出"11"倍来，但这 11 是从 10 加 1 来的，10 是十进记数法的底数。

（b）83−38=（8×10+3）−（3×10+8）

$$=8×10-8-3×10+3$$

$$=8 \times（10-1）-3 \times（10-1）$$

$$=8 \times 9-3 \times 9$$

$$=（8-3）\times 9$$

这式子最后的一段中，（8-3）正是 83 的两数字的差，用 9 去乘它，便得出"9"倍来。但这 9 是从 10 减去 1 来的，10 是十进记数法的底数。

将上面的证明法，推到一般去，设记数法的底数为 r，十位数字为 a_1，个位数字为 a_2，则这两位数为 $a_1 r+a_2$，而它的两位数字对调后所成的数为 $a_2 r+a_1$。所以

$$（a）（a_1 r+a_2）+（a_2 r+a_1）=a_1 r+a_1+a_2 r+a_2$$

$$=a_1（r+1）+a_2（r+1）$$

$$=（a_1+a_2）（r+1）$$

$$（b）（a_1 r+a_2）-（a_2 r+a_1）=a_1 r+a_2-a_2 r-a_1$$

$$=a_1 r-a_1-a_2 r+a_2$$

$$=a_1（r-1）-a_2（r-1）$$

$$=（a_1-a_2）（r-1）$$

第一原理（a）应当这样说：

两位数和它的两数字对调后所成的数的和，等于它的两数字和的（$r+1$）倍。r 是记数法的底数，在十进法为 10，故（$r+1$）为"11"；在十二进法为 12，故（$r+1$）为 13（照十进法说的），在十二进位法中便也是 11（一什一）。

第二原理（b）应当这样说：

两位数和它的两数字对调后所成的数的差等于它的两数字差的（$r-1$）倍，在十进法为"9"，在十二进法为"e"。

由这样看来，前面所举的例题，在十二进法中是不能成立的，因为在十二进法中，42 减去 24 所剩的是 1t，而不是 18，若照原题的形式改成十二进法，

那应当是：

"有二位数……若从这数中减什梯（1*t*）……"

它的计算法就完全一样，不过得出来的 42 是十二进法的四什二，而不是十进法的四十二。

（2）关于整数的倍数的性质，且就十进法和十二进法两种对照着举几条如下：

（a）十进法——5 的倍数末位是 5 或 0。

十二进法——6 的倍数末位是 6 或 0。

（b）十进法——9 的倍数各数字的和是 9 的倍数。

十二进法——*e* 的倍数各数字的和是 *e* 的倍数。

（c）十进法——11 的倍数，各奇数位数字的和，同着各偶数位数字的和，这两者的差为 11 的倍数或零。

十二进法——形式和十进法的相同，只是就十二进法说的一什一，在十进法是一十三。

右面所举的三项中，（a）是看了九九表和"依依"表就可明白的。（b）（c）的证法在十进法和十二进法一样，我们还可以给它们一个一般的证法，试以（b）为例，（c）就可依样画葫芦了。

设记数法的底数为 *r*，各位数字为 a_0，a_1，a_2，…，a_{n-1}，a_n。各数字的和为 *S*，则：

$$N=a_0+a_1r+a_2r^2+\cdots+a_{n-1}r^{n-1}+a_nr^n$$

$$S=a_0+a_1+a_2+\cdots+a_{n-1}+a_n$$

$$N-S=a_1(r-1)+a_2(r^2-1)+\cdots+a_{n-1}(r^{n-1}-1)+a_n(r^n-1)$$

因为（r^n-1）无论 *n* 是什么正整数都可以用（*r*-1）除尽，所以若用（*r*-1）除上式的两边，则右边所得的便是整数，设它是 *I*，因而得：

$$\frac{N-S}{r-1} = I$$

$$\frac{N}{r-1} - \frac{S}{r-1} = I$$

$$\therefore \frac{N}{r-1} = I + \frac{S}{r-1}$$

所以若 N 是（r–1）的倍数，S 也应当是（r–1）的倍数，不然这个式子所表示的便成为一个整数，等于一个整数和一个分数的和了，这是不合理的。

这是一般的证明，若把它特殊化，在十进法中（r–1）就是 9，在十二进法中（r–1）便是 e，由此便得（b）。

由这个证明，我们可以知道，在十进法中，3 的倍数各数字的和是 3 的倍数。而在十二进法中，这却不一定，因为在十进法中 9 是 3 的倍数，而在十二进法中 e 却不是 3 的倍数。

从这些例子看起来，假如我们有十二根手指，我们的记数法采用十二进法，与用十进法记数比较起来，无论在数的世界或在数学的世界所起的变化是有限的，而且假如我们能不依赖手指表数的话，用十二进法记数还便利些。但是我们的文明，本是手的文明，又怎么能跳出这十根小宝贝的支配呢？

刘薰宇　著

刘薰宇给孩子的
55堂数学课

数学的园地

北京联合出版公司
Beijing United Publishing Co.,Ltd.

图书在版编目（CIP）数据

数学的园地 / 刘薰宇著. -- 北京：北京联合出版
公司，2020.8
（刘薰宇给孩子的55堂数学课）
ISBN 978-7-5596-4283-7

Ⅰ.①数… Ⅱ.①刘… Ⅲ.①数学—青少年读物
Ⅳ.①O1-49

中国版本图书馆CIP数据核字(2020)第093682号

数学的园地

作　　者：刘薰宇
出 品 人：赵红仕
责任编辑：高霁月
封面设计：小徐书装

北京联合出版公司出版
（北京市西城区德外大街83号楼9层　100088）
北京联合天畅文化传播公司发行
北京美图印务有限公司印刷　新华书店经销
总字数330千字　710毫米×1000毫米　1/16　34.25总印张
2020年8月第1版　2020年8月第1次印刷
ISBN 978-7-5596-4283-7
定价：98.00元（全三册）

目 录

一

开场话

　　我在中学三年级学物理的时候，曾经碰过一次物理教员的钉子，现在只要一想到，额上好像都还有余痛。详细的情形已不大记得清楚了，大概是这样的：为了一个什么公式，我不知道它的来源，便很愚笨地向那位教员追问。起初他很和善，虽然已有点儿不大高兴，他说："你记住好了，怎样来的，说来你这时也不会懂。"在我那时呆板而幼稚的心里，无论如何不承认"真有说来不会懂"这么一回事，仍旧不知趣地这样请求："先生，说说看吧！"他真懊恼了，这一点我记得非常清楚。他的脸，发一阵红又发一阵青，他气愤愤地，呼吸很急促，手也颤抖了，从桌子上拿起一支粉笔使劲儿地在黑板上写了这样几个字 $\frac{dy}{dx}$（后来我知道这只是记号，不好单看成几个字），眼睛瞪着我，几乎想要将我吞到他的肚子里才甘心似的："这你懂吗？"我吓得不敢出声，心里暗想"真是不懂"。

　　从那一次起，我已经被吓得自己只好承认不懂，然而总也不大甘心，常常想从什么书上去找 $\frac{dy}{dx}$ 这几个奇怪的字看。可惜得很，一直过了三年才遇见它，才算"懂其所懂"地懂了一点。真的，第一次知道它的意义的时候，心里感到无限的喜悦！

不管怎样，马马虎虎，我总算懂了，然而我的年龄也大起来了，我已经踏进了被人追问的领域了！"代数、几何，学过了学些什么呢？""微积分是怎样的东西呢？"这类问题，常常被比我年纪小的朋友们问到，我总记起我碰钉子时的苦闷，不忍心让他们也在我的面前碰，常常想些似是而非的解说，使他们不全然失望。不过，总觉得这也于心不安，我相信一定可以简单地说明它们的大意，只是我不曾仔细地思索过。最近偶然在书店里看见一本《两小时的数学》（*Deux Heures de Mathématique*），书名很奇特，便买了下来。翻读一会儿，觉得它能够替我来解答前面的问题，因此就依据它，写成这篇东西，算是了却一桩心愿。我常常这样想，数学和辣椒有些相似，没有吃过的人，初次吃到，免不了要叫、要哭，但真吃惯了，不吃却无法生活下去。不只这样，就是吃到满头大汗，两眼泪流，身体上固然忍受着很大的痛苦，精神上却愈加舒畅。话虽如此，这里却不是真要把这恶辣的东西硬叫许多人流一通大汗，实在没有吃辣椒那么辣。

有一点却得先声明，数学的阶段是很紧严的，只好一步一步地走上去。要跳，那简直是妄想，结果只有跌下来。因此，这里虽然竭力避去繁重的说明，但也是对于曾经学过初等算术、代数、几何，而没有全部忘掉的人说的。因此先来简单地说几句关于算术、代数、几何的话。

算　术

无论哪一个人要走进数学的园地里去游览一番，一进门碰到的就是算术。这是因为它比较容易，也比较简单，所以易于亲近的缘故。话虽这样讲，真在数学的园地里游个尽兴，到后来你碰到的却又是它了。"整数的理论"就是数学中最难的部分。

你在算术中，经过了加、减、乘、除四道正门，可以看到一座大厅，门上横着一块大大的匾，写的是"整数的性质"五个大字。已经走进这大厅，而且很快地就走了出来，由那里转到分数的庭院去，你当然很高兴。但是我问你：你在那大厅里究竟得到了什么呢？里面最重要的不是质数吗？2，3，5，7，11，13……你都知道它们是质数了吧？然而，这就够了吗？随便给你一个数，比如103，你能够用比它小的质数一个一个地去除它，除到最后，得数比除数小而且除不尽，你就决定它是质数。这个法子是非常靠得住的，一点儿不会欺骗你。然而它只是一个小聪明的玩意儿，真要把它正正经经地来用，那就叫你不得不摇头了。倘若我给你的不是103，而是一个有103位的整数，你还能呆板地照老法子去决定它是不是质数吗？人寿几何，一个不凑巧，恐怕你还没有试到一半，已经天昏地暗了。那么，有没有别的法子可以决定一个数是不是质数呢？对不起，真想知道答案，多请一些人到这座大厅里去转转。

在"整数的理论"中，问题很多，得到了其他一部分数学的帮助，也解决过一些，所以算术也是在它的领域内常常增加新的建筑和点缀的，不过不及其他部分来得快罢了。

代　数

走到代数的殿上，你学会了解一次方程式和二次方程式，这自然是值得高兴的事情。算术碰见了要弄得焦头烂额的四则问题，只要用一两个罗马字母去代替那所求的数，根据题目已说明白的条件，创建一个方程式，就可以死板地照法则求出答数来，真是又轻巧又明白！代数比算术有趣得多、容易得多！但是，这也只是在那殿里随便玩玩就走了出来的说法，若流连在里面，又将看出许多困难了。一次、二次方程式总算会解了，一般的方程式如何解呢？

几 何

几何的这座院子，里面本来是陈列着一些直线和曲线的图形的，所以，你最开始走进去的时候，立刻会感到特别有趣味，好像它在数学的园地里，俨然别有天地。自从笛卡儿（Descartes）发现了几何和代数的院落的通道，这座院子也就不是孤零零的了，它的内部变得更加充实、富丽。莱布尼茨（Leibnitz）用解析的方法也促进了它的滋长、繁荣。的确，用二元一次方程式，$y=mx+c$ 表示直线，用二元二次方程式 $x^2+y^2=c^2$ 和 $\dfrac{x^2}{a^2}+\dfrac{y^2}{b^2}=1$ 相应地表示圆和椭圆，实在便利不少。这条路一经发现，来往行人都可通过，并不是只许进不许出，所以解析数学和几何就手挽手地互相扶助着向前发展。

还有，这条路发现以后，也不是因为它比较便利，几何的院子单独的出路上便悬上一块"路不通行，游人止步"的牌。它独自向前发展，也一样没有停息。即如里曼（Riemann）就是走老路。题着"位置分析"（Analysis Situs），又题着"形学"（Topobogie）的那间亭子，也就是后来新造的。你要想在里面看见空间的性质以及几何的连续的、纯粹的性相，只需用到那"量度"的抽象观念就够了。

总集论（Théorie des Ensembles）

在物理学的园地里面，有着爱因斯坦（Einstein）的相对论原理的新建筑，它所陈列的，是通过灵巧、聪慧的心思和敏锐的洞察力所发明的新定理。像这种性质的宝物，在数学的园地中，也可以找得到吗？在数学的园地里，走来走去，能够见到的都只是一些老花样、旧古董，和游赏一所倾颓的古刹一样吗？

不，绝不！那些古老参天的树干，那些质朴的、从几千百年前遗留下来的亭台楼阁，在这园地里，固然是占重要的地位，极容易映入游人眼帘。倘使你看到了这些还不满足，你慢慢地走进去就可以看到古树林中还有鲜艳的花草，亭楼里面更有新奇的装饰。这些增加了这园地的美感，充实了这园地的生命。由它们就可以知道，数学的园地从开辟到现在，没有一天停止过垦殖。在其他各种园地里，可以看见灿烂耀目的新点缀，但常常也可以见到那旧建筑倾倒以后残留的破砖烂瓦。在数学的园地里，却只有欣欣向荣的盛观。这残败的、使人感到凄凉的遗迹，却非常稀少。它里面的一切建筑装饰，都有着很牢固的根底呀！

在数学的园地里，有一种使人感到不可思议的宝物叫作"无限"（L' infini mathématique）。它常常都是一样的吗？它里面究竟包含着些什么，我们能够说明吗？它的意义必须确定吗？

游到了数学的园地中的一个新的院落，墙门上写着"总集论"三个字的，那里面就可以找到这些问题的答案了。这里面是极有趣味的，用一面大的反射镜，可以叫你看到这整个园地和幽邃的哲学的花园的关联以及它俩的通道。三十年来，康托尔（Contor）将超限数（Des nombres transfinis）的意义导出，和那物理的园地中惊奇的新建筑同样重要而且令人惊异！在本文的最后，就要说到它。

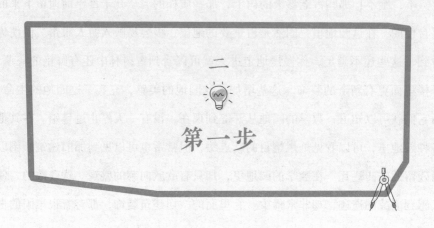

二

第一步

　　我们来开始讲正文吧，先从一个极平常的例说起。

　　假如，我和你两个人同乘一列火车去旅行，在车里非常寂寞，不凑巧我们既不是诗人，不能从那些经过车窗往后飞奔的田野树木汲取什么"烟士披里纯[①]"；我们又不是画家，能够在刹那间感受到自然界色相的美。我们只有枯坐了会觉得那车子走得很慢，真到不耐烦的时候，也许竟会感到比我们自己步行还慢。但这全是主观的，就是同样地以为它走得太慢，我们所感到的慢的程度也不一定相等。我们只管诅咒车子跑得不快，车子一定不肯甘休，要我们拿出证据来，这一下子有事做了，我们两个人就来测量它的速度。

　　你立在车窗前数那铁路旁边的电线杆——假定它们每两根的距离是相等的，而且我们已经知道了时间——我看着我的表。当你看见第一根电线杆的时

---

①　出自徐志摩的诗《草上的露珠儿》，英语"inspiration"的音译，是灵感的意思。——编者注

006

候，你立刻叫出"1"来，我就注意我表上的秒针在什么地方。你数到一个数目要停止的时候，又将那数叫出，我再看我表上的秒针指什么地方。这样屈指一算，就可以得出这火车的速度。假如得出来的是每分钟走 1 公里，那么 60 分钟，就是 1 小时，这火车要走 60 公里，火车的速度就是每小时 60 公里。无论怎样，我们都不好说它太慢了。同样地，若是我们知道：一个人 12 秒钟可以跑 100 米，一匹马 30 分钟能跑 15 公里，我们也可以将这个人每秒钟的或这匹马每小时的速度算出来。

这你觉得很容易，是不是？但你真要做得对，就是说，真要得出那火车或人的精确的速度来，实际却很难。比如你另换一个方法，先只注意火车或人从地上的某一点跑到某一点要多长时间，然后用卷尺去量那两点的距离，再计算他们的速度，就多半不会恰好。火车每小时走 60 公里，人每 12 秒钟可跑 100 米。也许火车走 60 公里只要 $59\frac{3}{10}$ 分，人跑 100 米不过 $11\frac{3}{5}$ 秒。你只要有足够的耐心，你尽可以去测几十次或一百次，你一定可以看出来，没有几次的得数是全然相同的。所以速度的测法，说起来简便，做起来那就不容易了。你测了一百次，说不一定没有一次是对的。但这一点关系也没有，即使一百次中有一次是对的，你也没有法子知道究竟是哪一次。归根结底，我们不得不稳妥地说，只能测到"相近"的数。

说到"相近"，也有程度的不同，用的器械——时表、尺子越精良，"相近"的程度就越高，反过来误差就越大。用极精密的电子表测量时间，误差可以小于百分之一秒。我们可以想象，假如将它弄得更精密些，可以使误差小于千分之一秒，或者还要小些。但无论怎样小，要使这误差没有，却很难做到了！

同样地，我们对于一切运动的测量，也只能得相近的数。第一，自然是因为要测运动，总得测那种运动所经过的距离和花费的时间，而这距离和时间的测量就只能得到相近的数。还不只这样，运动本身也是变动的。

假定一列火车由一个速度变到另一个较大的速度，就是变得更快一些，它绝不能突然就由前一个跳到第二个。那么，在这两个速度当中，有多少不同的中间速度呢？这个数目，老实说，是无限的呀！而我们的测量方法，却只容许我们计算出一个有限的数来。我们计算的时候，时间的单位取得越小，所得的结果自然越和真实的速度相近。但无论用一秒钟做单位或十分之一秒钟做单位，在相邻的两秒钟或两个十分之一秒钟中，常常总是有无限的中间速度。

能够确切认知的速度原是抽象的！

这个抽象的速度只存在于我们的想象中。

这个抽象的速度，我们能够理会，却不能从经验中得到。在一些我们能测量得到的速度中，可以有无限的中间速度存在。既然我们已经知道所测得的速度不精确，为什么又要用它？这不是在欺骗自己吗？

为了安抚我们低落的情绪及填补这个缺陷，需要一个理论上的精确的数目和一个容许计算到无限制的相近数的理论。顺应这个需要，人们就发现了微积分。

哈哈！微积分的发现是一件很有趣味的事。英国的牛顿（Newton）和德国的莱布尼茨差不多在同一时间发现了微积分，弄得英国人认为微积分是他们的恩赐，德国人也认为这是他们的礼物，各人自负着。其实呢，牛顿是从运动上研究出来的，而莱布尼茨却是从几何上出发，不过殊途同归罢了。这个原理的发现，真是功德无量，现在数学园地中的大部分建筑都用它当台柱，物理园地的飞黄腾达也全倚仗它。这个发现已有两百年了，它对于我们的科学思想着实有巨大的影响。就是说，假使微积分的原理还没有发现，现在所谓的文明，一定不是这样辉煌，这绝不是夸张的话！

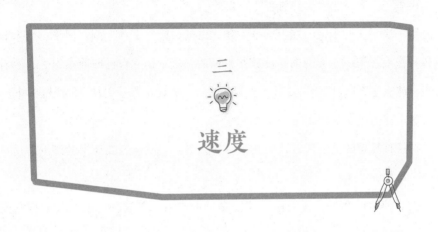

三

速度

朋友，你留神过吗？当你舒舒服服地坐着，因为有什么事要走开的时候，你站起来后走的前几步一定比较慢，然后才渐渐地加快。将要到达你的目的地时，你又会慢起来的。自然这是一般的情形，赛跑就是例外。那些运动家在赛跑的时候，因为被奖品冲昏了头脑，就是已到了终点，还是玩命地跑。不过这时的终点，只是对"奖品到手"的一声叫喊。他们真要停住，总得慢跑几步，不然就得要人来搀扶，不然就只好跌倒在地上。这种行动的原则，简直是自然界的法则，不只是你我知道，你去看狗跑、看鸟飞、看鱼游。

还是说火车吧！一列火车初离站台的时候，行驶得多么平稳，多么缓慢，后来它的速度却渐渐快了起来，在长而直的轨道上奔驰。快要到站的时候，它的速度又渐渐减小了，后来才停止在站台边。记好这个速度变化的情况，假使经过两个半小时，火车一共走了125公里。要问这火车的速度是什么？你怎样回答呢？

我们看见了每一瞬间都在变化的速度，那在某路线上的一列车的速度，我们能说出来吗？能全凭旅行人的迟钝的测量回答吗？

再举一个例，然后来讲明速度的意义。

用一块平滑的木板，在上面挖一条光滑的长槽，槽边上刻好厘米、分米和米各种数目。把一个光滑的小球放在木槽的一端，让它自己向前滚出去，看着时表，注意这木球过 1 米、2 米、3 米的时间，假设正好是 1 秒、2 秒和 3 秒。

这木球的速度是什么呢？

在这种简单的情形中，这问题很容易回答：它的速度在 3 米的路上总是一样的，每秒钟 1 米。

在这种情形底下，我们说这速度是一个常数。而这种运动，我们称它是"等速运动"。

一个人骑自行车在一条直路上走，若是等速运动，那么他的速度就是常数。我们测得他 8 秒钟共走了 40 米，这样，他的速度便是每秒钟 5 米。

关于等速运动，如这里所举出的球的运动、自行车的运动，或其他相似的运动，要计算它们的速度，这比较容易。只要考察运动所经过的时间和通过的距离，用所得的时间去除所得的距离，就能够得出来。3 秒钟走 3 米，速度每秒钟 1 米；8 秒钟走 40 米，速度每秒钟 5 米。

再用我们的球来试速度不是常数的情形。

把球"掷"到槽上，也让它自己"就势"滚出去，我们可以看出，它越滚越慢，假设在 5 米的一端停止了，一共经过 10 秒钟。

这速度的变化是这样：前半段的速度比在半路的大，后半段的速度却渐渐减小，到了终点便等于零。

我们来推究一下，这样的速度，是不是和等速运动一样是一个常数？

我们说，它 10 秒钟走过 5 米，倘若它是等速运动，那么它的速度就是每秒

钟 $\frac{5}{10}$ 或 $\frac{1}{2}$ 米。但是，我们明明可以看出来，它不是等速运动，所以我们说每秒钟 $\frac{1}{2}$ 米是它的"平均速度"。

实际上，这球的速度先是比每秒钟 $\frac{1}{2}$ 米大，中间有一个时候和它相等，以后就比它小了。假如另外有个球，一直都用这个平均速度运动，它经过 10 秒钟，也是停止在 5 米的地方。

看过这种情形后，我们再来答复前面关于火车的速度的问题："假使经过两个半小时，火车一共走了 125 公里，这火车的速度是什么？"

因为这火车不是等速运动，我们只能算出它的平均速度来。它两个半小时一共走了 125 公里，我们说，它的平均速度在那条路上是每小时 $\dfrac{125}{\frac{5}{2}}$ 公里，就是每小时 50 公里。

我们来想象，当火车从车站开动的时候，同时有一辆汽车也开动，而且就是沿了那火车的轨道走，不过它的速度总不变，一直是每小时 50 公里。起初汽车在火车的前面，后来被火车追上来，到最后，它们却同时到达停车的站上。这就是说，它们都是两个半小时一共走了 125 公里，所以每小时 50 公里是汽车的真速度，也是火车的平均速度。

通常，若知道了一种运动的平均速度和它所经过的时间，我们就能够计算出它所通过的路程。那两个半小时一共走了 125 公里的火车，它有一个每小时50 公里的平均速度。倘若它夜间开始走，从我们的时表上看去，一共走了七个小时，我们就可计算出它大约走了 350 公里。

但是这个说法，实在太粗疏了！只是给了一个总集的测量，忽略了它沿路的运动情形。那么，还有什么方法可以更好地知道那火车的真速度呢？

倘若我们再有一次新的火车旅行，我们能够从铁路旁边立着的电线杆上看出公里的数目，又能够从时表上看到火车所行走的时间。每走 1 公里所要的时间，我们都记下来，一直记到 125 次，我们就可以得出 125 个平均速度。这些平均速度自然全不相同，我们可以说，现在对于那火车的运动的认识是很详细了。由那些渐渐加大，又渐渐减小的 125 个不同的速度，在这一段行程中，火车的速度的变化的观念，我们大体是有了。

但是，这就够了吗？火车在每一公里中间，它是不是等速运动呢？倘若，我们能够回答一个"是"字，那自然上面所得的结果就够了。可惜这个"是"字不好轻易就回答！我们既已知道火车全程不是等速运动，同时却又说，它在每一公里中是等速运动，这种运动的情形实在很难想象得出来。两个速度不相等的等速运动，是没法直接相连接的。所以我们不能不承认火车在每一公里内的速度也有不少的变化。这个变化，我们有没有方法去考查出来呢？

方法自然是有的，照前面的式样，比如说，将一公里分成一千段，假如我们又能够测出火车每走一小段的时间，那么我们就可得出它在一公里的行程中的一千个不同的平均速度。这很好，对于火车的速度的变化，我们所得到的观念更清晰了。倘若能够将测量弄得更精密些，再将每一小段又分成若干个小小段，得出它们的平均速度来。段数分得越多，我们得出来的不同的平均速度也就跟着多起来。我们对于那火车的速度的变化的观念，也更加明了。路程的段落越分越小，时间的间隔也就越来越近，所得的结果也就越弄越精密。然而，无论怎样，所得出来的总是平均速度。而且，我们还是不要太高兴了，这种分段求平均速度的方法，若只空口说白话，我们固然无妨乐观一点，可尽量地连续想下去。至于实际要动起手来，那就有个限度了。

若想求物体转动或落下的速度，即如行星运转的速度，我们必须取出些距离，（若那速度不是一个常数，就尽可能地取最小的）而注意它在各距离中经过的时间，因此得到一些平均速度。这一点必须注意，所得到的只是一些平均速度。

归根结底一句话，我们所有的科学实验，或日常经验，都由一种连续而有规律的形式给我们一个有变化的运动的观念。[1] 我们不能够明明白白地辨认出比较大的速度或比较小的速度当中任何速度的变化。虽是这样，我们可以想象在任意两个相邻的速度中间，总有无数个中间速度存在着。

为了测量速度，我们把空间分割成一些有规则的小部分，而在每一小部分中，注意它所经过的时间，求出相应的"平均速度"，这是上面已说过的方法。空间的段落越小，得出来的平均速度越接近，也就越接近真实速度。但无论怎样，总不能完全达到真实的境界，因为我们的这种想法总是不连续的，而运动却是一个连续的量。

这个方法只能应用到测量和计算上，它却不能讲明我们的直觉的论据。

我们用了计算"无限小"的方法所推证得的结果来调和这论据和实验的差别，这是非常困难的，但是这种困难在很久以前就很清楚了，即如大家都知道的芝诺和有名的芝诺悖论。所谓"飞矢不动"，便是一个好例。既说那矢是飞的，怎么又说它不动呢？这个话，中国也有《庄子》上面讲到公孙龙那班人的辩术，就引"镞矢之疾也，而有不行不止之时"这一条。不行不止，是怎样一回事呢？这比芝诺的话来得更玄妙了。从我们的理性去判断，这自然只是一种诡辩，但要找出芝诺的论证的错误，而将它推翻，却也不容易。芝诺利用这个矛盾的推论来否定运动的可能性，他却没有怀疑他的推论方法究竟有没有错误。这却给了我们一个机缘，让我们去找寻找新的推论方法，并且把一些新的概念弄得更精密。关于"飞矢不动"这个悖论可以这样说："飞矢是不动的。因为在它的行程上的每一刹那，它总占据着某一个固定的位置。所谓占据着一个固定的位置，那就是静止的了。但是一个一个的静止连接在一起，无论有多少个，它都只有一个静止的状态。所以说飞矢是不动的。"

在后面，关于这个从古至今打了不少笔墨官司的芝诺悖论的解释，我们还

---

[1] 除了冲击和突然静止，这些是让人难分析出它们的运动情形的。——原注

要重复说到。这里，只要注意这一点，芝诺的推论法，是把时间细细地分成了极小的间隔，使得他的反对派中的一些人推想到，这个悖论的奥妙就藏在运动的连续性里面。运动是连续的，我们从上例中早已明白了。但是，这个运动的连续性，芝诺在他无限地细分时间的间隔的当儿，却将它弄掉了。

连续性这东西，从前希腊人也知道。不过他们所说的连续性是直觉的，我们现在讲的却是由推论得来的连续性。对于解答"飞矢不动"这个悖论，显而易见，它是必要条件，但是单只有它并不充足。我们必须要精密地确定"极限"的意义，我们可以看出来，计算"无限小"的时候，就要使用到它的。

照前几段的说法，似乎我们对于从前的希腊哲人，如芝诺之流，有些失敬了。然而，我们可以看出来，他们的悖论虽然不合于真理，但他们已经认识到直觉和推理中的矛盾了！

怎样弥补这个缺憾呢？

找出一个实用的方法来，确保测量的精密性，使所得的结果更接近于真实，是不是就可以解决这样的问题呢？

这本来只是关于机械一方面的事，但以后我们就可以看出来，将来实际所得的结果即使可以超越现在的结果，根本的问题却还是解答不出来。无论研究方法多么完备，总是要和一串不连续的数连在一起，所以不能表示连续的变化。

真实的解答是要发明一种在理论上有可能性的计算方法，来表示一个连续的运动，能够在我们的理性上面，严密地讲明这连续性，和我们的精神所要求的一样。

四

函数和变数

　　科学上使用的名词，都有它死板的定义，说实话，真是太乏味了。什么叫函数，我们且先来举个不大合适的例。

　　我想，先把"数"字的意思放宽一些，不必太认真，在这里既不是要算狗肉账，倒也没有什么大碍。这么一来，我可以告诉你，现在的社会中，"女子就是男子的函数"。但你不要误会，以为我是在说女子应当是男子的奴隶。我想说的只是女子的地位是随着男子的地位变的。写到这里，忽然笔锋一转，记起一段笑话，一段戏文上的笑话。有一个穷书生，讨了一个有钱人家的女儿做老婆，因此，平日就以怕老婆出了名。后来，他的运道亨通了，进京朝考，居然一榜及第。他身上披起了蓝衫，许多人侍候着。回到家里，一心以为这回可以向他的老婆复仇了。哪知老婆见了他，仍然是神气活现的样子。他觉得这未免有些奇怪，便问："从前我穷，你向我摆架子，现在我做了官，为什么你还要摆架子呢？"

她的回答很妙："愧煞你是一个读书人，还做了官，'水涨船高'你都不知道吗？"

你懂得"水涨船高"吗？船的位置的高低，是随着水的涨落变的。用数学上的话来说，船的位置就是水的涨落的函数。说女子是男子的函数，也就是同样的理由。在家从父，出嫁从夫，夫死从子，这已经有点儿像函数的样子了。如果还嫌粗略些，我们不妨再精细一点儿说。女子一生下来，父亲是知识阶级，或官僚政客，她就是千金小姐；若父亲是挑粪、担水的，她就是丫头。这个地位一直到了她嫁人以后才会发生改变。这时，改变也很大，嫁的是大官僚，她便是夫人；嫁的是小官僚，她便是太太；嫁的是教书匠，她便是师母；嫁的是生意人，她便是老板娘；嫁的是 x，她就是 y，y 总是随着 x 变的。这种情形和"水涨船高"真是一样，所以我说，女子是男子的函数，y 是 x 的函数。

不过，这只是一个用来作比喻的例子，说是函数，终究有些勉强，真要明了函数的意思，我们还是来正正经经地讲别的例吧！

请你放一支燃着的蜡烛在隔你的嘴一米远的地方，倘若你向着那火焰吹一口气，这口气就会使那火焰歪开、闪动，说不定，因为你的那一口气很大，直接将它吹灭了。倘若你没有吹灭（就是吹灭了也不要紧，重新点着好了），请你将那支蜡烛放到隔你的嘴三米远的地方，你照样再向着那火焰吹一口气，它虽然也会歪开、闪动，却没有前一次厉害了。你不要怕麻烦，这是科学上的所谓实验的态度。你无妨向着蜡烛走近，又退远开来，吹那火焰，看它歪开和闪动的情形。不用费什么事，你就可以证实隔那火焰越远，它歪开得越少。我们就说，火焰歪开的程度是蜡烛和嘴的距离的"函数"。

我们还能够决定这个"函数"的性质，我们称这种函数是"降函数"。当蜡烛和嘴的距离渐渐"加大"的时候，火焰歪开的程度（函数）却逐渐"减小"。

现在，将蜡烛放在固定的位置，你也站好不要再走动，这样蜡烛和嘴的距离便是固定的了。你再来吹那火焰，随着你那一口气的强些或弱些，火焰歪开的程度也就大些或小些。这样看来，火焰歪开的程度，也是吹气的强度的函数。不过，这个函数又是另外一种，性质和前面的有点儿不同，我们称它是"升函数"。当吹气的强度渐渐"加大"的时候，火焰歪开的程度（函数）也逐渐"加大"。

所以，一种现象可以不只是一种情景的函数，即火焰歪开的程度是吹气的强度的升函数，又是蜡烛和嘴的距离的降函数。在这里，有几点应当同时注意到：第一，火焰会歪开，是因为你在吹它；第二，歪开的程度有大小，是因为蜡烛和嘴的距离有远近，以及你吹的气有强弱。倘使你不去吹，它自然不会歪开。即使你去吹，蜡烛和嘴的距离，以及你吹的气的强弱，每次都是一样，那么，它歪开的程度也没有什么变化。所以函数是随着别的数而变的，别的数也得先会变才行。穷书生不会做官，他的老婆自然也就当不来太太。因为这样，这种自己变的数，我们称它为变量或变数。火焰歪开的程度，我们说它是倚靠着两个变数的一个函数。在日常生活中，我们也能找出这类函数来：你用一把锤子去敲钉子，那锤子施加到钉子上的力量，就是锤的重量和它敲下去的速度这两个变量的升函数；还有火炉喷出的热力，就是炉孔的面积的函数。因为炉孔加大，它就渐渐减弱。至于其他的例子，你只要肯留意，随处都可以碰见。

你会感到奇怪了吧？数学是一门多么精密、深奥的学科，从这种日常生活中的事件，凭借一点儿简单的推理，怎么就能够扯到函数的数学的概念上去呢？由我们的常识的解说又如何发现函数的意义呢？我们再来讲一个比较细密的例子。

我们用一个可以测定它的变量的函数来做例，就可以发现它的数学的意义。在锅里热着一锅水，放一支寒暑表在水里面，你注意去观察那寒暑表的水银柱。你守在锅子边，将看到那水银柱的高度一直是在变动的，经过的时间越长，它上升得越高。水银柱的高度，就是那水温的函数。这就是说，水银柱的高度是随着水量和水温而变化的。所以倘若测得了所供给的热量，又测得了水量，你就能够求出它们的函数——那水银柱的高来。

对于同量的水增加热量，或是同量的热减少水量，这时水银柱一定会上升得高些，这高度我们是有办法算出的。

由上面的例子看来，无论变数也好，函数也好，它们的值都是不断变动的。以后我们讲到的变数中，特别指出一个或几个来，叫它们是"独立变数"（或者，为了简便，就只叫它变数）。别的呢，就叫它们是"倚变数"，或是这些变数的函数。

对于变数的每一个数值，它的函数都有一个相应的数值。若是我们知道了变数的数值，就可以决定它的函数的相应的数值时，我们就称这个函数为"已知函数"。即如前面的例子，倘若我们知道了物理学上供给热量对水所起的变化的法则，那么，水银柱的高度就是一个已知函数。

我们再来举一个非常简单的例子，还是回到等速运动上去。有一个小孩子，每分钟可以爬五米远，他所爬的距离就是所爬时间的函数。假如他爬的时间用 t 来表示，那么他爬的距离便是 t 的函数。在初等代数上，你已经知道这个距离和时间的关系，可以用下面的式子来表示：

$$d=5t$$

若是仿照函数的表示法写出来，因为 d 是 t 的函数，所以又可以用 $F(t)$ 来代表 d，那就写成：

$$F(t)=5t$$

从这个式子中，我们若是知道了 t 的数值，它的函数 $F(t)$ 的相应的数值也就可以求出来了。比如，这个在地上爬的小孩子就是你的小弟弟，他是从你家大门口一直爬出去的，恰好你家对面三十多米的地方有一条小河。你坐在家里，一个朋友从外面跑来说是看见你的弟弟正在向小河的方向爬去。他从看见你的弟弟到和你说话正好三分钟。那么，你一点儿不用慌张，你的小弟弟一定还不会掉到河里。因为你既知道了 t 的数值是 3，那么 $F(t)$ 相应的数值便是 $5 \times 3 = 15$ 米，距那隔你家三十多米远的河还远着呢！

以下要讲到的函数，我们在这里来说明而且规定它的一个重要性质，就叫作函数的"连续性"。

在上面所举的函数的例子中，那函数都受着变数的连续的变化的支配，跟着从一个数值变到另一个数值，也是"连续的"。在两头的数值当中，它经过了那里面的所有中间数值。比如，水的温度连续地升高，水银柱的高也连续地从最初的高度，经过所有中间的高度，达到最后一步。

你试取两桶温度相差不多的水，例如，甲桶的水温是 30℃，乙桶的是 32℃，各放一支寒暑表在里面，水银柱的高前者是 15 厘米，后者是 16 厘米。这是很容易看出来的，对于 2℃ 温度的差（这是变数），相应的水银柱的高（函数）的差是 1 厘米。设若你将乙桶的水凉到 31.6℃，那么，这只寒暑表的水银柱的高是 15.8 厘米，而水银柱的高的差就变成 0.8 厘米了。

这件事情是很明白的：乙桶水从 32℃ 降到 31.6℃，中间所有的温度的差，相应的两支寒暑表的水银柱的高的差，是在 1 厘米和 0.8 厘米之间。

这话也可以反过来说，我们能够得到两支寒暑表的水银柱的高的差（也是随我们要怎样小都可以，比如是 0.4 厘米）相应到某个固定温度的差（比如 0.8℃）。但是，如果无论我们怎样弄，永远不能使那两桶水的温差小于 0.8℃，那么两支寒暑表的水银柱的高的差也就永远不会小于 0.4 厘米了。

最后，若是两桶水的温度相等，那么水银柱的高也一样。假设这温度是 31℃，相应的水银柱的高便是 15.5 厘米。我们必须要把甲桶水加热到 31℃，而把乙桶水凉到 31℃，这时两支寒暑表的水银柱一个是上升，一个却是下降，结果都到了 15.5 厘米的高度。

推到一般的情形去，我们考察一个"连续"函数的时候，我们就可以证实下面的性质：当变数接近一个定值的时候，或者说得更好一点，"伸张"到一个定值的时候，那函数也"伸张"，经过一些中间值，"达到"一个相应的值，而且总是达到这个相同的值。不但这样，它要达到这个值，那变数也就必须达到它的相应的值。还有，当变数保持着一定的值时，函数也保持着那相应的一定的值。

这个说法，就是"连续函数"的精密的数学定义。由物理学的研究，我们证明了这个定义对于物理的函数是正相符合的。尤其是运动，它表明了连续函数的性质：运动所经过的空间，它是一个时间的函数，只有冲击和反击的现象是例外。再说回去，我们由实测不能得到的运动的连续，我们的直觉却有力量使我们感受到它。多么光荣呀，我们的直觉能结出这般丰盛的果实！

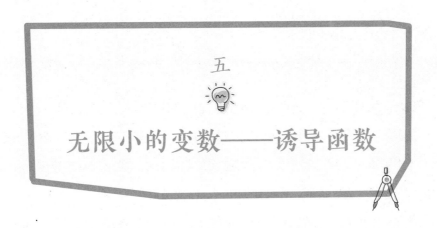

五

无限小的变数——诱导函数

现在还是来说关于运动的现象。有一条大路或是一条小槽，在那条路上有一个轮子正转动着，或是在这小槽里有一个小球正在滚动着。倘若我们想找出它们运动的法则，并且要计算出它们在进行中的速度，比前面的还要精密的方法，究竟有没有呢？

将就以前说过的例子，本来也可以再讨论下去，不过为着简便起见，我们无妨将那个例子的特殊情形归纳为一般的情况。用一条线表示路径，用一些点来表示在这路上运动的东西。这么一来，我们所要研究的问题，就变成一个点在一条线上的运动的法则和这个点在进行中的速度了。

索性更简单些，就用一条直线来表示路径：这条直线从 O 点起，无限地向着箭头所指示的方向延伸出去。

在这条直线上，依着同一方向，有一点 P 连续地运动，它运动的起点也就是 O。对于这个不停运动的 P 点，我们能够求出它在那直线上的位置吗？是的，只要我们知道在每个时间 t，这个运动着的 P 点间隔 O 点多远，那么，它的位置也就能确定了。

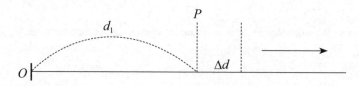

和之前的例子一样，连续运动在空间的径路是时间的一个连续函数。

先假定这个函数是已经知道了的，不过这并不能解决我们所要讨论的问题。我们还不知道在这运动当中，P 点的速度究竟是怎样，也不知道这速度有什么变化。经过我这么一提醒，你将要失望了，将要皱眉头了，是不是？

且慢，不用着急，我们请出一件法宝来，这些问题就迎刃而解了！这是一件什么法宝呢？以后你就知道了，先只说它的名字叫作"诱导函数法"。它真是一件法宝，它便是数学园地当中，挂有"微分法"这个匾额的那座亭台的基石。

"运动"本来不过是从时间和空间的关系的变化出来的。不是吗？你倘若老是把眼睛闭着，尽管你心里只是不耐烦，觉得时间真难熬，有度日如年之感，但是一只花蝴蝶在你的面前蹁跹地飞着，上下左右地回旋，你哪儿会知道它在这么有兴致地动呢？原来，你闭了眼睛，你面前的空间有怎样的变化，你真是茫然了。同样地，倘使尽管空间有变化，但你根本就没有时间感觉，你也没有办法理解"运动"是怎么一回事！

倘若对于测得的时间 t 的每一个数，或者说得更好一些，对于时间 t 的每一个数值，我们都能够计算出距离 d 的数值来，这就是某种情形当中的时间和空间的关系的变化已经被我们知晓了。那运动的法则，我们自然而然也就知道了！我们就说：

距离是时间的已知函数，简便一些，我们说 d 是 t 的已知函数，或者写成

$d=f(t)$。

对于你的小弟弟在大门外地上爬的例子，这公式就变成了 $d=5t$。另外随便举个例子，比如 $d=3t+5$，这时就有了两个不同的运动法则。假如时间用分钟计算，距离用米计算。在第一个式子中，若时间 t 是 10 分钟，那么距离 d 就得 50 米。但在第二个式子中，$d=3t+5$ 所表示的是运动的法则，10 分钟的结尾，那距离却是 $d=3 \times 10+5$，便是距出发点 35 米。

来说计算速度的话吧！先须得注意，和以前说过的一样，要能计算无限小的变动的速度，换句话说，就是要计算任何刹那的速度。

为了表示一个数值是很小的，小得与众不同，我们就在它的前面写一个希腊字母 Δ（delta），所以 Δt 就表示一个极小极小的时间间隔。在这个时间当中，一个运动的东西所经过的路程自然很短很短，我们就用 Δl 表示。

现在我问你，那 P 点在时间 Δt 的间隔中，它的平均速度是什么？你没有忘掉吧！运动的平均速度等于这运动所经过的时间去除它所经过的距离。所以这里，你可以这样回答我：

平均速度 $\bar{v}=\dfrac{\Delta d}{\Delta t}$

这个回答一点儿没错，虽然现在的时间间隔和空间距离都很小很小，但要求这个很小的时间当中，运动的平均速度，还是只有这么一个老法子。

平均速度！平均速度！这平均速度，一开始不是就和它纠缠不清吗？不是觉得对于真实的运动情形，无论怎样都表示不出来吗？那么，在这里我们为什么还要说到它呢？不过，因为时间和空间所取的数值都很小的缘故，所以这里所说的平均速度很有用。要得出真实的速度而非平均的，要那运动只是一刹那间的，而非延续在一个时间间隔当中，我们只需把 Δt 无限制减小下去就行了。

我们先记好了前面已经说过的连续函数的性质，因为在一刹那 t，运动的距离是 d，在和 t 非常相近的时间，我们用 $t+\Delta t$ 来表示，那么，相应地就有一个

距离 $d+\Delta d$ 和 d 也就非常相近。并且 Δt 越减小，Δd 也跟着越小。

这样一来，我们所测定的时间，当它的数目非常小，差不多和零相近的时候，会得出什么结果呢？换句话说，就是时间 t 近于 0 的时候，这个 $\dfrac{\Delta l}{\Delta t}$ 的比却变得很微小。因为前项 Δl 和后项 Δt 虽在变动，但它们的比却差不多一样。

对于平均速度 $\dfrac{\Delta d}{\Delta t}$，因为 Δt 同 Δd 无限减小，最终就会到达一个和定值 v 相差几乎是零的地步。关于这种情形，我们就说：

"当 Δt 和 Δd 近于 0 的时候，v 是 $\dfrac{\Delta d}{\Delta t}$ 的极限（limite）。"

$\dfrac{\Delta d}{\Delta t}$ 既是平均速度，它的极限 v 就是在时间的间隔和相应的空间，都近于零的时候，平均速度的极限。

结果，v 便是在一刹那 t 内动点的速度。将上面的话联合起来，可以写成：

$V = \lim\limits_{\Delta t \to 0} \dfrac{\Delta d}{\Delta t}$（$\Delta t \to 0$ 表示 Δt 近于 0 的意思）

找寻 $\dfrac{\Delta d}{\Delta t}$ 的极限值的计算方法，我们就叫它是诱导函数法。

极限值 v 也有一个不大顺口的名字，叫作"空间 d 对于时间 t 的诱导函数"。

有了这个名字，我们说起速度来就便当了。什么是速度？它就是"空间对于一瞬的时间的诱导函数"。

我们又可以回到芝诺的"飞矢不动"的悖论上去了。对于他的错误，在这里还能够加以说明。芝诺所用来解释他的悖论的方法，无论多么巧妙，横在我们眼前的事实，总是让我们不能相信飞矢是不动的。你总看过变戏法吧？你明知道，那些使你看了吃惊到目瞪口呆的玩意儿都是假的，但你总找不出它们的漏洞来。我们若没有充足的论据来攻破芝诺的推论，那么，对于他这巧妙的悖论，也只好抱着看戏法时所有的吃惊的心情了。

现在，我们再用一种工具来攻打芝诺的推论。

古代的人并不比我们笨，速度的意义他们也懂得的，只可惜他们还有不如我们的地方，那就是关于无限小的量的观念一点儿没有。他们以为"无限小"就是等于零，并没有什么特别。因为这个缘故，他们吃了不少亏，像芝诺那般了不起的人物，在他的推论法中，这个当上得更厉害。

不是吗？芝诺这样说，"在每一刹那，那矢是静止的"。我们无妨问问自己，他的话真的正确吗？在每一刹那那矢的位置是静止的，和一个静止的东西一样吗？

再举个例来说，假如有两支同样的矢，其中一支是用了比另一支快一倍的速度飞动。在它们正飞着的空隙，照芝诺想来，每一刹那它们都是静止的，而且无论飞得快的一支或是慢的一支，两支矢的"静止情形"也没有一点儿区别。

在芝诺的脑子里，快的一支和慢的一支的速度，无论在哪一刹那都等于零。

但是，我们已经看明白了，要想求出一个速度的精准值，必须要用到"无限小"的量，以及它们的相互关系。上面已经讲过，这种关系是可以有一个一定的极限的。而这个极限呢，又恰巧可以表示出我们所设想的一刹那时间的速度。

所以，在我们的脑海里，和芝诺就有点儿不同了！那两支矢在一刹那的时间，它们的速度并不等于零：每支都保持各自的速度，在同一刹那的时间，快的一支的速度总比慢的一支的速度大一倍。

把芝诺的思想，用我们的话来说，得出这样一个结论：他推证出来的好像是两个无限小的量，它们的关系必须等于零。对于无限小的时间，照他想来，那相应的距离总是零，这你会觉得有点儿可笑了，是不是？但这也不能全怪芝诺，在他活着的时候，什么极限呀、无限小呀，这些观念都还没有规定清楚呢。速度这东西，我们把它当作是距离和时间的一种关系，所以在我们看来，那飞矢总是动的。说得明白点儿，就是：在每一刹那，它总保持一个并不等于零的速度。

好了！关于芝诺的话，就此停止吧！我们来说点儿别的！

你学过初等数学，是不是？你还没有全忘掉吧！在这里，就来举一个计算诱导函数的例子怎么样？先选一个极简单的运动法则，好，就用你的弟弟在大门外爬的那一个例子：

$$d=5t \qquad\qquad (1)$$

无论在哪一刹那 t，最后他所爬的距离总是：

$$d_1=5t_1 \qquad\qquad (2)$$

我们就来计算你的弟弟在地上爬时，这一刹那的速度，就是找空间 d 对于时间 t 的诱导函数。设若有一个极小极小的时间间隔 Δt，就是说刚好接连着 t_1 的一刹那 $t_1+\Delta t$，在这时候，那运动着的点，经过了空间 Δd，它的距离就应当是：

$$d_1+\Delta d=5（t_1+\Delta t） \qquad\qquad (3)$$

这个小小的距离 Δd，我们要用来做成这个比 $\dfrac{\Delta d}{\Delta t}$ 的，所以我们可以先把它找出来。从（3）式的两边减去 d_1 便得：

$$\Delta d=5（t_1+\Delta t）-d_1 \qquad\qquad (4)$$

但是第（2）式告诉我们说 $d_1=5t_1$，将这个关系代进去，我们就可以得到：

$$\Delta d=5（t_1+\Delta t）-5t_1$$

在时间 Δt 当中的平均速度，前面说过是 $\dfrac{\Delta d}{\Delta t}$，我们要找出这个比等于什么，只需将 Δt 除前一个式子的两边就好了。

$$\therefore \frac{\Delta d}{\Delta t}=\frac{5(t_1+\Delta t)-5t_1}{\Delta t}=\frac{5t_1+5\Delta t-5t_1}{\Delta t}$$

化简便是：

$$\frac{\Delta d}{\Delta t}=\frac{5\Delta t}{\Delta t}=5$$

从这个例子看来（$\dfrac{\Delta d}{\Delta t}$），无论 Δt 怎样减小，总是一个常数。因此，即使我们将 Δt 的值尽量地减小，到了简直要等于零的地步，那速度 v 的值，在 t_1 这一刹那，也是等于 5，也就是诱导函数等于 5，所以：

$$V = \lim_{\Delta t \to 0} \frac{\Delta d}{\Delta t} = 5$$

这个式子表明无论在哪一刹那，速度都是一样的，都等于 5。速度既然保持着一个常数，那么这运动便是匀速的了。

不过，这个例子是非常简单的，所以要求出它的结果也非常容易。至于一般的例子，那就往往很麻烦，做起来并不像这般轻巧。

就现实的情形说，$d=5t$ 这个运动法则，明明指出运动所经过的路程（比如用米做单位）总是运动所经过的时间（比如用分钟做单位）的五倍。一分钟你的弟弟在地上爬五米，两分钟便爬了十米，所以，他的速度总是等于每分钟五米。

再另外举一个简单的运动法则来做例，不过它的计算却没有前一个例子简便。假如有一种运动，它的法则是：

$$e=t^2 \qquad\qquad （1）$$

依照这个法则，时间用秒做单位，空间用米做单位。那么，在 2 秒钟的结尾，它所经过的空间应当是 4 米；在 3 秒钟的结尾，应当是 9 米……照样推下去，米的数目总是秒数的平方。所以在 10 秒钟的结尾，所经过的空间便是 100 米。

还是用空间对于时间的诱导函数来计算这运动的速度吧！

为了找出诱导函数来，在时间 t 的任一刹那，设想这时间增加了很小一点 Δt。在这 Δt 很小的一刹那当中，运动所经过的距离 e 也加上很小的一点儿 Δe。从（1）式我们可以得出：

$$e+\Delta e= （t+\Delta t）^2 \qquad\qquad （2）$$

现在，我们就可以从这个式子中求出 Δe 和时间 t 的关系了。在（2）式里面，两边都减去 e，便得：

$$\Delta e= （t+\Delta t）^2-e$$

因为 $e=t^2$，将这个值代进去：

$$\Delta e=\left(t+\Delta t\right)^2-t^2 \qquad（3）$$

到了这里，我们将式子的右边简化。这，第一步就非将括号去掉不可。朋友！你也许忘掉了吧？我问你，$\left(t+\Delta t\right)$ 去掉括号应当等于什么？想不上来吗？我告诉你，它应当是：

$$t^2+2t\times\Delta t+\left(\Delta t\right)^2$$

所以（3）式又可以照下面的样子写：

$$\Delta e=t^2+2t\times\Delta t+\left(\Delta t\right)^2-t^2$$

式子的右边有两个 t^2，一个正一个负恰好消去，式子也更简单些：

$$\Delta e=2t\times\Delta t+\left(\Delta t\right)^2 \qquad（4）$$

接着就来找平均速度 $\dfrac{\Delta e}{\Delta t}$，应当将 Δt 去除（4）式的两边：

$$\frac{\Delta e}{\Delta t}=\frac{2t\times\Delta t}{\Delta t}+\frac{\left(\Delta t\right)^2}{\Delta t} \qquad（5）$$

现在再把式子右边的两项中分子和分母的公因数 Δt 抵消，只剩下：

$$\frac{\Delta e}{\Delta t}=2t+\Delta t \qquad（6）$$

倘若我们所取的 Δt 真是小得难以形容，简直几乎就和零一样，这就可以得出平均速度的极限：

$$\lim_{\Delta t\to 0}\frac{\Delta e}{\Delta t}=2t+0$$

于是，我们就知道在 t 刹那时，速度 v 和时间 t 的关系是：

$$v=2t$$

你把这个结果和前一个例子的结果比较一下，你总可以看出它们俩有些不一样吧！最明显的，就是前一个例子的 v 总是 5，和 t 没有一点儿关系。这里却没有那么简单，速度总是时间 t 的两倍。所以恰在第一秒的间隔，速度是 2 米，但恰在第二秒的一刹那，却是 4 米了。这样推下去，每一刹那的速度都不同，所以这种运动不是等速的。

诱导函数的几何表示法

"无限小"的计算法，真可以算是一件法宝，你在数学的园地中，走来走去，差不多都可以看见它。

在几何的院落里，更可以看出它有多么玲珑。老实说，几何的院落现在如此繁荣、美丽，受了它不少的恩赐。牛顿发现了它，莱布尼茨也发现了它。但是他们俩并没有打过招呼，所以他们走的路也不同。莱布尼茨是在几何的院落里玩得兴致很浓，想在那里面加上一些点缀，为了要解决一个极有趣味的问题时，才发现了"无限小"这法宝，而且最大限度发挥了它的作用。

在几何中，"切线"这个名词，你不知碰见过多少次了吧？所谓切线，照通常的说法，就是和一条曲线除了一点相挨着，再也不会有其他地方和它相碰的那样一条直线。莱布尼茨在几何的园地中，津津有味地要解决的问题就是：在任意一条曲线上的随便一点，要引一条切线的方法。有些曲线，比如圆或椭圆，在它们的上面随便一点，要引一条切线，学过几何的人都知道这个方法。但是对于别的曲线，依了样却不能将那葫芦画出来。究竟一般的方法是怎样的呢？在几何的院落里，曾有许多人想找到打开这道门的锁匙，但都被它逃走了！

和莱布尼茨同时游赏数学的园地，而且在里面加上一些建筑或装饰的人，曾经找到过一条适当而且开阔的路去探寻各种曲线的奥秘：笛卡儿就在代数和几何两座院落当中筑了一条通路，这便是挂着"解析几何"这块牌子的那些地方。

根据解析几何的方法，数学的关系可用几何的图形表示出来，而一条曲线也可以用等式的形式去记录它。这个方法真有点儿神奇，是不是？但是仔细追根究底，到了现在却非常简单，我们看着简直是非常平淡无奇了。然而，这条道路若不是像笛卡儿那样有才能的人是建筑不起来的！

要说明这个方法的用场，我们也先来举一个简单的例子。

你取一张白色的纸钉在桌面上，并且预备好一把尺子、一块三角板、一支铅笔和一块橡皮。你用你的铅笔在那纸上画一个小黑点，马上用橡皮将它擦去。你有什么方法能够将那个黑点的位置再找出来吗？你真将它擦到一点儿痕迹都不留，无论如何你再也没法将它找回来了。所以在一张纸上，要定一个点的位置，这个方法非常重要。

要定出一个点在纸上的位置的方法，实在不只一个，还是选一个容易明白的吧。你用三角板和铅笔，在纸上画一条水平线 OH 和一条垂直线 OV。假如 P 是那位置应当确定的点，你由 P 引两条直线，一条水平的和一条垂直的（下页图中的虚线），这两条直线和前面画的两条，比如说相交在 a 点和 b 点，你就用尺子去量 Oa 和 Ob。

设若量出来，Oa 等于 3 厘米，Ob 等于 4 厘米。

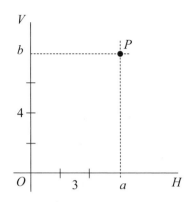

现在你把所画的 P 点和那两条虚线都用橡皮擦去，只留下用作标准的两条直线 OH 和 OV，这样你只需注意到 Oa 和 Ob 距离。P 点就可以很容易地再找出来。实际就是这样做法：从 O 点起在水平线 OH 上量出 3 厘米的一点 a，还是从 O 点起，在垂直线 OV 上量出 4 厘米的一点 b。跟着，从 a 画一条垂直线，又从 b 画一条水平线。你是已经知道的，这两条线会相碰，这相碰的一点，便是你所要找的 P 点。

这个方法是比较简便的，但并不是独一无二的方法。这里用到的是两个数，一个垂直距离和一个水平距离。但如果另外选两个适当的数，也可以把平面上一点的位置确定，不过别的方法都没有这个方法浅近易懂。

你在平面几何上曾经读过一条定理：不平行的两条直线若不是全相重合就只能有一个交点，你总还记得吧！就因这个缘故，我们用一条垂直线和一条水平线，所能决定的点只有一个。依照同样的方法，用距 O 点不同的垂直线和水平线便可决定许多位置不同的点。你不相信吗？那就用你的三角板和铅笔，胡乱画几条垂直线和水平线来看看。

请你再回忆起平面几何上的一条定理来，那就是通过两个定点一定能够画一条直线，而且也只能够画一条。所以，倘若你先在纸上画一条直线，只任意留下了两点，便将整条线擦去，你若要再找出原来的那条直线，只需用你的尺子和铅笔将所留的两点连起来就成了。你试试看，前后两条直线的位置有什么不同的地方没有？

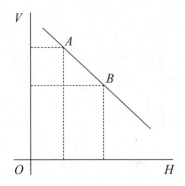

前面说的只是点的位置，现在，我们更进一步来研究任意一条曲线，或是 BC 弧，我们也能够将它表示出来吗？

为了方便起见，我和你先约束好：在水平线上从 O 起量出的距离用 x 表示，在垂直线上从 O 起量出的距离用 y 表示。这么一来，设若那条曲线上有一点 P，从 P 向 OH 和 OV 各画一条垂线，那么，无论 P 点在曲线上的什么地方，x 和 y 都各有一个相应于这 P 点的位置的值。在曲线 BC 上，设想有一点 P，从 P 向 OH 画一条垂线 Pa，设若它和 OH 交于 a 点；又从 P 向 OV 也画一条垂线 Pb，设若它和 OV 交于 b 点，Oa 和 Ob 便是 x 和 y 相应于 P 点的值。你试在 BC 上另外取一点 Q，依照这种方法做起来，就可以看出 x 和 y 的值不再是 Oa 和 Ob 了。

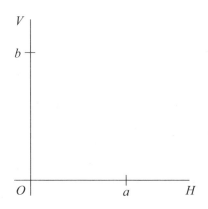

接连在曲线 BC 上面，取一串的点，比如说是 P_1、P_2、P_3……从各点向 OH 和 OV 都画垂线，这就得出相应于 P_1、P_2、P_3……这些点的位置的 x 和 y 的值，x_1、x_2、x_3……和 y_1、y_2、y_3……x 的一串值，x_1、x_2、x_3……各都和 y 的一串值 y_1、y_2、y_3……中的一个相应。这些是你从图上一眼就能看明白的。

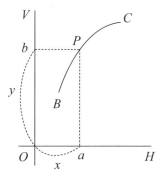

倘若已将 x 和 y 的各自的一串值都画出，曲线 BC 的位置大体也就决定了。所以，实际上，你若把 P_1、P_2、P_3……这一串点留着，而将曲线 BC 擦去，和前面画直线一样，你就有方法能再把它找出来。因为 x 的每一个值，都相应于 y 的一串值中的一个，所以要决定曲线上的一点，我们就在 OH 上从 O 起取一段等于 x 的值，又在 OV 上从 O 起取一段等于相应于它的 y 的值。那么，这一点，就和前面讲过的例子一样，完全可以决定。跟着，用同样的方法，将 x 的

一串值和 y 的一串值都画出来 P_1、P_2、P_3……这一串的点也就确定了，同样也可以将曲线 BC 画出来。

不过，这却要小心，前面我们说过，有了两点就可以画出一条直线。在平面几何学上你还学过一条定理，不在一条直线上的三点就可以画出一个圆周。但是一般的曲线，要有多少点才能把它画出来，那是谁也回答不上来的问题，不是吗？曲线是弯来弯去的，没有画出来的时候谁能完全明白它是怎样的弯法呢！所以，在实际的操作中，真要由许多点来画出一条曲线，必须要画出很多互相挨得很近的点，才可以大体画出那条曲线。并且这还需注意，无论怎样，倘若没有别的方法加以证明，你这样画出的曲线总只是一条相近的曲线。

话说回来，以前所讲过的数学的函数的定义，把它来和这里所说的表示 x 和 y 的一串值的方法对照一番，真是有趣极了！我们既说，每一个 x 的值，都相应于 y 的一串值中的一个。那好，我们不是也就可以干干脆脆地说 y 是 x 的函数吗？要是掉转枪口，我们就可以说 x 是 y 的函数。从这一点看起来，有些函数是可以用几何的方法表示的。

比如：y 是 x 的函数，用几何的方法来表示就是这样：有一条曲线 BC，设若 x 等于 Oa，我们实际上就可知道相应于它的 y 的值是 Ob。

所以从解析数学上看来，一个数学的函数是代表一条曲线的。但掉过头从几何上看来，一条曲线就表示一个数学的函数。两边简直是合则双美的玩意儿。

要反过来说，也是非常容易的。假如有一个数学的函数：

$$y=f(x)$$

我们可以给这函数一个几何的说明。

还是先画两条互相垂直的线段 OH 和 OV，在水平线 OH 上面，我们取出 x 的一串值，而在垂直线 OV 上面我们取出 y 的一串值。从各点都画 OH 或 OV 的垂线，从 x 和 y 的两两相应的值所画出的两垂线都有一个交点。这些点总集起

来就画出了一条曲线，这条曲线就表示出了我们的函数。

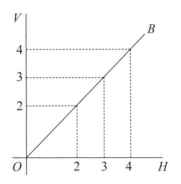

举一个非常简单的例吧！设若那已知的函数是：$y=x$，表示它的曲线是什么？

先随便选一个 x 的值，例如 $x=2$，那么相应于它的 y 的值也是 2，所以相应于这一对值的曲线上的一点，就是从 $x=2$ 和 $y=2$ 这两点画出的两条垂线的交点。同样，由 $x=3$、$x=4$⋯⋯我们就得出 $y=3$、$y=4$⋯⋯并且得出一串相应的点。连接这些点，就是我们要找的表示我们的函数的曲线。

我想，倘若你要挑剔的话，一定捉到了一个漏洞！不是吗？图上画出的明明是一条直线，为什么在前面我们却亲切地叫它是曲线呢？但是，朋友！一个人终归能力有限，写说明的时候，那图的影儿还不曾有一点，哪儿会知道它是一条直线呀！若是画出图来是一条直线，便返回去将说明改过，现在看来，好像我是"未卜先知"了，成什么话呢？

我们说是曲线的变成了直线，这只是特别的情形，说到特别，朋友！我告诉你，接下来要举的例子，真是特别得很，它不但是直线，而且和水平线 OH 以及垂直线 OV 所成的角还是相等的，恰好 45°，就好像你把一张正方形的纸对角折出来的那条折痕一般。

原来是要讲切线的，话却越说越远了，现在回到本题上面来吧。为了确定切线的意义，先设想一条曲线 C，在这曲线上取一点 P，接着过 P 点引一条割线 AB 和曲线 C 又在 P' 点相交。

请你将 P' 点慢慢地在曲线上向着 P 点这边移过来，你可以看出，当你移动 P' 点的时候，AB 的位置也跟着变了。它绕着固定的 P 点，依着箭头所指的方向慢慢地转动。到了 P' 点和 P 点碰在一起的时候，这条直线 AB 便不再割断曲线 C，只和它在 P 相交了。换句话说，就是在这个时候，直线 AB 变成了曲线 C 的切线。

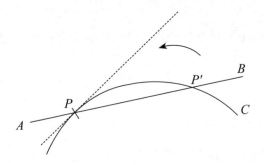

再用到我们的水平线 OH 和垂直线 OV。

设若曲线 C 表示一个函数。我们若是能够算出切线 AB 和水平线 OH 所夹的角，或是说 AB 对于 OH 的倾斜率，以及 P 点在曲线 C 上的位置。那么，过 P 点就可以将 AB 画出了。

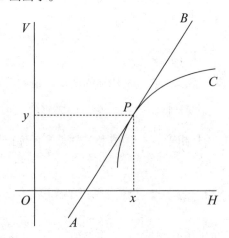

呵，了不起！这么一来，我们又碰到难题目了！

怎样可以算出 AB 对于 OH 的倾斜率呢？

朋友，不要慌！你去问造房子的木匠去！你去问他，怎样可以算出一座楼梯对于地面的倾斜率？

你一时找不着木匠去问吧！那么，我告诉你一个法子，你自己去做。

你拿一根长竹竿，到一堵矮墙前面去。比如那矮墙的高是 2 米，你将竹竿斜靠在墙上，竹竿落地的这一头恰好距墙脚 4 米。

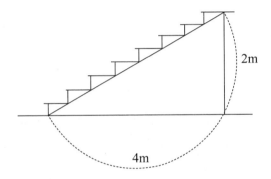

这回你已经知道竹竿靠着墙的一点离地的高和落地的一点距墙脚的距离，它们的比恰好是 $\frac{2}{4}=\frac{1}{2}$。

这个比值就决定了竹竿对于地面的倾斜率。

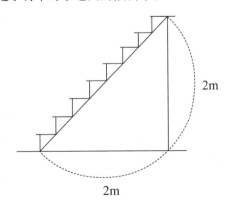

假如，你将竹竿靠到墙上的时候，落地的一头距墙脚 2 米，就是说恰好和靠着墙的一点离地的高相等。那么它们俩的比便是 $\frac{2}{2}=1$。

你应该已经看出来了，这一次竹竿对于地面的倾斜度比前一次陡。

假如我们要想得出一个 $\frac{1}{4}$ 的倾斜率，竹竿落地的一头应当距墙脚多远呢？

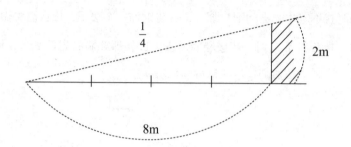

只要使这个距离等于那墙高的 4 倍就行了。倘若你将竹竿落地的一头放在距墙脚 8 米远的地方，那么，$\frac{2}{8}=\frac{1}{4}$ 恰好是我们所想求的倾斜率。

总括起来，简单地说，要想算出倾斜率，只需知道"高"和"远"的比。

快可以得出一个结论了，让我们先把所有要用来解答这个切线问题的材料集拢起来吧。第一，作一条水平线 OH 和一条垂直线 OV；第二，画出我们的曲线；第三，过定点 P 和另外一点 P' 画一条直线将曲线切断，就是说过 P 和 P' 画一条割线。

先不要忘了我们的曲线 C 是用下面一个已知函数表示的：

$$y=f(x)$$

设若相应于 P 点的值是 x 和 y，相应于 P' 点的值是 x' 和 y'。从 P 画一条水平线和从 P' 所画的垂直线相交于 B 点。我们先来决定割线 PP' 对于水平线 PB 的倾斜率。

这个倾斜率，和我们刚才说过的一样，是用"高" $P'B$ 和"远" PB 的比来表示的，所以我们得出下面的式子：

PP' 的倾斜率 $= \dfrac{P'B}{PB}$

到了这一步很清楚,我们所要解决的问题是:

"用来表示倾斜率的比,能不能由曲线函数的帮助来计算呢?"

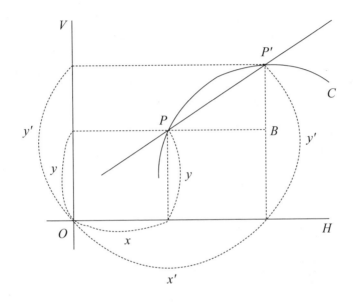

看着图来说话吧。由上图我们可以很容易地看出来,水平线 PB 等于 x' 和 x 的差,而"高度"$P'B$ 等于 y' 和 y 的差。将这相等的值代进前面的式子里面去,我们就得出:

割线的倾斜率 $= \dfrac{y' - y}{x' - x}$

跟着,来计算 P 点的切线的倾斜率,只要在曲线上使 P' 和 P 挨近就成了。

P' 挨近 P 的时候,y' 便挨近了 y,而 x' 也就挨近了 x。这个比 $\dfrac{y' - y}{x' - x}$ 跟着 P' 的移动渐渐发生了改变,P' 越近于 P,就越近于我们所要找到表示 P 点的切线的倾斜率的那个比。

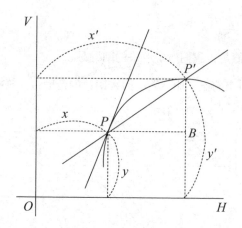

要解决的问题总算解决了。总结一下，解答的步骤是这样：

知道了一条曲线和表示它的一个函数，那曲线上的任一点的切线的倾斜度就可以计算出来。所以，通过曲线上的一点，引一条直线，若是它的倾斜率和我们已经算出来的一样，那么，这条直线就是我们所要找的切线了！

说起来啰里啰唆的，好像很麻烦，但实际上要去画它，并不困难。即如我们前面所举的例子，设若 y' 很近于 y，x' 也很近于 x，那么，这个比 $\frac{y'-y}{x'-x}$ 跟着便很近于 $\frac{1}{2}$ 了。因此在曲线上的 P 点，那切线的倾斜率也就很近于 $\frac{1}{2}$。我们这里所说的"很近"，就是使得相差的数无论小到什么程度都可以的意思。

我们动手来画吧！过 P 点引一条水平线 PB，使它的长为 2 厘米，在 B 这一头，再画一条垂直线 Ba，它的长是 1 厘米，最后把 Ba 的一头 a 和 P 连接起来作一条直线。这么一来，直线 Pa 在 P 点的倾斜率等于 Ba 和 PB 的比，恰好是 $\frac{1}{2}$，所以它就是我们所要求的在曲线上 P 点的切线。

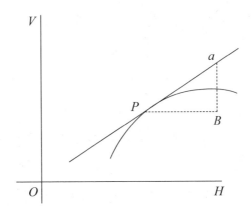

对于切线的问题。我们算是有了一个一般的解答了。但是，我问你，一直说到现在，我们所解决的都是一些特别的例子，能不能用到一般的已定曲线上去呢？

还不能呢！还得要用数学的方法，再进一步找出它的一般的原理才行。不过要达到这个目的，并不困难。我们再从我们所用的方法当中仔细探究一番，就可以得到一个称心如意的回答了。

我们所用的方法含有什么性质呢？

假如我们记清楚从前所说过的：什么连续函数咧，它的什么变化咧，这些变化的什么平均值咧……这一类的东西，将它们来比照一下，对于我们所用的方法，一定更加明了了。

一条曲线和一个函数，本可以看成是完全一样的东西，因为一个函数可以表示出它的性质，也可以用图形表示出来。所以，一样的情形，一条曲线也就表示一个点的运动情形。

为了要弄清楚一个点的运动情形，我们曾经研究过用来表示这运动的函数有怎样的变化。研究的结果，将诱导函数的意义也弄明白了。我们知道它在一般的形式下面，也是一个函数，函数一般的性质和变化它都含有。

认为函数是表示一种运动的时候，它的诱导函数，就是表示每一刹那间，这运动所有的速度。

抛开运动不讲，在一般的情形当中，一个函数的诱导函数含有什么意义呢？

我们再来简单地看一下，诱导函数是怎样被我们诱导出来的。对于变数，我们先使它任意加大一点，然后从这点出发去计算所要求的诱导函数。就是找出相应于这点变化，那函数增加了多少，接着就求这两个增加的数的比。

因为函数的增加是依赖着变数的增加，所以我们跟着就留意，在那增加的量很小很小的时候，它的变化是怎样的。

这样的做法，我们已说过很多次，而结果仍旧是一样的。那增加的量无限小的时候，这个比就达到一个固定的值。中间有个必要的条件，我们不要忘掉，若是这个比有极限的时候，那个函数是连续的。

将这些情形和所讲过的计算一条曲线的切线的倾斜率的方法比较一下，我们仍旧一头雾水，它们实在没有什么区别吗？

最后，就得出这么一个结论：一个函数表示一条曲线，函数的每一个值都相应于那曲线上的一点，对于函数的每一个值的诱导函数，就是那曲线上相应点的切线的倾斜率。

这样说来，切线的倾斜率便有一个一般的求法了。这个结果不但对于本问题很重要，它简直是微积分的台柱子。

这不但解释了切线的倾斜率的求法，而且反过来，也就得出了诱导函数在数学函数上的抽象的意义。正和我们为了要研究函数的变化，却得到了无限小和它的计算法，以及诱导函数的意义一样。

再多说一句，诱导函数这个宝贝，非常玲珑。你讲运动吧，它就表示这运动的速度；你讲几何吧，它又变成曲线上一点的切线的倾斜率。你看它多么活泼、有趣!

索性再来看看它还有什么把戏可以耍出来。

诱导函数表示运动的速度，就可以指示出那运动有什么变化。

在图形上，它既表示切线的倾斜率，又有什么可以指示给我们看的呢?

设想有一条曲线，对了，曲线本是一条弯来弯去的线，它在什么地方有怎样的弯法，我们有没有方法可以表明呢?

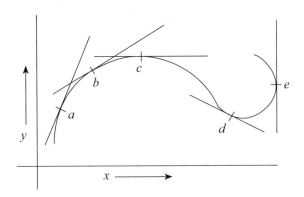

从图上看吧，在 a 点附近曲线弯得快些。换句话说，x 的距离越小，而相应的 y 的距离越大。这就证明在 a 点的切线，它的倾斜度更陡。

在 b 点呢，切线的倾斜度就较平了，切线和水平线所成的角也很小，x 和 y 的距离增加的强弱相差也不大。

至于 c 点，倾斜度简直成了零切线，和水平线近乎平行，x 的距离尽管增加，y 的值总是老样子，所以这条曲线也很平。接着下去，它反而向下弯起来，就是说，x 的距离增加，y 的值反而减小。在这里，倾斜度就改变了方向，一直降到 d 才又回头。从 c 到 d 这一段，因为倾斜度变了方向的缘故，我们就说它是"负的"。

最后，在 e 点倾斜度成了直角，就是切线与垂直线几乎平行的时候，这条曲线变得非常陡。x 若只无限小地增加一点的时候，y 的值还是一样。

　　知道了这个例子后，对于诱导函数的研究，它有多大，它是正或负，都可以指示出曲线的变化来。这正和用它表示速度时，可以看出运动的变化情形一样。

　　你看！诱导函数这么一点儿小家伙，它的花招有多少！

七

无限小的量

量本来是抽象的，为了容易想象，我们前面说诱导函数的效用和计算法的时候，曾经找出运动的现象来做例。现在要确切一点地来讲明白数学的函数的意义，我们用的方法虽然和前面用过的相似，但要比它更一般些。

诱导函数的一般的定义是怎样的呢？

从以前所讲过的许多例子中，可以看出来：诱导函数是表示函数的变化的，无论那函数所倚靠的变数小到什么地步，总归可表示出函数在那儿所起的变化。诱导函数指示给我们看，那函数什么时候渐渐变大和什么时候渐渐变小。它又指示给我们，这种变化什么时候来得快，什么时候来得慢。而且它所能指示的，并不是大体的情形，简直连变数的值虽只有无限小的一点变化，函数的变化状态也指示得非常清楚。因此，研究函数的时候，诱导函数实在占据着很重要的位置。关于这种巧妙的方法的研究和解释，以及关于它的计算的发明，都是非常有趣的。它的发明十分奇异，结果又十分丰富，这可算是一种奇迹吧！

然而追根究底，它不过是从数学的符号的运用当中诱导出来的。不是吗？我们用 Δ 这样一个符号放在一个量的前面，算它所表示的量是无限小的，它可以逐渐减小下去，而且是可以无限地减小下去的。我们跟着就研究这种无限小的量的关系，便得出诱导函数这一个奇怪的量。

起源虽很简单，但这些符号也并不是就可以任意诱导出来的。照我们前面已讲明的看来，它们原是为了研究任何函数无限小的变化的基本运算才产生的。它逐渐展开的结果，对于一般的数学的解析，却变成了一个精确、恰当的工具。

这也就是数学中，微分学这一部分，又有人叫它是解析数学的原因。

一直到这里，我们已经好几次说到，对于诱导函数这一类东西，要给它一个精确的定义，但始终还是没有做到，这总算一件憾事。原来要抽象地了解它，本不容易，所以只好慢慢地再说吧。单是从数学计算的实际上，是不能再找到这些东西的定义了，所以只好请符号来说明。一开始举例，我们就用字母来代表运动的东西，这已是一种符号的用法。

后来讲到函数，我们又用到下面这种形式的式子：

$$y = f(x)$$

这式子自然也只是一个符号。这符号所表示的意思，虽则前面已经说过，为了明白起见，这里无妨再重述一遍。x 表示一个变数，y 表示随了 x 变的一个函数。换句话说就是：对于 x 的每一个数值，我们都可以将 y 的相应的数值计算出来。

在函数以后讲到诱导函数，又用过几个符号，将它连在一起，可以得出下面的式子：

$$y' = \lim_{\Delta x \to 0} \frac{\Delta y}{\Delta x}$$

y' 表示诱导函数，这个式子就是说，诱导函数是：当 Δx 以及 Δy 都近于零的时候，$\dfrac{\Delta y}{\Delta x}$ 这个比的极限。

再把话说得更像教科书式一些，那么：

诱导函数是："当变数的增量 Δx 和增量 Δy 都无限减小时，Δy 和 Δx 的比的极限。"到了这极限时，我们另外用一个符号 $\dfrac{dy}{dx}$ 表示。

朋友！你还记得吗？一开场我就说过，为这个符号我曾经碰了一次大钉子，现在你不费吹灰之力就看见了它，总算便宜了你。你好好地记清楚它所表示的意义吧！用场多着呢！有了这个新符号，诱导函数的式子又多一个写法：

$$\frac{dy}{dx}=y'$$

dy 和 dx 所表示的都是无限小的量，它们同名不同姓，dy 叫 y 的"微分"，dx 叫 x 的"微分"。在这里，应当注意的是：dy 或 dx 都只是一个符号，若看成和代数上写的 ab 或 xy 一般，以为是 d 和 y 或 d 和 x 相乘的意思，那就大错了。好比一个人姓张，你却叫他一声弓长先生，你想，他会不会对你失敬呢？

从 $\dfrac{dy}{dx}=y'$ 这式子变化一番，就可得出一个很重要的关系：

$$dy=y'dx$$

这就是说："函数的微分等于诱导函数和变数的微分的乘积。"

我们已经规定清楚了几个数学符号的意思：什么是诱导函数、什么是无限小、什么是微分，现在就用它们来研究和分解几个不同的变数。

对于这些符号，老实说，也可以像其他符号一样，用到各种各样的计算中。但是有一点却要非常小心，和这些量的定义矛盾的地方就得避开。

闲话少讲，还是举几个例子出来，先举一个最简单的。

假如 S 是一个常数，等于三个有限的量 a、b、c 与三个无限小的量 dx、dy、dz 的和，我们就知道：

$$o+b+c+dx+dy+dz=S$$

在这个式子里面，因为 dx、dy、dz 都是无限小的变量，而且可以任意使它们小到不可用言语表达出来的地步。因此干脆一点，我们简直可以使它们都等于零，那就得出下面的式子：

$$a+b+c=S$$

你又要捉到一个漏洞了。早先我们说芝诺把无限小想成等于零是错的，现在我却自己马马虎虎地也跳进了这个圈子。但是，朋友！小心之余还得小心，捉漏洞，你要看好了它真是一个漏洞，不然，近视眼看着墙壁上的一只小钉，以为是苍蝇，一手拍去，对钉子来说没有什么大碍，然而手该多痛啊！

在这个例子中，因为 S 和 a、b、c 都是有限的量，不能偷换，留几个小把戏夹杂在当中跳去跳来，反而不雅观，这才可以干脆说它们都等于零。芝诺所谈的问题，他讲到无限小的时间，同时讲到无限小的空间，两个小把戏跳在一起，那就马虎不得，干脆不来了。所以假如一个式子中不但有无限小的量，还有另一个无限小的量相互关联着，那我们就不能硬生生地说它们等于零，将它们消去，我们在前面不是已经看到过吗？无限小和无限小关联着，会得出有限的值来。朋友！有一句俗话说："一斗芝麻拈一颗，有你不多，无你不少。"但是倘若就只有两三颗芝麻，你拈去了一颗，不是只剩二分之一或三分之二了吗？

无限小可以省去和不省去的条件你明白了吗？无限大也是一样的。

上面的例子是说，在一个式子当中，若是含有一些有限的数和一些无限小的数，那无限小的数通常可以略掉。假如在一个式子中所含有的，有些是无限小的数，有些却是两个无限小的数的乘积。小数和小数相乘，数值便越乘越小。一个无限小的数已经够小了，何况是两个无限小的数的乘积呢？因此，这个乘积对于无限小的数，同前面的理由一样，也可以略去。假如，有一个下面的式子：

$$dy=y'dx+dvdx$$

在这里面 dv 也是一个无限小的数，所以右边的第二项便是两个无限小的数的乘积，它对于一个无限小的数来说，简直是无限小中的无限小。对于有限数，无限小的数可以略去。同样地，对于无限小的数，这无限小中的无限小，也就可以略去。

两个无限小的数的乘积，对于一个无限小的数说，我们称它为二次无限小数。同样地，假如有三个或四个无限小数相乘的积，对于一个无限小的数（平常我们也说它是一次无限小的数），我们就称它为三次或四次无限小的数。通常二次以上的，我们都称它们为高次无限小的数。假如，我们把有限的数，当成零次的无限的小数看，那么，我们可以这样说：在一个式子中，次数较高的无限小数对于次数较低的，通常可以略去。所以，一次无限小的数对于有限的数，可以略去，二次无限小的数对于一次的，也可以略去。

在前面的式子当中，我们已经知道，若两边都用同样的数去除，结果还是相等的。我们现在就用 dx 去除，于是得出：

$$\frac{dy}{dx} = y' + dv$$

在这个新得出来的式子当中，左边 $\frac{dy}{dx}$ 所含的是两个无限小的数，它们的比等于有限的数 y'。这 y' 我们称为函数 y 对于变数 x 的诱导函数。因为 y' 是有限的数，dv 是无限小的，所以它对于 y' 可以略去。因此，$\frac{dy}{dx} = y'$ 或是两边再用 dx 去乘，这式子也是不变的，所以：$dy = y'dx$

这个式子和之前比较，就是少了那两个无限小的数的乘积（$dv \cdot dx$）这一项。

这一节到此结束，我们再换个新鲜的题目来谈吧！

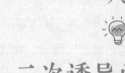

八

二次诱导函数——加速度——高次诱导函数

数学上的一切法则，都有一个应当留意到的特性，就是无论什么法则，在它成立的时候，使用的范围虽然有一定的限制，但我们也可尝试一下，将它扩充出去，用到一切的数或一切的已知函数。我们可将它和别的法则联合起来，使它能够产生更大的效果。

呵！这又是一段"且夫天下之人"一流的空话了，还是举例吧。

在算术里面，学了加法，就学减法，但是它真小气得很，只允许你从一个数当中减去一个较小的数，因此有时就免不了要碰壁。比如从一斤中减去八两，你立刻就回答得出来，还剩半斤[①]。但是要从半斤中减去十六两，你还有什么法子？碰了壁就完了吗？人总是不服气的，越是触霉头，越想往那中间钻。除非你是懒得动弹的大少爷，或是没有力气的大小姐，碰了壁就此罢手！那么，在

---

① 按当时的计量单位，1斤=16两。——编者注

这碰壁的当儿，额角是碰痛了，痛定思痛，总得找条出路，从半斤中减去十六两怎么减呢？我们发狠一想，便有两条路：一条无妨说它是"大马路"，因为人人会走，特别是大少爷和大小姐喜欢去散步。这是什么？其实只是一条不是路的路，我们干干脆脆地回答三个字"不可能"。你已说不可能了，谁还会再为难你呢，这不是就是不了了之了吗？然而，仔细一想，朋友，不客气说，咱们这些享有四千多年文化的黄帝的子孙，现在弄得焦头烂额，衣食都不能自给，就是上了这不了了之的当。"不可能！不可能！"老是这样叫着，要自己动手，推脱是不行的。连别人明明已经做出的，初听见乍看着，因为怕动脑，也还说不可能。见了火车，有人和你说，已经有人发明了可以在空中飞的东西，你心里会想到"这不可能"；见了一根一根搭在空中的电线，别人和你说，现在已有不要线的电报、电话了，你心里也会想到"这是不可能"……朋友！什么是可能的呢？请你回答我！你不愿意答应吗？我替你回答：

"老祖宗传下来的，别人做现成的，都可能。此外，那就要看别人，和别人的少爷、小姐，好少爷、好小姐们了！"呵！多么大气量！

对不起，笔一溜，说了不少废话，而且也许还很失敬，不过我还得声明一句，目的只有一个，希望我们不要无论想到什么地方都只往"大马路"上靠，我们的路是第二条。

我们从半斤中减去十六两碰了壁，我们硬不服，创造出一个负数的户头来记这笔苦账，这就是说，将减法的定义扩充到正负两种数。不是吗？你欠别人十六两高粱酒，他来向你讨，偏偏不凑巧你只有半斤，你要还清他，不是差八两吗？"差"的就是负数了！

法则的扩充，还有一条路。因为我们将一个法则的限制打破，只是让它能够活动的范围扩大起来。但除此以外，有时，我们又要求它能够简单些，少消耗我们一点儿力量，让我们在其他方面也去活动活动。举个例子说，一种法则若是要重复地运用，我们也可以想一个方法来代替它。比如，从 150 中减去 3，减了一次又一次，多少次可以减完？这题目自然是可能的，但真要去减谁有这样的耐心！没趣得很，是不是？于是我们就另开辟一条行人便道，那便是除法。将 3 去除 150 就得 50。要回答上面的问题，你说多少次可减完？同样地，加法，若只是同一个数尽管加了又加，也乏味得很，又另开辟一条路，挂块牌子叫乘法。

话说回来，我们以前讲过的一些方法，也可以扩充它的应用范围吗？也可以将它的法则推广吗？

讲诱导函数的时候，我们限定了，对于 x 的每一个值，都有一个固定的极限。所以，我们就知道，对于 x 的每一个值，它都有一个相应的值。归根结底，我们便可以将诱导函数 y' 看成 x 的已知函数。结果，一样地，也就可以计算诱导函数 y' 对于 x 的诱导函数，这就成为诱导函数的诱导函数了。我们叫它是二次诱导函数，用 y' 表示。

其实，要得出一个函数的二次诱导函数，并不是难事，将诱导函数法连用两次就好了，比如前面我们拿来做例的：

$$e=t^2 \qquad\qquad (1)$$

它的诱导函数是：

$$e'=2t \qquad\qquad (2)$$

将这个函数，照 $d=5t$ 的例计算，就可得出二次诱导函数：

$$e''=2 \qquad\qquad (3)$$

二次诱导函数对于一次诱导函数的关系，恰和一次诱导函数对于本来的函数的关系相同。一次诱导函数表示本来的函数的变化，同样地，二次诱导函数就表示一次诱导函数的变化。

我们开始讲诱导函数时，用运动来做例，现在再重借它来解释二次诱导函

数，看看能不能衍生出什么玩意儿。

我们曾经从运动中看出来，一次诱导函数是表示每一刹那间，一个点的速度。所谓速度的变化究竟是什么意思呢？假如一个东西，第一秒钟的速度是 4 米，第二秒钟是 6 米，第三秒钟是 8 米，这速度越来越大，按我们平常的说法，就是它越动越快。若是说得文气一点，便是它的速度逐渐增加，你不要把"增加"这个词看得太呆板了，所谓增加也就是变化的意思。所以速度的变化，就只是运动的速度的增加，我们便说它是那运动的"加速度"。

要想求出一个运动着的点，在一刹那间的加速度，只需将从前我们所用过的求一刹那的速度的方法，重复用一次就行了。不过，在第二次的时候，有一点必须加以注意：第一次我们求的是距离对于时间的诱导函数，而第二次所求的却是速度对于时间的诱导函数。结果，所谓加速度这个东西，便等于速度对于时间的诱导函数。我们可以用下面的一个式子来表示这种关系：

$$加速度 = \frac{dy'}{dt} = y''$$

因为速度是用运动所经过的空间对于时间的诱导函数来表示，所以加速度也只是这运动所经过的空间对于时间的二次诱导函数。

有了一次和二次诱导函数，应用它们，对于运动的情形我们更能知道得清楚些，它的速度的变化是怎样一个情景，我们便可完全明了。

假如一个点始终是静止的，那么它的速度便是零，于是一次诱导函数也就等于零。

反过来，假如一次诱导函数，或是说速度等于零，我们就可以断定那个点是静止的。

跟着这个推论，比如已经知道了一种运动的法则，我们想要找出这运动着的点归到静止的时间，只要找出什么时候，它的一次诱导函数等于零，那就成了。

随便举个例来说，假设有一个点，它的运动法则是：

$$d=t^2-5t$$

由以前讲过的例子，t^2 的诱导函数是 $2t$，而 $5t$ 的诱导函数是 5，所以：

$$d'=2t-5^{①}$$

就是这个点的速度，在每一刹那 t 时刻是 $2t-5$，若要问这个点什么时候静止，只要找出什么时候它的速度等于零就行了。但是，它的速度就是这运动的一次诱导函数 d'。所以若 d' 等于零时，这个点就是静止的。我们再来看 d' 怎样才等于零。它既等于 $2t-5$，那么 $2t-5$ 若等于零，d' 也就等于零。因此我们可以进一步来看 $2t-5$ 等于零需要什么条件。我们试解下面的简单方程式：

$2t-5=0$

解这个方程式的法则，我相信你没有忘掉，所以我只简洁地回答你，这个方程式的根是 2.5。假如 t 是用秒做单位的，那么，便是 2.5 秒的时候，d' 等于零，就是那个点在开始运动后 2.5 秒归于静止。

现在，我们另外讨论别的问题，假如那点的运动是等速的，那么，一次诱导函数或是说速度，是一个常数。因此，它的加速度，或是说它的速度的变化，便等于零，也就是二次诱导函数等于零。一般的情况，一个常数的诱导函数总是等于零的。

又可以掉过话头来说，假如有一种运动法则，它的二次诱导函数是零，那

---

① 这个式子也可以直接计算出来：

$\because d=t^2-5t$

　　$d+\Delta d=(t+\Delta t)^2-5(t+\Delta t)$

$\therefore \Delta d=(t+\Delta t)^2-5(t+\Delta t)-d$

　　$=(t+\Delta t)^2-5(t+\Delta t)-(t^2-5t)$

　　$=(t^2+2t\Delta t+\Delta t^2)-5t-5\Delta t-(t^2-5t)$

　　$=2t\Delta t-5\Delta t+\Delta t^2$

$d'=\lim\limits_{\Delta t\to 0}\dfrac{\Delta d}{\Delta t}=\lim\limits_{\Delta t\to 0}(2t-5+\Delta t)=2t-5$

么它的加速度自然也是零。这就是表明它的速度老是一个样子没有什么变化。从这一点，我们可以知道，一个函数，若它的诱导函数是零，它便是一个常数。

再接着推下去，若是加速度或二次诱导函数，不是一个常数，我们又可以看它有什么变化了。要知道它的变化，不必用别的方法，只要找它的诱导函数就行了。这一来，我们得到的却是第三次诱导函数。在一般的情形当中，这第三次诱导函数也不一定就等于零的。假如，它不是一个常数，就可以有诱导函数，这便成第四次的了。照这样尽管可以推下去，不过连续地重复用那诱导函数法罢了。无论第几次的诱导函数，都表示它前一次的函数的变化。

这样看来，关于函数变化的研究是可以穷追下去的。诱导函数不但可以有第二次的，第三次的，简直可以有无限次数的。这全看那些数的气量如何，只要不是被我们追过几次便板起脸孔，死气沉沉地成了一个常数，我们才可以就此停手。

九

局部诱导函数和全部的变化

　　朋友，你对火柴盒一定不陌生吧？它是长方形的，有长，有宽，又有高，这你都知道，不是吗？对于这种有长，有宽，又有高的东西，我们要计算它的大小，就得算出它的体积。算这种火柴盒的体积的方法，算术里已经讲过了，是把它的长、宽、高相乘。因此，这三个数中若有一个变了一点儿，它的体积也就跟着变了，所以可以说火柴盒的体积是这三个量的函数：设若它的长是 a，宽是 b，高是 c，体积是 v，我们就可得出下面的式子：

$$v=abc$$

　　假如你的火柴盒是燮昌公司的，我的却是丹凤公司的，你一定要和我争，说你的火柴盒的体积比我的大。朋友！空口说白话，绝对不能让我心服，你有办法向我证明吗？你只好将它们的长、宽、高都比一比，找出燮昌的盒子有一边，或两边，甚至三边，都比丹凤的盒子要长些，你真能这样，我自然只好哑口无言了。

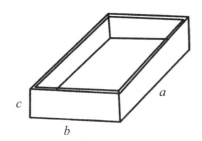

我们借这个小问题做引子，来看看火柴盒这类东西的体积的变化是怎样的。先假设它的长 a，宽 b 和高 c 都是可以随我们的意思伸缩的，再假设它们的变化是连续的，好像你用打气筒套在足球的橡皮胆上打气一样。火柴盒的三边既然是连续地变，它的体积自然也得跟着连续地变，而恰好是三个变数 a、b、c 的连续函数。到了这里，我们就有了一个问题：

"当这三个变数同时连续地变的时候，它们的函数 v 的无限小的变化，我们怎样去测量呢？"

以前，为了要计算无限小的变化，我们请出了一件法宝——诱导函数来，不过那时的函数是只依赖着一个变数的。现在，我们就来看这件法宝碰到了几个变数的函数时，还灵不灵。

第一步，我们能够将下面的一个体积，

$$v_1 = a_1 b_1 c_1$$

由以下将要说到的非常简便的方法变成一个新体积：

$$v_2 = a_2 b_2 c_2$$

开始，我们将这体积的宽 b_1 和高 c_1 保持原样，不让它改变，只使长 a_1 加大一点变成 a_2。

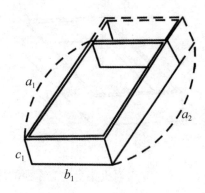

接着，将 a_2 和 c_1 保持原样，只让宽 b_1 变到 b_2。

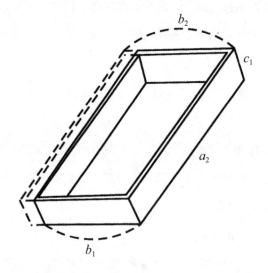

最后，将 a_2 和 b_2 保持原样，只将 c_1 变到 c_2。

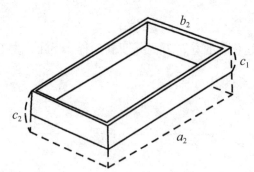

这种方法，我们用了三个步骤使体积 v_1 变到 v_2 的，每一次我们都只让一个变数改变。

只依赖着一个变数的函数，它的变化，我们以前是用这个函数的诱导函数来表示。

同样的理由，我们每次都可以得出一个诱导函数来。不过这里所得的诱导函数，都只能表示那函数的局部的变化，因此我们就替它们取一个名字叫"局部诱导函数"。从前我们表示 y 对于 x 的诱导函数用 $\dfrac{dy}{dx}$ 表示，现在，对于局部诱导函数我们也用和它相似的符号表示，就是：

$$\frac{\partial v}{\partial a}, \ \frac{\partial v}{\partial b}, \ \frac{\partial v}{\partial c}$$

第一个表示只将 a 当变数，第二个和第三个相应地表示只将 b 或 c 当变数。

你将前面说过的关于微分的式子记起来吧！

$$dy=y'dx$$

同样地，若要找 v 的变化 dv，那就得将它三边的变化加起来，所以：

$$dv = \frac{\partial v}{\partial a}da + \frac{\partial v}{\partial b}db + \frac{\partial v}{\partial c}dc$$

dv 这个东西，在数学上管它叫"总微分"或"全微分"。

由上面的例子，推到一般的情形，我们就可以说：

"几个变数的函数，它的全部变化，可以用它的总微分表示。这总微分呢，便等于这函数对于各变数的局部微分的和。"所以要求出一个函数的总微分，必须分次求出它对于每一个变数的局部诱导函数。

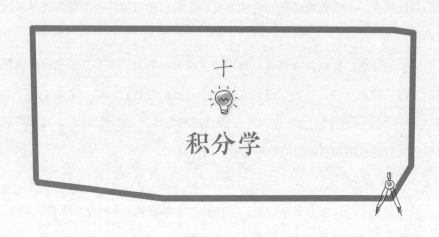

十

积分学

数学的园地里，最有趣味的一件事，就是许多重要的高楼大厦，有一座向东，就一定有一座向西，有一座朝南，就有一座朝北。使游赏的人，走过去又可以走回来。而这些两两相对的亭台楼阁，里面的一切结构、陈设、点缀，都互相关联着，恰好珠联璧合，相得益彰。

不是吗？你会加就得会减，你会乘就得会除；你学了求公约数和最大公约数，你就得学求公倍数和最小公数；你知道怎样通分的原理，你就得懂得怎样约分；你知道乘方的方法还不够，必须要知道开方的方法才算完全。原来一反一正不只是做文章的大道理呢？加法、乘法……算它们是正的，那么，减法、除法……恰巧相应地就是它们的还原，所以便是反的。

假如微分法算是正的，有没有和它相反的方法呢？

朋友！一点儿不骗你，正有一个和它相反的方法，这就是积分法。倘使没有这样一个方法，那么我们知道了一种运动的法则，可以算出它在每一刹那间的速度，有人和我们开玩笑，说出一个速度来，要我们回答他这是一种什么运动，那不是糟了吗？他若再不客气点儿，还要我们替他算出在某一个时间中，那运动所经过的空间距离，我们怎样下台？

假如别人向你说，有一种运动的速度，每小时总是 5 里，要求它的运动法则，你自然会不假思索地回答他：

$$d=5t$$

他若问你，八个钟头的时间，这运动的东西在空间经过了多长距离，你也可以轻轻巧巧地就说出是 40 里。

但是，这是一个极简单的等速运动的例子呀！碰到的若不是等速运动，怎么办呢？

倘使你碰到的是一个粗心马虎的阔少，你只要给他一个大致的回答，他就很高兴，那自然什么问题也没有。不是吗？咱们中国人是大方惯了的，算什么都四舍五入，又痛快又简单。你去过菜市场吗？你看那卖菜的虽是提着一杆秤在称，但那秤总不要它平，而且称完了，买的人觉得不满足，还可任意从篮子里抓一把来添上。在这样的场合，即使有人问你什么速度、什么运动，你可以很随便地回答他。其实呢，在日常生活中，本来用不到什么精密的计算，所以上面提出的问题，若为实际运用，只要有一个近似的解答就行了。

近似的解答并不难找，只要我们能够知道一种运动的平均速度就可以了。举一个例子，比如，我们知道一辆汽车，它的平均速度是每小时 40 公里，那么，5 小时它"大约"行驶了 200 公里。

但是，我们知道了那汽车真实的速度，常常是变动的，又想要将它在一定的时间当中所走的路程计算得更精密些，就要知道许多相离很近的刹那间的速度——一串平均速度。

这样计算出来的结果，自然比前面用一小时做单位的平均速度来计算所得的要精确些。我们所取的一串平均速度，数目越多，互相隔开的时间间隔越短，所得的结果，自然也就越精确。但是，无论怎样，总不是真实的情形。

怎样解决这个问题呢？

一辆汽车在一条很直的路上行驶了一个小时，它每一刹那的速度，我们也知道了。那么，它在一个小时内所经过的路程，究竟是怎样的呢？

第一个求近似值的方法：可以将一个小时的时间分成每 5 分钟一个间隔。在这十二个间隔当中，每一个间隔，我们都选一个，在一刹那的真速度。比如说在第一个间隔里，每分钟 v_1 米是它在某一刹那的真实速度；在第二个间隔里，我们选 v_2；第三个间隔里，选 v_3……这样一直到 v_{12}。

这辆汽车在第一个 5 分钟时间内所经过的路程，和 $5v_1$ 米相近；在第二个 5 分钟里所经过的路程，和 $5v_2$ 米相近，以下也可以照推。

它一个小时所通过的距离，就近于经过这十二个时间间隔所走的距离的和，就是说：

$$d=5v_1+5v_2+5v_3+\cdots+5v_{12}$$

这个结果，也许恰好就是正确的，但对我们来说也没有用，因为它是不是正确的，我们没有办法去决定。一般地说来，它总是和真实的相差不少。

实际上，上面的方法，虽已将时间分成了十二个间隔，但在每 5 分钟这一段里面，还是用一个速度来作成平均速度。虽则这个速度，在某一刹那是真实的，但它和平均速度比较起来，也许太大了或是太小了。跟着，我们所算出来的那段路也说不定会太大或太小。所以，这个算法要得出确切的结果，差得还远呢！

不过，照这个样子，我们还可以做得更精细些，无妨将 5 分钟一段的时间间隔分得更小些，比如说，一分钟一段。那么所得出来的结果，即便一样地不可靠，相差的程度总会小些。就照这样做下去，时间的间隔越分越小，我们用来做代表的速度，也就更近于那段时间中的平均速度。我们所得的结果，跟着便更近于真实的距离。

除了这个方法，还有第二个求近似值的方法：假如在那一个小时的时间内，每分钟选出的一刹那间的速度是 v_1、v_2、$v_3 \cdots v_{60}$，那么所经过的距离 d 便是：

$$d=v_1+v_2+v_3+\cdots+v_{60}$$

照这样继续做下去，把时间的段数越分越多，我们所得出的距离近似的程度就越来越大。这所经过的路程的值，我们总用项数逐渐增加，每次的数值逐渐近于真实，这样的许多数的和来表示。实际上，每一项都是表示一个很小的时间间隔乘一个速度所得的积。

我们还得将这个方法继续讲下去，请你千万不要忘掉，和数中的各项，实际都是表示那路程的一小段。

我们按照数学上惯用的假设来说：现在我们想象将时间的间隔继续分下去，一直到无限，那么，最后的时间间隔，便是一个无限小的量了，用我们以前用过的符号来表示，就是 Δt。

我们不要再找什么很小的时间间隔中的任何速度了吧，还是将以前讲过的速度的意义记起来。确实，我们能够将时间间隔无限地分下去，到无限小为止。在这一刹那的速度，依以前所说的，便是那运动所经过的路程对于时间的诱导函数。由此可见，这速度和这无限小的时间的乘积，便是一刹那间运动所经过的路程。自然这路程也是无限小的，但是将这样一个个无限小的路程加在一起，不就是一个小时内总共的真实路程了吗？不过，道理虽是这样，一说就可以明白，实际要照普通的加法去加，却无从下手。不但因为每个相加的数都是无限小，还有这加在一起的无限小的数的数目却是无限大。

一个小时的真实路程既然有办法得到，只要将它重用起来，无论多少小时的真实路程也就可以得到了。一般地说，我们仍然设时间是 t。

照上面看起来，对于每一个 t 的值，我们都可以得出距离 d 的值来，所以 d 便是 t 的函数，可以写成下面的样子：

$$d=f(t)$$

换句话来说，这就是表示那运动的法则。

归根结底，我们所要找寻的只是将一个诱导函数还原转去的方法。从前是知道了一种运动法则，要求它的速度，现在却是由速度要反回去求它所属的运动法则。从前用过的由运动法则求速度的方法，叫作诱导函数法，所以得出来的速度也叫诱导函数。

现在我们所要找的和诱导函数法正相反的方法便叫"积分法"。所以一种运动在一段时间内所经过的距离 d，便是它的速度对于时间的"积分"。

顺着前面看下来，你大概已经明白"积分"是什么意思了。为了使我们的观念更清晰，用一般惯用的名词来说，所谓"积分"就是：

"无限大的数目这般多的一些无限小的量的总和的极限。"

话虽只有一句，"的"字太多了，恐怕反而有些眉目不清吧！那么，重说一次，我们将许许多多的，简直是数不清的，一些无限小量加在一起，但这不能照平常的加法去加，所以只好换一个方法，求这个总和的极限，这极限便是所谓的"积分"。

这个一般的定义虽然也能够用到关于运动的问题上去，但我们现在还能进一步去研究它。只需把已说过的关于速度这种函数的一些话，重复一番就好了。

设若 y 是变数 x 的一个函数，照一般的写法：

$$y=f(x)$$

对于每一个 x 的值，y 的相应值假如也知道了，那么，函数 $f(x)$ 对于 x 的积分是什么东西呢？

因为积分法就是诱导函数法的反方法，那么，要将一个函数 $f(x)$ 积分，无异于说：另外找一个函数，比如是 $F(x)$，而这个函数不可以随便拿来搪塞，$F(x)$ 的诱导函数必须恰好是函数 $f(x)$。这正和我们知道了 3 和 5 要求 8 用加法，而知道了 8 同 5 要求 3 用减法是一样的，不是吗？在代数里面，减法精密的定义就得这样："有 a 和 b 两个数，要找一个数出来，它和 b 相加就等于 a，这种方法便是减法。"

前面已经说过的积分法，我们再来做个例子。

我们先选好一段变数的间隔，比如，有了起点 O，又有 x 的任意一个数值。我们就将 O 和 x 当中的间隔分成很小很小的小间隔，一直到可以用 Δx 表示。在每一个小小的间隔里，我们随便选一个 X 的值 x_1、x_2、x_3……

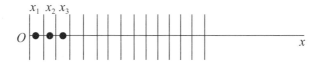

因为函数 $f(x)$ 对于 x 的每一个值都有相应的值，它相应于 x_1、x_2、x_3……的值我们可以用 $f(x_1)$、$f(x_2)$、$f(x_3)$……来表示，那么这总和就应当是：

$$f(x_1)\,\Delta x+f(x_2)\,\Delta x+f(x_3)\,\Delta x+\cdots$$

在这个式子里面 Δx 越小，也就是我们将 Ox 分的段数越多，它的项数跟着也就多起来，但是每项的数值却越来越小了。这样我们不是又可以得出另外一个不同的总和来了吗？假如继续不断地照样做下去，逐次新做出来的总比前一次精确些。到了极限，这个和就等于我们要找的 $F(x)$ 了。所以积分法，就是要求一个总和。$F(x)$ 是 $f(x)$ 的积分，掉过来 $f(x)$ 就是 $F(x)$ 的诱导函数，由前面的微分的表示法：

$$dF(x)=f(x)\,dx \qquad\qquad (1)$$

若把一个 S 拉长了写成 "$\int$" 这个样子，作为积分的符号，那么 $F(x)$ 和 $f(x)$ 的关系又可以这样表示：

$$F(x) = \int f(x)\,dx \qquad\qquad (2)$$

第一、第二两个式子的意义虽然不相同，但表示的两个函数的关系却是一样的，这恰好和"赵阿狗是赵阿猫的爸爸"和"赵阿猫是赵阿狗的孩子"一样。意味呢，全然两样。但"阿狗""阿猫"都姓赵，而且"阿狗"是爸爸，"阿猫"是孩子，这个关系，在两句话当中总是一样地包含着。

讲诱导函数的时候，先用运动来做例，再从数学上的运用去研究它。积分法，除了知道速度，去求一种运动的法则以外，还有别的用场没有呢？

十一

面积的计算

将前节讲过的方法拿来运用，再没有比求矩形的面积，更简单的例子了。比如有一个矩形，它的长是 a，宽是 b，它的面积便是 a 和 b 的乘积，这在算术上就讲过。像下图所表示的，长是 6，宽是 3，面积就恰好是 $3 \times 6 = 18$ 个方块。

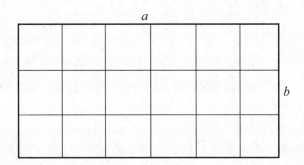

假如这矩形有一边不是直线——那自然就不能再叫它是矩形——要求它的面积，也就不能按照求矩形的面积的方法这般简单。那么，我们有什么办法呢？

假使我们所要求的是下图中 ABCD 线所包围着的面积，我们知道 AB、AD 和 DC 的长，并且又知道表示 BC 曲线的函数（这样，我们就可以知道 BC 曲线上各点到 AB 线的距离），我们用什么方法，可以求出 ABCD 的面积呢？

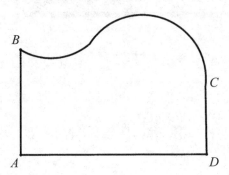

一眼看去，这问题好像非常困难，因为 BC 线非常不规则，真是有点儿不容易对付。但是，你不必着急，只要应用我们前面已说过好几次的方法，就可以迎刃而解了。一开始，无妨先找它的近似值，再连续地使这近似值渐渐地增加它的近似的程度，直到我们得到精确的值为止。

这个方法，的确非常自然。前面我们已讨论过无限小的量的计算法，又说过将一条线分了又分，一直到分到无穷的方法，这些方法就可以供我们来解决一些较复杂、较困难的问题。先从粗疏的一步入手，循序渐进，便可达到精确的一步。

第一步，简直一点儿困难都没有，因为我们所要的只是一个大概的数目。

先把 ABCD 分成一些矩形，这些矩形的面积，我们自然已经会算了。

假如 S 的面积，差不多等于 1、2、3、4 四个矩形的和，我们就先来算这四个矩形的面积，用它各自的长去乘它各自的宽。

这样一来，我们第一步所可得到的近似值，便是这样：

$$S=AB'\times Ab+ab\times bd+cd\times df+fD\times CD$$

（1）　　（2）　　（3）　　（4）

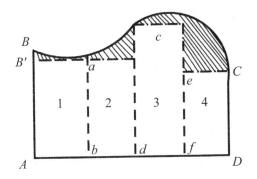

不用说，从上图一看就可知道，这样得出来的结果相差很远，S 的面积比这四个矩形的面积的和大得多。图中用了斜线画着的那四块，全都没有算在里面。

但是，这个误差，我们并不是没有一点儿办法补救的。先记好表示 BC 曲线的函数是已经知道的，我们可以求出 BC 上面各点到直线 AD 的距离。反过来就是对于直线 AD 上的每一点，可以找出它们和 BC 曲线的距离。假如我们把 AD 看作和以前各图中的水平线 OH 一样，AB 就恰好相当于垂直线 OV。在 AD 线上的点的值，我们就可说它是 x，相应于这些点到 BC 的距离便是 y，所以 AD 上的一点 P 到 AD 的距离就是一个变数。现在我们说 AP 的距离是 x，AD 上面另外有一点 P'，AP' 的距离是 x'，过 P 和 P' 都画一条垂直线同 BC 相交在 p 和 p_1。pP，p_1P' 就相应地表示函数在 x 和 x' 那两点的值 y 和 y'。

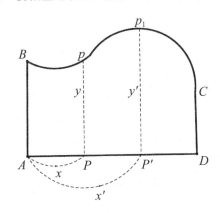

结果，无论 P 和 P' 点在 AD 上什么地方，我们都可以将 y 和 y' 找出来，所以 y 是 x 的函数，可以写成：

$$y=f(x)$$

这个函数就是 BC 曲线所表示的。

现在，再来求面积 S 的值吧！将前面的四个矩形，再分成一些数目更多的较小的矩形。由下图就可看明白，那些从曲线上画出的和 AD 平行的短线都比较挨近曲线；而斜纹所表示的部分也比上面的减小了。因此，用这些新的矩形的面积的和来表示所求的面积：$S=1+2+3+\cdots+12$，比前面所得的误差就小得多。

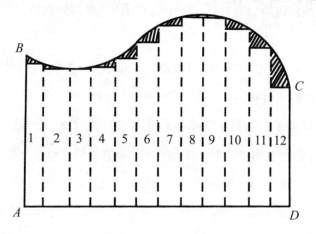

再把 AD 分成更小的线段，比如是 Ax_1、Ax_2、Ax_3……由各点到曲线 BC 的距离设为 y_1、y_2、y_3……这些矩形的面积就是：

$y_1 \times x_1$，$y_2 \times (x_2-x_1)$，$y_3 \times (x_3-x_2)$……

而总共的面积就等于这些小面积的和，所以：

S（近似值）$= y_1 \times x_1 + y_2 \times (x_2-x_1) + y_3 \times (x_3-x_2) + \cdots\cdots$

若要想得出一个精确的结果，只需继续把 AD 分得段数一次比一次多，每段的间隔一次比一次短，每次都用各个小矩形的面积的和来表示所求的面积。那么，S 和这所得的近似值，误差便越来越小了。

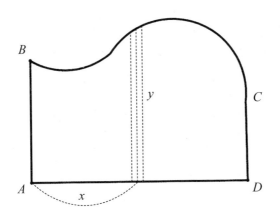

这样做下去，到了极限，就是说，小矩形的数目是无限多，而它们每一个的面积，便是无限小，这一群小矩形的和便是真实的面积 S。

但是，所谓数目无限，一些无限小的量的和，它的极限，照前节所讲过的，这就是积分。所以我们刚才所讲的例子，就是积分在几何上的运用。

所求的面积 S，就是 x 的函数 y 对 x 的积分。

换句话说，求一条曲线所切成的面积，必须计算那些连续的近似值，一直到极限，这就是所谓的积分。

到这里，为了要说明积分的原理，我们已举了两个例子：第一个，是说明积分法就是微分法的还原；第二个，是表示出积分法在几何学上的意味。将这些范围和形式都不相同的问题的解决法贯通起来，就可以明白积分法的意义，而且还可以扩张它的使用的范围，不是吗？我们讲诱导函数的时候，也是一步一步地逐渐弄明白它的意义，同时也就扩张了它活动的领域。积分法既然是它的还原法，自然也可以照做了。比如说，前面我们只是用它来计算面积，但如果我们用它来计算体积，也一样。我们早就知道立方柱的体积等于它的长、宽、高相乘的积，假如我们所要求的那个物体的体积有一面是曲面，我们就可以先把它分成几部分，按照求立方柱的体积的方法，将它们的体积计算出来，然后将这几个积加在一起，这就是第一次的近似值了。和前面一样，我们可以再将各部分细化，求第二次、第三次……的近似值。这些近似值，因为越分项数越多，每项的值越小，所以近似程度就逐渐加高。到了最后，项数增到无限多，每项的值变成了无限小，这些和的极限，就是我们所求的体积，这种方法就是积分。

微分方程式

在数学的园地中，微分法这个院落从建筑起来到现在，都在尽量地扩充它的地盘，充实它的内容，它真是与时俱进，越来越繁荣。它最初的基础虽简单，现在，离开那初期的简单的模样，已不知有多远了。它从创立到现在已经是两世纪半，在这二百五十多年中，经过了不少高明工匠的苦心构思，便成了现在的蔚然大观。

很多数学家逐渐扩展它，使它一步步一般化，所谓无限小的计算，或叫作解析数学的这一支，就变成了现在的情景：数学中占了很广阔的地位，关于它的专门研究，以及一切的应用，也就不是一件容易弄清楚的事！

不过，要进一步去看里面的"西洋景"，这倒很难。毫不客气地说，若还像以前一样，离开许多数学符号，要想讲明白它，那简直是不可能的。因此，只好对不起，关于无限小的计算，我们可以大体讲一下，也就快收场了。但请你不要就此失望，下面所讲到的也还是一样重要。

从我们以前讲过许多次的例子看起来，所有关于运动的问题，都要用到微分法。因为一个关于运动的问题，它所包含着的，无论已知或未知的条件，总不外是：延续在某一定时间当中的空间的路程，它的速度和它的加速度，而这三个量又恰好由运动的法则和这个法则的诱导函数可以表明。

所以，知道了运动的法则，就可以求出合于这法则的速度以及加速度。现在假如我们知道一些速度以及一些加速度，并且还知道要适合于它们所必须的一些不同的条件，那么，要表明这运动，就只差找出它的运动法则了。

单只空空洞洞地说，总是不中用，仍然归到切实一点的地步吧。关于速度和加速度，彼此之间有什么条件，在数学上都是用方程式来表示，不过这种方程式和代数上所讲的普通方程式有些不同罢了。最大的不同，就是它里面包含着诱导函数这个宝贝。因此，为了和一般的方程式划分门户，我们就称它是微分方程式。

在代数中，有了一个方程式，是要去找出适合于这方程式的数值来，这个数值我们叫它是这方程式的根。

和这个情形相似，有了一个微分方程式，我们是要去找出一个适合于它的函数来。这里所谓的"适合"是什么意思呢？说明白点儿，就是比如我们找出了一个函数，将它的诱导函数的值，代进原来的微分方程式，这方程式还能成立，那就叫作适合于这个方程式。而这个被找了出来的函数，便称为这个微分方程式的积分。

代数里从一个方程式去求它的根叫作解方程式，对于微分方程式要找适合于它的函数，我们就说是将这微分方程式来积分。

还是来举一个非常简单的例子。

比如在直线上有一点在运动着的，它的加速度总是一个常数，这个运动的法则怎样呢？

在这个题目里，假设用 y' 表示运动的加速度，c 代表一个一成不变的常数，那么我们就可以得到一个简单的微分方程式：

$$y'=c$$

你清楚地记得加速度就是函数的二次诱导函数，所以现在的问题，就是找出一个函数来，它的二次诱导函数恰好是 c。

这里的问题自然是最容易的，前面已经说过，一种均齐变化的运动的加速度是一个常数，但是若由数字上来找这个运动的法则，那就必须要将上面的微分方程式积分。

第一次，我们将它积分得：（设变数是 t）

$$y'=ct$$

你要问这个式子怎样来的？我不再说了，你看以前的例 $y''=C$，是从一个什么式子微分来的，就可以知道。

不过在这里有个小小的问题，照以前所讲过的诱导函数法算来，下面的两个式子都可以得出同样的结果 $y''=c$，

$y'=ct$

$y'=ct+a$（a 也是一个常数）

这两个式子恰好差了一项（一个常数），我们总是用第二个，而把第一个当成一种特殊情形（就是第二式中的 a 等于零的结果）。那么，a 究竟是什么数呢？朋友！对不起，"有人来问我，连我也不知"。我只知道它是一个常数。

这就奇怪了，我们将微分方程式积分得出来的，还是一个不完全确定的回答！但是，朋友！这算不了什么，不用大惊小怪！你在代数里面，解二次方程式时通常就会得出两个根，若问你哪一个对，你只好说都对。倘使，你所解的二次方程式，别人还另外给你一个什么限制，你的答案有时就只能容许有一个了。同这个道理一样，倘使另外还有条件，常数 a 也可以决定是怎么一回事。

上面的两个式子当中，无论哪一个也还是一个微分方程式，再将这个微分方程式积分一次，所得出来的函数，便表示我们所要找的运动法则，$y = \dfrac{c}{2}t^2 + at + b$（$b$ 又是一个常数）。

　　无限小的计算，虽则我们所举过的例子都只是关于运动的，但物理的现象实在是以运动的研究做基础，所以很多物理现象，我们要去研究它们，发现它们的法则，以及将这些法则表示出来，都离不了这无限小的计算。实际上，除了物理学外，别的科学用到它的地方也非常广阔，天文、化学，这些不用说了，就是生物学和许多社会科学，也要倚赖着它。实际，现在要想走进学术的园地去，恐怕除了做"月姐姐花妹妹"的诗，写"我爱你，你不爱我"的小说，和它不接触的机会总是很少的。

十三

数学究竟是什么

在这一节里，我打算写些关于数学的总概念的话，不过我踌躇了许久，这些话写出来究竟好不好？现在虽然写了，但我并不确定写出来比不写好一些。其实呢，关于数学的园地这个题目，要动手写，要这样写，就是到了快要完结的现在，我仍然怀疑。

第一个疑问是：谁要看这样的东西？对于对数学感兴趣的朋友们，自己走到数学的园地里去观赏，无论怎样，得到的一定比看完这篇粗枝大叶的文字多。至于对于数学没趣味的朋友们，它却已经煞风景了，不是吗？假如我写的是甲男士遇到乙女士，怎样倾心，怎样拜倒，怎样追求，无论结果是好是坏，总可惹得一些人的心痒起来；倘若我写的是一位英雄的故事，他怎样热心救同胞，怎样忠于主义，怎样奋斗，无论他成功或失败，也可以引起一些人的赞赏、羡慕……数学无论如何总是叫人头痛的东西，谁会喜欢它？

第二个疑问：这样的写法，会不会反而给许多人一些似是而非的概念？

关于第一个疑问，我不想开口再说什么，只有这第二个疑问，却好像应该回应一下，这才对得起花费几个小时来看这篇文字的朋友们！

数学是什么？它究竟是什么？

真要回答这个问题吗？对不住，你若希望得到的是一个完全合于逻辑的条件的答案，我却只好敬谢不敏。说句老实话，只要有人回答得上来，我也要五体投地去请教他，而且将他的回答永远刻在我的肺腑里。那么，这里还能够说什么呢？我只想写几个别人的答案出来，这虽然不能使朋友们满意，但从它们也可以知道一点儿数学的园地的轮廓吧！

远在亚里士多德以前的一个回答，也是所有的回答当中最通俗的一个，它是这样说的：

"数学是计量的科学。"

朋友，这个回答你能够满足吗？什么叫作量？怎样去计算它？假如我们说，测量和统计都是计量的科学，这大概不会有什么毛病吧！虽然，它们的最后目的并不是只要求出一个量的关系来，但就它们的手段说，对于量的计算比较直接些。因此，到了孔德（Auguste Comte）就将它改变了一下：

"数学是间接计量的科学。"

他要这样加以改变，并不是为了担心和测量、统计这些相混。实在有许多量是无法直接测定或计算的，比如天空中闪动的星星的距离和大小，比如原子的距离和大小，一个大得不堪，一个小得可怜，我们这些笨脚笨手的人，是没法直接去测量它们的。

这个回答虽已进步了一点儿，它就能令我们满意吗？量是什么东西，这还是要解释的。先不去管它，我们姑且照常识的说法，给量一个定义。不过，就是这样，到了近代，数学的园地里增加了一些稀奇古怪的建筑，它也不能包括进去了。在那广阔的园地里面，有些新的亭楼、树立着的匾额，什么群论咧、投影几何啊、数论啊、逻辑的代数啊……这些都和量绝缘。

孔德的回答出了漏洞，于是又有许多人来加以修正，这要一个个地列举出来，当然不可能，随便举一个，即如皮尔士（Peirce）：

"数学是引出必要的结论的科学。"

他的这个回答，自然包括得宽广了些，但是也还有问题，所谓"必要的结论"是一个什么玩意儿呢？这五个字这样排在一起，它的意思就非加以解释不可了。然而他究竟怎样解释法，照他的解释能不能说明数学究竟是什么，这谁也不知道。

还有，从前数学的园地里面，都只是尽量地在各个院落中增加建筑、培植花木，即或另辟院落，也是向着前面开阔的地方去动手。近来却有些工匠异想天开地在后面背阴的地方要开辟出一条大道通到相邻的逻辑的园地去。他们努力的结果，自然已有相当的成绩，但把一座数学的园地弄得五花八门，要解释它就更困难了。最终，对于我们所期待的问题的回答，回答得越多，越"糊涂"。罗素（Russell）更巧妙，简直像开玩笑一样，他说：

"Mathematics is the subject in which we never know what we are talking about nor whether what we are saying is true."

我不翻译这句话了，假如你真要我翻译，那我想这样译法："有人来问我，连我也不知。"你应该知道这两句话的来历吧！

数学究竟是什么？我想要列举出来的回答，只有这样多。不是越说越恼恍，越说越不像样了吗？是的！虽不能简单地说明它，也就说明了它的一大半了！研究科学的人最喜欢给他所研究的东西下一个定义，所以冠冕堂皇的科学书，翻开第一页第一行就是定义，而且这些定义也差不多有一定的形式，用中国话说便是"某某者研究什么什么的科学"。若要写个"洋文"调，那便是"X is the science which Y"。这一来，无论哪个人花了几毛钱或几块钱将那本书买到手，翻开一看非常高兴，用不了五分钟，便可将书放到箱子里去，说起那一门的东西，自己也就可以回答出它讲的是什么。

然而，这简直和卖膏药的广告没什么区别。你只要把那本书读完，你就可以看出来，第一页第一行的定义简直是前几年限制兑现的中交票[①]。若是你多跑些地方，你还可以知道有些中、交两行的分行也拒绝收用那钞票。

朋友！这不是什么毛病，你不要失望！假如有一门科学，已经可以给它下一个悬诸国门不能增损一字的定义，也就算完事了。这正和一个人可以被别人替他写享年几十几岁一般，即使就是享年一百二十岁，他总归已经躺在棺材里了。每天还能吃饭、睡觉的人，不能说他享年若干岁。每时每刻进步不止的科学，也没有人能说明它究竟是什么东西！越是身心健全的人，越难推定他的命运。越是发展旺盛的科学，越难有确定的定义。

不过，我们将这正面丢开暂且不谈，调转方向探究，数学的性质好像有一点是非常特别的，就是喜欢用符号。有 0、1、2…9 十个符号，以及 "+" "–" "×" "÷" "=" 五个符号，便能记通常的数。计算它们，仅仅用加、减、乘、除，计算不方便。我们又画一条线来隔开两个数，说一个是分母，一个是分子，这一来就有了分数的计算。接连下去，在运算方面我们又有了比例的符号；在记数方面我们又有了方指数和根指数。关于数的记法，这还是只是就算术说。到了代数，你知道的符号就更多了。到了微积分，其实也不过多几个符号而已。

数学之所以叫人头痛，大概就是这些符号在作怪。你把它看得活动，那它真活动，x 在这个方程式代表的是人的年龄，在那个方程式就会代表乌龟的脑袋。你要把它看得呆，那它真够呆，对着它看三天三夜，x 还只是 x，你解不出那方程式，它不会来帮你的忙，也许还在暗中笑你蠢。

---

① 解放前中国银行与交通银行发行的钞票。

所谓数学家，依我说，就是一些能够支使符号的人物。他们写在数学书上的东西，说高深，自然是高深，真有些是不容易懂的，但假如不许他们用符号，他们就只好一筹莫展了！

所以数学这个东西，真要说得透彻些，离开了符号，简直没有办法说清楚。你初学代数的时候，总有些日子，对于 a、b、c、x、y、z 是想不通的，觉得它们和你用惯的 1、2、3、4…有些区别。自然，说它们完全一样，是有点儿靠不住的，你去买白菜，说要 x 斤，别人只好鼓起两只眼睛瞪着你。但你用惯了，做起题来，也就不会感到它们有什么差别了。

数学就是这么一回事，这篇文章里虽然尽量避去符号的运用，但只是为了那些不喜欢或是看不惯符号的朋友说一些数学的概念，所以有些非用符号不可的东西，只好不说了！

朋友！你若高兴，想在数学的园地里玩耍的话，请你多多练习使用符号的能力。你见到一个人直立着，两手向左右平伸，不要联想到那是钉死耶稣的十字架，你就想象他的两臂恰好是水平线，他的身体恰好是垂直线。假如碰巧有一只苍蝇从他的耳边斜飞到他的手上，那更好，你就想象它是在那里运动的一点，它飞过的路线，便是一条曲线。这条曲线表示一个函数，可以求它的诱导函数，又可以求这诱导函数的诱导函数，这就是苍蝇飞行的速度和加速度了！

十四

总集论①

　　科学的进展，有一个共通且富有趣味的倾向，这就是，每一种科学诞生以后，科学家们便拼命地使它向前发展，正如大获全胜的军人遇见敌人总要穷追到山穷水尽一般。穷追的结果，自然可以得到不少战利品，但后方空虚，却也是很大的危险。一种科学发展到一定程度，要向前进取，总不如先前容易，这是从科学史上可以见到的。因为前进感到吃力，于是有些人自然而然地会疑心到它的根源上面去。这一来，就要动手考查它的基础和原理了。前节不是说过吗？在数学的园地中近来就有人在背阴的一面去开垦。

　　一种科学恰好和一个人一样，年轻的时候，生命力旺盛，只知道按照自己的浪漫思想往前冲，结果自然进步飞快。在这个时期谁还有那么从容的工夫去思前想后，回顾自己的来路和家属呢？一直奋勇前进，只要不碰壁绝不愿掉头。一种科学从它的几个基本原理或法则建立的时候起，科学家总是替它开辟领土，

---

①　"总集论"即"集合论"，是数学的一个基本的分支学科。

增加实力，使它光芒万丈、傲然自大。

然而，上面越阔大，下面的根基就必须越牢固，不然头重脚轻，岂不要栽跟头吗？所以，对于营造科学园地，到了一个范围较大、内容繁多的时候，建筑师们对于添造房屋就逐渐慎重、踌躇起来了。倘使没有确定它的基石牢固到什么程度，扩大的工作便不敢贸然动手。这样，开始将他们的事业转一个方向去进行：将已经做成的工作全部加以考查，把所有的原理拿来批评，将所用的论证拿来估价，仔细去证明那些用惯了的、极简单的命题。他们对于一切都怀疑，若不是重新经过更可靠、更明确的方法证明那结果并没有差异，即使是已经被一般人所承认的，他们也不敢遽然相信。

一般来说，数学的园地里的建筑都比较稳固，但是许多工匠也开始怀疑它并从根底着手考查了。就是大家都深信不疑的已知的简单的证明，也不一定就可以毫不怀疑。因为推证的不完全或演算的错误，不免会混进一些错误到科学里面去。重新考查，确实有这个必要。

为了使科学的基础更加稳固，将已用惯的原理重新考订，这是非常重要的工作。无论是数学或别的科学，它的进展中常常会添加一些新的意义进去，而新添加的意义又大半是全凭直觉。因此有些若是严格地加以限定，就变成不可能的了。比如说，一个名词，我们在最初给它下定义的时候，总是很小心、很精密，也觉得它足够完整了。但是用来用去，它所解释的东西，不自觉地逐渐变化，结果简直和它本来的意义大相悬殊。我来随便举一个例子，在逻辑上讲到名词的多义的时候，就一定讲出许多名词，它的意义逐渐扩大，而许多词义又逐渐缩小，只要你肯留心，随处都可找到。"墨水"，顾名思义就是把黑的墨溶在水中的一种液体，但现在我们却常说红墨水、蓝墨水、紫墨水等。这样一来，墨水的意义已全然改变。对于旧日用惯的那一种词义，倒要另替它取个名字叫黑墨水。墨本来是黑的，但事实上必须在它的前面加一个形容词"黑"，可见现在我们口中所说的"墨",已不一定含有"黑"这个性质了。日常生活上的这种变迁,在科学上也不能避免,不过没有这么明显罢了。

其次,说到科学的法则,最初建立它的时候,我们总觉得它若不是绝对的,而是相对的,在科学上的价值就不大。但是我们真能够将一个法则拥护着,使它永远享有绝对的力量吗?所谓科学上的法则,它是根据我们所观察的或实验的结果归纳而来的。人力是有限的,哪儿能把所有的事物都观察到或实验到呢?因此,我们不曾观察到和实验到的那一部分,也许就是我们所认为绝对的法则的死对头。科学是要承认事实的,所以科学的法则,有时就有例外。

我们还是来举例吧!在许多科学常用的名词中,有一个名词,它的意义究竟是什么,非常不容易严密地规定,这就是所谓的"无限"。

抬起头望天空,白云的上面还有青色的云,有人问你天外是什么?你只好回答他"天外还是天,天就是大而无限的"。他若不懂,你就要回答,天的高是"无限"。暗夜看闪烁的星星挂满了天空,有人问你,它们究竟有多少颗,你也只好说"无限"。然而,假如问你"无限"是什么意思呢?你怎样回答?你也许会这样想,就是数不清的意思。但我却要和你纠缠不清了。你的眉毛数得清吗?当然是数不清的。那么你的眉毛是"无限"的吗?"无限"和"数不清"不完全一样,是不是?所以在我们平常用"无限"这个词时,确实含有一个不能理解,或者说不可思议的意思。换句话说就是超越我们的智力以上,简直是我们的精神的力量的极限。要说它奇怪,实在比上帝和"无常"还奇怪。假如真有上帝,我们知道他会造人,会奖善罚恶,而且还可以大概想象出他的样子,因为人是照着他的模样造出来的。至于"无常",我们知道他很高,知道他戴着高帽子,知道他穿着白衣服,知道他只有夜晚才出来,知道他无论天晴、下雨手里总拿着一把伞。呵!这是鬼话,上帝无常我不曾见过,但是无论哪个人说到他,都能说出点眉目。至于"无限",有谁能描摹一下呢?

　　"无限"真是一个神奇的东西，平常说话会用到它，文学、哲学上也会用到它，科学上那就更不用说了。不过，平常说话本来全靠彼此心照不宣，不必太认真，所以马虎一点儿满不在乎。就是文学上，也没有非要给出一个精确的意思的必要。在文学作品里，十有八九是夸张，"白发三千丈"，李白的个儿究竟有多高？但是在哲学上，就因为它的意义不明，所以常常出岔子，在数学上也就时时生出矛盾来。

　　在数学的园地中，对于各色各样的东西，我们大都眉目很清楚，却被这"无限"征服了。站在它的面前，总免不了要头昏眼花，它是多么神秘的东西啊！

　　虽是这样，数学家们还是不甘屈服，总要探索一番，这里便打算大略说一说，不过请先容许我来绕一个弯儿。

　　这一节的题目是"总集论"，我们就先来说"总集"这个词在这里的意义。比如有些相同的东西或不相同的东西在一起，我们只计算它的件数，不管它们究竟是什么，这就叫它们的"总集"。比如你的衣兜里放有三个"袁头币"、五只"八开"和十二个铜子，不管三七二十一，我们只数它叮叮当当响着的一共是二十个，这二十就称为含有二十个单元的总集。至于这单元的性质我们不必追问。又比如你在教室里坐着，有男同学、女同学和教师，比如教师是一个，女同学是五个，男同学是十四个，那么，这个教室里教师和男、女同学的总集，恰好和你衣兜里的钱的总集是一样的。

　　朋友！你也许正要打断我的话，向我追问了吧？这样混杂不清的数目有什么用呢？是的，当你学算术的时候，你的先生一定很认真地告诉你，不是同种类的量不能加在一起，三个男士加五个女士得出八来，非男非女，又有男又有女，这是什么话？三个"袁头币"加五只"八开"得出八来，这又算什么？算术上总叫你处处小心，不但要注意到量要同种类，而且还要同单位才能加减。到了现在我们却不管这些了，这有什么用场呢？

　　它的用场吗？真是太大了！我们就要用它去窥探我们难理解的"无限"。其实，你会起那样的疑问，实在由于你太认真而又太不认真的缘故。你为什么把"袁头币""八开""铜子""男""女""学生""教师"的区别看得那么大呢？你为什么不从根本上去想一想，"数"本来只是一个抽象的概念呢？我们只关注这抽象的数的概念的时候，你衣兜里的东西的总集和你教室里的人的总集，不是一样的吗？假如你衣兜的钱，并不预备拿去买什么吃的，只用来记一个对你来说很重要的数，那么它不就够资格了吗？"二十"这个数就是含有二十件单元，而不管它们的性质，所得出来的"总集"。

数的发生可以说是由于比较，所以我们就来说"总集"的比较法。比如在这里有两个总集，一个含有十五个单元，我们用 $E15$ 表示，另外一个含有十个单元，用 $E10$ 表示。

现在来比较这两个"总集"，对于 $E10$ 当中的各个单元，都从 $E15$ 当中取一个来和它成对，这是可以做到的，是不是？但是，假如对于 $E15$ 当中的各个单元，都从 $E10$ 当中取一个来和它成对，做到第十对，就做不下去了，只好停止了。可见，掉一个头是不可能的。在这种情形的时候，我们就说：

"$E15$ 超过 $E10$。"

或是说：

"$E15$ 包含 $E10$。"

或者说得更文气一些：

"$E15$ 的次数高于 $E10$ 的。"

假如另外有两个总集 Ea 和 Eb，虽然我们"不知道 a 是什么"，也"不知道 b 是什么"，但是我们不仅能够对于 Eb 当中的每一个单元，都从 Ea 中取一个出来和它成对，而且还能够对于 Ea 当中的每一个单元都从 Eb 中取一个出来和它成对。我们就说，这两个总集的次数是一样，它们所含的单元的数相同，也就是 a 等于 b。前面不是说过你衣兜里的钱的总集和你教室里的人的总集一样吗？你可以从衣兜里将钱拿出来，分给每人一个。反过来，每个钱也能够不落空地被人拿去。这就可以说这两个总集一样，也就是你的钱的数目和你教室里的人的数目相等了。

我想，你看了这几段一定会笑得岔气的，这样简单明了的东西，还值得一提吗？不错，$E15$ 超过 $E10$，$E20$ 和 $E20$ 一样，三岁大的小孩子都知道。但是，朋友！你别忙啦！这只是用来做例，说明白我们的比较法。因为数目简单，两个总集所含单元的数，你通通都知道了，所以觉得很容易。但是这个比较法，就是对于不能够知道它所含的单元的数的也可以使用。我再来举几个通常的例子，然后回到数学的本身上去。

你在学校里，口上总常讲"师生"两个字，不用说耳朵里也常听得到。"师"的总集和"生"的总集，（不只就一个学校说）就不一样。古往今来，"师"的"总集"和"生"的"总集"是什么，没有人回答得出来。然而我们却可以想得到，每一个"师"都给他一个"生"要他完全负责任这是可能的。但若要每一个"生"都替他找一个专一只对他负责任的"师"那就不可能了，所以这两个总集不一样。因此，我们就可以说"生"的总集的次数高于"师"的总集的。再举个例子，比如父和子，比如长兄和弟弟，又比如伟人和丘八①，这些两个两个的总集都不一样。要找一个总集相等的例子，那就是夫妻俩，虽然我们并不知道全世界有多少个丈夫和多少个妻子，但有资格被称为丈夫的必须有一个妻子伴着他。反过来，有资格被人称为妻子的，也必须有一个丈夫伴着她。所以无论从哪一边说，"一对一"的关系都能成立。

好了！来说数学上的话，来讲关于"无限"的话。

我们来想象一个总集，含有无限个单元，比如整数的总集：

$1，2，3，4，5 \cdots n，（n+1）\cdots$

---

① "丘"字加"八"字成为"兵"字，含贬义。

这是非常明白的，它的次数比一切含有有限个数单元的总集都高。我们现在要紧的是将它和别的无限总集比较，就用偶数的总集吧：

2，4，6，8，10…2n，（2n+2）…

这就有些趣味了。照我们平常的想法，偶数只占全整数的一半，所以整数的无限总集当然比偶数的无限总集次数要高些，不是吗？十个连续整数中，只有五个偶数，一百个连续整数中也不过五十个偶数，就是一万个连续整数中也还不过五千个偶数，总归只有一半。所以要成"一对一"的关系，似乎有一面是不可能的。然而，你错了，你不能单凭有限的数目去想，我们现在是在比较两个无限的总集呀！"无限"总有些奇怪！我们试将它们一个对一个地排成两行：

1，2，3，4，5…n，（n+1）…

2，4，6，8，10…2n，（2n+2）…

因为两个都是"无限"的缘故，我们自然不能把它们通通都写出来。但是我们可以看出来，第一行有一个数，只要用 2 去乘它就得出第二行中和它相对的数来。掉一个头，第二行中有一个数，只要用 2 去除它，也就得出第一行中和它相对的数来。这个"一对一"的关系不是无论用哪一行做基础都可能吗？那么，我们有什么权利来说这两个无限总集不一样呢？

整数的无限总集，因为它是无限总集中最容易理解的一个，又因为它可以由我们一个一个地列举出来（由于永远举不尽），所以我们替它取一个名字叫"可枚举的总集"（L' ensemble dé-nombrale）。我们常常用它来做无限总集比较的标准，凡是次数和它相同的无限总集，都是"可枚举的无限总集"——单凭直觉也可以断定，整数的无限总集在所有的无限总集当中是次数最低的一个，它可以被我们用来做比较的标准，也就是这个缘故。

在无限总集当中，究竟有没有次数比这个"可枚举的无限总集"更高的呢？我可以很爽快地回答你一个"有"字。不但有，而且想要多少就有多少。

从这个回答中，我们对于"无限"算是有些认识了，不像以前一样模糊了。这个回答，我供认不讳地说，也是听来的。康托尔（Cantor）是最初提出它来的，这已是三十多年前的事了。在数学界中，他是值得我们崇敬的人物，他所创设的总集论，不但在近代数学中占了很珍贵的几页，还开辟了数学进展的一条新路径，使人不得不对他铭感五内！

人间的事，说来总有些奇怪，无论什么，不经人道破，大家便很懵懂。一旦有人凿穿，顿时人人都恍然大悟了。在康托尔以前，我们只觉得无限就是无限，吾生也有涯，弄不清楚它就算了。但现在想起来，实在有些可笑，无须什么证明，我们有些时候也能够感觉到，无限总集是可以不相同的。

又来举个例子：比如前面我们用来决定点的位置的直线，从 O 点起，尽管伸张出去，它所包含的点就是一个无限总集。随便想去，我们就会觉得它的次数要比整数的无限总集的高，而从别的方面证明起来，也验证了我们的直觉并没有错。这样说来，我们的直觉很值得信赖。但是，朋友！你不要太乐观呀，在有些时候，纯粹的直觉就会叫你上当的。

你不相信吗？比如有一个正方形，它的一边是 AB。我问你，整个正方形内的点的总集，是不是比单只一边 AB 上的点的总集的次数要高些呢？凭我们的直觉，总要给它一个肯定的回答，但这你上当了，仔细去证明，它们俩的次数恰好相等。

总结以上的话，你记好下面的基本的定理：

"若是有了一个无限总集，我们总能够做出一个次数比它高的来。"

要证明这个定理，我们就用整数的总集来做基础，那么，所有可枚举的无限总集也就不用再证明了。为了说明简单些，我只随意再用一个总集。

照前面说过的，整数的总集是这样：

1，2，3，4，5…n，（$n+1$）…

就用 E 代表它。

凡是用 E 当中的单元所做成的总集，无论所含的单元的数有限或无限，都称它们为 E 的"局部总集"，所以：

17，25，31

2，5，8，11$\cdots$2+3（n-1）$\cdots$

1，4，9，16$\cdots n^2\cdots$

这些都是 E 的局部总集，我们用 P_n 来代表它们。

第一步，凡是用 E 的单元能够做成的局部总集，我们都将它们做尽。

第二步，我们就来做一个新的总集 C，C 的每一个单元都是 E 的一个局部总集 P_n，而且所有 E 的局部总集全都包含在里面。这样一来，C 便成了 E 的一切局部总集的总集。

你把上面的条件记清楚，我们已来到要证明的重要地步了。我们要证明 C 的次数比第一个总集 E 的高。因此，还要重复说一次，比较两个总集的法则，你也务必将它记好。

我们必须要对于 E 的每一个单元都能从 C 当中取一个出来和它成对。实际上只要依下面的方法配合就够了：

$$1,\qquad 2,\qquad 3,\quad \cdots \qquad n \quad \cdots \qquad （E）$$
$$（1，2）（2，3）（3，4）\cdots（n，n+1）\cdots（C\text{的一部分}）$$

从这样的配合法中可以看出来，第二行只用到 C 单元的一部分，所以 C 的次数或是比 E 的高或是和 E 的相等。

我们能不能转过头来，对于 C 当中的每一个单元都从 E 当中取出一个和它成对呢？

假如能做到，那么 E 和 C 的次数是相等的。

假如不能做到，那么 C 的次数就高于 E 的。

我们无妨就假定能够做到，看会不会碰钉子！

算这种配合法的方法是有的，我们随便一对一对地将它们配合起来，写成下面的样子：

$P_1,\ P_2,\ P_3\cdots P_n\cdots(C)$

$\ 1,\quad 2,\quad 3\cdots n\cdots(E)$

单就这两行看，第一行是所有的局部总集，就是所有 C 的单元都来了（因为我们要这样做）。第二行却说不定，也许是一切的整数都有，也许只有一部分。因为我们是对着第一行的单元取出来的，究竟取完了没有还说不定。

这回，我们来一对一地检查一下，先从 P_1 和它的对儿 1 起。因为 P_1 是 E 的局部总集，所以包含的是一些整数，现在 P_1 和 1 的关系就有两种：一种是 P_1 里面有 1，一种是 P_1 里面没有 1。假如 P_1 里面没有 1，我们将它放在一边。跟着来看 P_2 和 2 这一对，假如 P_2 里就有 2，我们就把它留着。照这样一直检查下去，把所有的 P_n 都检查完，凡是遇见整数 n 不在它的对儿当中的，都放在一边。

这些检查后另外放在一边的整数，我们又可做成一个整数的总集。朋友！这点你却要注意，一点儿马虎不得！我们检查的时候，因为有些整数它的对儿里面已有了，所以没有放出来。由此可见，我们新做成的整数总集不过包含整数的一部分，所以它也是 E 的局部总集。但是我们前面说过，C 的单元是 E 的局部总集，而且所有 E 的局部总集全部包含在 C 里面了，所以这个新的局部总集也应当是 C 的一个单元。用 P_1 来代表这个新的总集，P_1 就应当是第一行 P_n 当中的一个，因为第一行是所有的单元都排在那儿的。

既然 P_1 已经应当站在第一行里了，就应当有一个整数或是说 E 的一个单元来和它成对儿。

假定和 P_1 成对的整数是 t。

朋友！糟了！这就碰钉子了！你若还要硬撑场面，那么再做下去。

在这里我们又有两种可能的情况：

第一种：t 是 P_1 的一部分，但是这回真碰钉子了。P_1 所包含的单元是在第一行中成对儿的单元所不包含在里面的整数，而 P_1 自己就是第一行的一个单元，这不是矛盾了吗？所以 t 不应当是 P_1 的一部分，这就到了下面的情况。

第二种：t 不是 P_1 的一部分，这有可能把钉子避开吗？不行，不行，还是不行。P_1 是第一行的一个单元，t 和它相对又不包含在里面，我们检查的时候，就把它放在一边了。朋友，你看，这多么糟！既然 t 被我们检查的时候放在了一边，而 P_1 就是这些被放在一边的整数的总集结果，t 就应当是 P_1 的一部分。

这多么糟！照第一种说法，t 是 P_1 的一部分，不行；照第二种说法 t 不是 P_1 的一部分也不行。说来说去都不行，只好回头了。在 E 的单元当中，就没有和 C 的单元 P_1 成对儿的。朋友，你还得注意，我们将两行的单元配对，原来是随意的，所以要是不承认 E 的单元里面没有和 P_1 配对的，这种钉子无论怎样我们都得碰。

第一次将 E 和 C 比较，已知道 C 的次数必是高于 E 的或等于 E 的。现在比较下来，E 的次数不能和 C 的相等，所以我们说 C 的次数高于 E 的。

归到最后的结果，就是我们前面所说的定理已证明了，有一个无限总集，我们就可做出次数高于它的无限总集来。

无限总集的理论，也有一个无限的广场展开在它的面前！

我们常常都能够比较这一个和那一个无限总集的次数吗？

我们能够将无限总集照它们次数的顺序排列吗？

所有这一类的难题目以及其他关于"无限"的问题，都还没有在这个理论当中占有地盘。不过这个理论既然已经具有相当的基础，又逐渐往前进展，这些问题总有解决的一天，毕竟现在我们对于"无限"不会像从前一样感到惊奇不可思议了！

老实说，数学家们无论对于做这个理论的基础的一些假定，或是对于从里面探究出来的一些悖论的解释都还没有全部的理解。

然而，我们不用感到吃惊，一种新的理论产生正和一个婴儿的诞生一样，要他长大做一番惊人的事业，养育和保护都少不了！